SUPER
CHEF
B·O·O·K

THE BARTENDERS MANUAL

調酒師養成聖典

BARTOOL

❶調酒壺（照片的調酒壺是2～3人份）

❷量酒器（照片的量酒器容量是一般30ml和45ml的組合）

❸濾網（配合調酒杯而有各種尺寸。也有不附有套在杯緣部分者）

❹調酒杯（有附杯腳的款式，容量大小多樣化）

❺苦味酒酒壺（用來盛裝雞尾酒必備的調味原料–苦味酒）

❻酒杯座

❼杯墊（用來墊酒杯的東西。大多是吸水性佳的厚紙素材）

❽榨汁器

❾香檳瓶塞

❿注酒嘴（套在瓶口上。可以控制倒出的液體量）

⓫葡萄酒冷卻器（照片的器具是擺桌上的，也有的造型是附杯腳的）

⓬軸式調酒器（電動式調酒器）

⓭攪拌機（就是果汁機。宜選擇馬力強的款式）

⓮水壺（有玻璃製或陶製等素材）

⓯冰桶

⓰波士頓型調酒器

⓱碎冰器（手動式。可以變換把桿的方向，製造出不同大小的冰塊）

⓲冰鏟（若是從製冰機舀冰出來，宜選大型的冰鏟）

⓳碎冰錐

⓴開罐器（開罐頭專用）

㉑冰鏟（這是舀碎冰塊專用的冰鏟）

㉒冰夾（不銹鋼製最好）

㉓酒杯擦拭巾

㉔砧板

㉕牛刀

㉖水果刀（視使用者的手掌大小做選擇）

㉗長柄匙

㉘攪拌棒（有各種材質，宜挑選牢固一點的較佳）

㉙雞尾酒水果叉（叉子前端是針狀，放進嘴裡很危險，應避免做這個動作）

㉚吧匙

㉛吸管（吸管有細有粗、有長有短，宜配合雞尾酒的顏色、容器形狀來做選擇）

㉜開瓶器

㉝拔塞鑽（照片的是附刀子的拔塞鑽）

GLASS

威士忌酒杯
又可稱爲Shot Glass或
Straight Glass。容量
有30ml和60ml兩種（照
片是60ml）。

搖滾酒杯
其正式的名稱爲Old
Fashioned Glass。喝
威士忌或「On the
Rocks」形態的雞尾酒
時用的酒杯。

利口酒杯
直接飲用利口酒時所用
的酒杯。一般的容量約
爲30ml。

白蘭地酒杯
直接飲用白蘭地時所用
的酒杯，瓶口較窄，可
防止香氣跑掉。

雞尾酒杯
開胃酒的雞尾酒專用
杯。標準容量爲90ml。

香檳杯
專爲飲用發泡性葡萄酒
而製造的酒杯，這是乾
杯用的飛碟型酒杯。

平底杯
就是一般俗稱的杯子
（Cup）。主要是高球雞
尾酒或琴湯尼等飲用時
間較長的飲料所用的酒
杯。

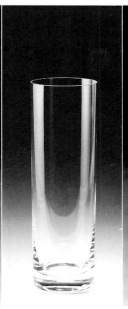

卡林杯
別名又稱為Chimney
Glass、Tall Glass。
造型為高身圓筒型，主
要是盛裝含有碳酸氣泡
的雞尾酒所用的酒杯。

細長香檳杯
發泡性葡萄酒專用
酒杯，適合在餐桌
上慢慢品飲時所用
的酒杯。

葡萄酒酒杯
照片的酒杯是標準
型，但是會因各
國、各地的風俗不
同，形狀與大小也
就顯得多樣化。

酸味酒酒杯
酸味雞尾酒專用酒
杯，標準容量是
120ml。

高腳杯
啤酒或非酒精性飲
料，加了很多冰塊
的雞尾酒所用的酒
杯。標準容量是
300ml。

啤酒杯
啤酒專用酒杯。啤
酒的顏色、香味、
發泡狀況、口味最
適合用此杯欣賞。

器材協力／佐々木硝子株式会社

SHAKE & STIR

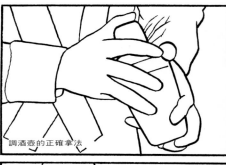

調酒壺的正確拿法

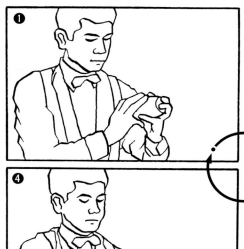

❶雙手輕握著調酒壺，靠近左肩前方。

❷往斜上方拿著調酒壺，輕輕搖晃。

❸再將調酒壺放回左肩前方。

❹往斜下方拿著調酒壺，輕輕搖晃。

❺攪拌方法　左手輕握調酒杯，右手的中指和無名指夾著吧匙的螺旋部份，轉動攪拌。

❻拿開吧匙，套上濾網，倒酒於杯裡。

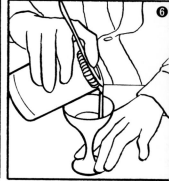

POINT
11

瓶蓋的開法 右手握著酒瓶下方，往內旋轉，左手大拇指和食指由旁邊緊握瓶蓋，朝外旋轉便能迅速開啓瓶蓋。

量酒器的握法 如照片所示，以食指、中指和無名指握住量酒器，由身體這一邊朝外側倒酒。

苦味酒酒壺的握法 以食指和中指夾著酒瓶往下倒，用力搖一下，就會流出一抖的量，若輕輕搖晃瓶口，則會流出一滴的量。

榨汁器的使用方法 右手拿著剖半的水果，盡量不要整個握住。將水果切面放在中間突起部份，慢慢地左右轉動榨汁。

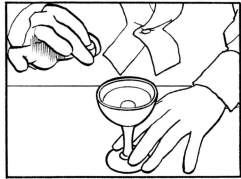

擠檸檬汁的方法 用手抓起檸檬片或柳橙片，抓成弓形，擠汁入雞尾酒中。不要由杯子正上方擠汁，最好由外側擠汁。

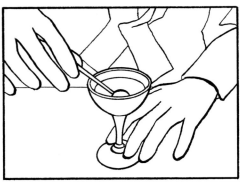

刺櫻桃的方法 因為櫻桃已去籽、挖洞，所以要避開挖好的洞再刺入雞尾酒水果叉，再讓它慢慢沉入酒液裡即可。

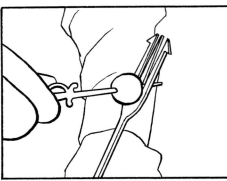

刺櫻桃的方法 天使之吻或Snow Style的雞尾酒都有櫻桃裝飾，利用吧匙的叉子部份輔助刺入雞尾酒果叉。

調酒壺的倒酒方法 倒雞尾酒於酒杯時，絕對要用食指輕輕抵著調酒壺中蓋（濾網）肩部。

兩杯以上的倒法 不要一口氣倒滿一杯，應如圖所示，慢慢加量倒酒，最後那杯酒倒完，再回溯至第一杯將酒倒滿。

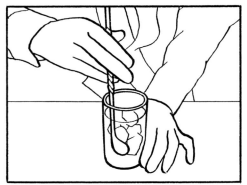

直接注入（Build）的方法 跟攪拌時一樣，左手輕握著酒杯下方，輕輕地攪拌。視使用的材料略加攪拌，或充分攪拌均勻。

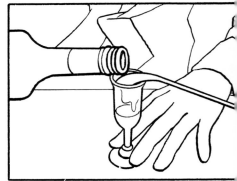

彩虹酒（餐後雞尾酒）的作法 利用吧匙的背部沿著杯子內側一層層地倒酒進去。

前言

本書是將之前出版的『The Bartender's Manual』全面加以改編而成。

『The Bartender's Manual』的內容正如書名，是一本獻給想要成為正統調酒師的人士的指南，也是目前在飯店或酒吧工作的人士的參考書。

很幸運的，由於相關書籍不多，本書初版發行後又重新印刷了好幾版，購書者不單只有調酒師，還包括洋酒公司、酒販店、負責飲食資訊的記者，甚至是一般的愛酒人士。

但是，『The Bartender's Manual』自1987年初版發行以來，已經歷經8年時光。其間社會情勢急速變化，對於洋酒業界或酒吧業界，無論規模大小，或多或少都帶來影響。

例如，消費者嗜好的改變。——這促使新品牌的洋酒出現，造成新式雞尾酒的風行。

又如酒吧顧客飲酒動機的改變。——在泡沫經濟正盛時期接觸世界名酒的人們，現在則希望能以合理的價格，享受好酒及其附帶的殷切溫暖的人性化服務。

過去8年間，每當我們感受到此種變化，便將『The Bartender's Manual』的內容稍做更新。但是8年後的現在，有感於只有細部的更新難以統整全書，因此委託柴田書店給予我們全面重寫的機會。

有關改稿作業是由花崎一夫、山崎正信兩位完成原稿，由福西英三為原稿進行全面的確認並統一文體，同時也增列了一部分內容。因此，內容若有不盡完善之處，就是福西的責任。

此外，本書的改稿有勞山口一美小姐及柴田書店的高師邦昭先生的費心，在此致上感謝之意。

平成7年9月

福西英三

CONTENTS

酒吧學

I 酒吧文化史

1 酒吧的歷史

酒吧是指以酒為商品提供給顧客，並讓顧客飲用之經營型態的店舖。這樣的店舖，現今世界各地均以起源於美國的用語「Bar」來稱呼，這個用語在日本也相當普及。

有關酒吧最古老的文獻，出現於西元前1800年以楔形文字刻於黏土板上的『漢摩拉比法典』。這是古代巴比倫王國的漢摩拉比國王（B.C.1728～1688）所制定的法律，是歷史上最古老的成文法，無論在法律上或文化史上均極有名，其中包含以下條文：

「假使啤酒酒吧的賣酒婦不收穀物作為酒資，直接收取銀子或提供份量不及穀物價值的啤酒，此女將會受到處罰，投之於水。」（108條）

因此可以確定，當時已有以經濟利益的交換為原則的酒吧存在。但是，此種類似酒吧的營業型態究竟始於何時，並沒有留下任何文獻記載或歷史遺物，如同覆蓋著歷史的面紗一般無從得知。只能留待日後考古學的發展來解開這個謎題。

此外，西元前1400年左右古埃及的紙草文書中，也留有「不得在啤酒酒吧中喝醉」這樣的文字，可以判斷當時埃及已有酒吧的存在。

此外，古羅馬為了將歐洲、中近東、非洲納入勢力範圍而派軍出征。當時他們一邊前進一邊紮營，以不停擴大前線，而其駐紮的野營地成為支援前線的補給基地，必須有人留守，因而需要住宿設施。尤其對跨越現今法國、朝英國北部進攻的羅馬軍隊而言，這種必要性更強。後來此種住宿設施就稱為INN（可遮蔽雨露並供睡眠之處）。

INN的周圍會聚集許多人，一旦形成聚落，獨立的飲食部門TAVERN（小酒館之意）便因應而生，於是INN成為以住宿為主的設施，TAVERN成

為以飲食為主的設施。

　　後來更由TAVERN衍生出針對飲食中「飲」的需求的小規模酒吧，並出現以飲用啤酒為主的ALE HOUSE。15世紀後半的英國，便是此種啤酒酒吧的全盛時代。

　　這些住宿、飲食型態隨著時代的變遷，而有以下營業狀態的變化，並且一直持續至今。

INN→HOTEL

TAVERN→RESTAURANT

ALE HOUSE→BAR

2　酒吧的語源

　　美國的歷史始於東海岸。距今大約150年前，來自英國及愛爾蘭的移民，首先定居於東海岸的波士頓及費城一帶，後來為尋找新天地，便跨越阿帕拉契山脈，一路往西開發。另一方面，來自法國的移民則繞過佛羅里達半島，由南部的紐奧良沿密西西比河，前往聖路易及芝加哥。

　　移民行進之處形成村落，就像古代羅馬軍隊出征時一樣，村落中也產生了TAVERN及SALON（SALON，法語意指眾人休憩之處）。SALON後來被稱為SALOON（SALOON，指大客廳或談話室），也成為西部拓荒時代位於前線的簡易小酒館名稱。

　　在這樣的簡易小酒館中，啤酒及威士忌是由酒桶倒出顧客所需份量再計價的。但是有些粗邁的男子一旦喝醉，便會自行靠近酒桶邊，兀自喝個不停。因此，簡易小酒館的經營者便在酒桶前設置一個能與客席分隔的橫木（Bar，與跨欄徑賽所用的橫桿bar同字），使醉漢無法靠近。此橫木後來演變成橫板，經營者與顧客面對面交易，此種型態的小酒館便稱為BAR。BAR一字被廣泛使用，據聞大約是在1830年代至50年代之間。

　　當時的BAR是採站著飲酒的經營方式，只有少部分會提供桌子及椅子。

此種站著飲酒的酒吧，在19世紀後半也傳入歐洲，但是歐洲酒吧本來是採取將酒端至桌上的經營方式，因此採用美式作法在櫃台前站著飲酒的酒吧，便稱為美式酒吧，以資區別。1920年代，在倫敦、巴黎、柏林均有此種美式酒吧出現，因此可以確定歐洲當時也有酒吧的存在。

3 日本酒吧的變遷

日本酒吧（BAR）的歷史，始於以船舶作為對外交通工具的時代，當時在船隻停泊港神戶及橫濱等港口城市，出現了以外國人為營業對象的酒吧。

至於以日本人為營業對象的BAR，據聞是源起於1910（明治43）年東京・日吉町（現今的銀座8丁目）的『Cafe・Printemps』。這是一家俱樂部氣氛濃厚的酒吧。隔年，1911（明治44）年，一家有調酒師的酒吧『Cafe・Lion』，於尾張町（現今的銀座4丁目）開業。再隔年，對面又開設了一家『Cafe・Tiger』，至此可謂是日本BAR時代的黎明期。

之後，BAR（Cafe）陸續開張，出現了大正浪漫時代，但是1923（大正12）年的關東大地震使此業界遭受毀滅性的破壞。失去工作的調酒師們，有一部分移居大阪，因而造成大阪酒吧的興盛。順便一提，大阪最早的酒吧是1911（明治44）年於南道頓堀開業的『旗之吧（別名キャバレ・ド・パノン）』。

在東京，BAR也於震災後的重建期再次增多，例如『BORDEAUX』便是在1927（昭和2）年於銀座開店，並且一直在當初設立的地點持續營業至今。就這樣，震災後的銀座也漸漸重現活力。

然而，第2次世界大戰的發生，導致東京酒吧的燈火再度熄滅。自大戰前便一直存留至今的除了『BORDEAUX』之外，還有地點曾經遷移但仍保存至今的，諸如1923（大正12）年開業的橫濱『Paris』，1928（昭和3）年開業的銀座『Lupin』，以及同樣位於銀座，於1929（昭和4）年開業的『SANS SOUCI』等等。

　　戰後的酒吧元年是1949年。1949年7月，酒類販賣自由化，站立式酒吧於全國都市誕生。但是當時日本國產的洋酒種類尚少，全賴進口酒來營業。

　　其後，SUNTORY於1946年發售的TORYS Whisky大為暢銷，遂展開TORYS BAR時代的序幕。日本的國產洋酒也陸續推出，開始造成雞尾酒風潮。

　　進入1960年代，TORYS BAR開始大型化，迎向飲酒年輕化及便宜化的時代。到了1970年代，酒店、卡拉OK大行其道，因此邁向Bottle Keep（在酒吧購買整瓶酒，請店方代為保管，每次來店時拿出來飲用）及水調威士忌的全盛時代。到了1979年，水果雞尾酒由於SUNTORY舉辦的促銷活動及其鮮艷的色彩，帶動了熱帶雞尾酒的風潮。

　　而在1980年代初期，用來作為餐廳餐前酒的Kir雞尾酒廣受歡迎，同時並有Cafe Bar（以時尚裝潢及雞尾酒為特色的餐飲店）的出現，吸收一些無法滿足於熱帶雞尾酒的人們。

　　日本的酒吧便是如此自Cafe Bar一路發展，至1990年代，演變成正統酒吧（以酒類商品為主的酒吧）以及氣氛較為休閒的Shot Bar（以杯為單位供酒的酒吧）時代，並且一直持續至今。

Ⅱ 酒吧與調酒師

1 何謂調酒師

調酒師（Bartender）是世界共通的用語。如前所述，此語源自美國，是Bar（酒吧）與Tender（照料者、值班者）兩語的合成，始於1830年代。而調酒師此種職業，則是在19世紀後半的美國，得到社會上確立的地位。

之後，以調酒為職業的人，在世界各地均有增加，除了Bartender之外，尚有Barkeeper、Barman等稱呼。Barkeeper是源自美國的英語，有酒吧經營者之意。Barman則是源自英國的英語。本書統一稱為調酒師（Bartender）。調酒師的業務一般可區分為兩大項：

調酒師的業務 ┬ 調理技術者
　　　　　　　└ 待客技術者

身為一名技術者，必須均衡擁有這兩種條件，才能算是理想的調酒師（後述），但是基本上，一定要有能提供顧客美味、快樂的餐飲服務及好客的精神。

顧客光臨酒吧的動機（motivation），愈來愈複雜多樣。也就是說，有許多顧客來到酒吧，但是每個人都有不同的目的。

・來喝酒（包括雞尾酒）
・來和調酒師聊天
・來享受酒吧的氣氛
・來和親朋好友聚會
・來談生意
・來享受回家前的自我時光

顧客使用酒吧的動機諸如上述種種，因此調酒師的應對（服務）也不能一成

不變。

　　而在這些形形色色的顧客當中，培育出能為自己理想中的酒吧蘊釀氣氛的顧客（就某種意義可稱為顧客教育），也是一名專業調酒師的職務。

2　歐美諸國的調酒師與日本的調酒師

　　歐洲自20世紀初，至美國禁酒法開始的1920年代，歐美的調酒師構築出了「雞尾酒的黃金時代」。調酒師們互相競技，產生許多至今仍廣受喜愛的雞尾酒佳作。然而，調酒師的工作並非只有調製雞尾酒，隔著吧台，調酒師也和顧客進行對話，成為各類顧客的絕佳談天對象。在某種意義上，有時甚至如同牧師或神父在告解台中聆聽信徒的告解一樣。

　　在這當中，英國、法國、義大利均設立了調酒師協會，調酒師這項職業也為社會大眾所認同，獲得一定程度的評價。另一方面，美國在雞尾酒相關事物上雖然始終保持領先地位，但由於幅員遼闊，調酒師組織的確立反而不如歐洲容易，此況狀至今仍未改變。

　　在日本社會，以調酒師為職的人數開始增加，大約是在大正末期至昭和初期的1920年代。大正時代，調酒師大多是由曾在橫濱、神戶等處的飯店修業過，或在外國航線的客船上工作過的人士指導培育而成。而可供這些人士做為工作手冊的雞尾酒書，據聞也是在大正末期開始出版的。

　　1924年（大正13）年10月發行的宮內省大膳寮廚司長・秋山德藏所編的『COCKTAIL』（國際料理研究所），同年11月發行的前田米吉所著的『COCKTAIL』（Cafe，Line），可能是日本最早的雞尾酒書籍。

　　至於調酒師們的職業工會-日本調酒師協會，則是成立於1929（昭和4）年的5月。當時正值Cafe的全盛時期，依據警視廳的調查顯示，東京市內約有6000家Cafe，1300家酒吧。而其中銀座的酒吧便佔500家之多。

　　順便一提，同年1929（昭和4）年，壽屋（即現在的SUNTORY）發售日本最早的道地威士忌「SUNTORY白札」。而3年後的1932（昭和7）年，

壽屋更公開募集使用該威士忌調製的創意雞尾酒，成果輝煌。這便是日本最早的雞尾酒競賽，入選雞尾酒的創作者，有許多都是剛成立的日本調酒師協會的會員。

除了二次大戰的黑暗時代之外，日本調酒師協會一直努力提昇調酒師的技能，並且貫徹至今。

現在，日本的調酒師們不但將日本人嚴謹、細心以及敏銳的味覺等特質發揮得淋漓盡致，對每杯雞尾酒的創作過程也非常重視。這在某種意義上，也可以說是顧客對調酒師要求的條件。

相對於此，歐美調酒師的調酒過程便相當粗略。這是因為相較於調製的過程，歐美調酒師更把重點放在顧客如何享用他們調製好的那一杯酒，所以他們會以熱切的態度進行調酒工作，因為他們認為顧客飲用雞尾酒時的笑容，便是工作上的最大評價。

究竟是歐美的作法較好，還是日本的作法較好，由於兩者的社會環境不同，不能一概而論。然而，現今日本許多的飲食企業均非個人企業，而是大型的公司組織，因此有愈來愈多的調酒師漸漸變得上班族化。

調酒師上班族化之後的表情，經常能在品質控制嚴格的酒吧中看到。我們希望能在這種酒吧的調酒師臉上看到如同歐美調酒師般熱情洋溢的表情，但是這恐怕是難以實現的期望吧！

Ⅲ　調酒師也是調理技術者

調酒師身為調理技術者，對於活用各種酒類特色的供酒方法，以及雞尾酒的調製方法等等，必須同時擁有相關知識與技術，才稱得上是專業的調酒師。對顧客而言，調酒師即是「酒及雞尾酒的專家」，來酒吧是因為對調酒師的知識與技術有所期望。

1　擁有商品知識

酒及雞尾酒的相關資訊其實相當寬廣且深遠。對於相關資訊的鑽研，可以說是沒有止盡的。

幸而，身處現今這個資訊化時代，有關酒類的出版品及有相關記載的情報雜誌，在書店裡均可輕易找到。因此在情報收集上絕對不成問題。

但是，顧客同樣也在吸收這些資訊。有些對酒抱持高度興趣的顧客，甚至可以利用一張便宜的機票展開購酒之旅，直接到蘇格蘭或美國德州等地購買當地名酒。

也可以說，調酒師和顧客共同處在各種酒類資訊與酒類商品充斥的環境之中。

因此，對於酒類的收集，如果只是將不同種類的酒大量放在一起，那便與喜歡收藏酒的顧客無異。調酒師與喜愛收藏酒的顧客之不同，便在充分了解這些酒的品質特性，並且知道發揮此特性的供酒方法（飲酒方法）。

要做到這個地步，顧客才會將調酒師視為「酒的專家」。

2　收集文字情報

吸收商品知識最快速的方法，就是實際品嚐以此種商品調成的雞尾酒味道。但是，若只是毫無章法地品嚐，也與顧客沒有兩樣。要讓顧客認同你是

「酒的專家」，便要擁有顧客所不知道的軟體情報。

　　能達到這種目的的快速手段就是酒類相關情報雜誌及雞尾酒書籍。調酒師要以國際性的眼光來研究酒及雞尾酒的動向，並將情報及知識提供（販賣）給顧客，為此，需要經常涉獵國外的出版物，尤其是有關酒及雞尾酒的最新出版物。

　　此外，日本各出版社出版的情報雜誌中，也有許多資訊能做為了解顧客動向的參考。特別是以有別於調酒師的感性（就某種意義而言是侷限的見識）視野著眼的文章，應能成為極佳的參考。調酒師每週至少應該上一次書店，即使只是站著看書也好。希望調酒師能常保好學心，對新資訊求之若渴。

　　此外，書店沒有販售的企業廣告雜誌、國內外航空公司的廣告雜誌、機內雜誌等，均是新酒情報的發佈來源，經常刊載許多新酒情報。

　　而這些情報不需親臨現場或親自搭乘飛機才拿得到。平時只要讓顧客對你產生信任感，認為你是一位喜愛研究新資訊的調酒師，他們或許會將這類情報雜誌送給你，或是在來店時帶來一些情報話題。

　　此外，有些日本公司的辦公室內會擺放航空公司的機內雜誌，如前所述，可能有些顧客會將這樣的雜誌帶來送給你。

　　無論如何，調酒師的周遭就有許多新酒情報的收集來源，建議各位要廣泛收集資訊，不要只侷限在酒吧或酒上。

　　當然，為了吸收海外的資訊，某種程度的語言能力是必要的。希望調酒師們至少能有靠查字典挑戰英文的酒及雞尾酒情報的積極心。

3　調酒師與雞尾酒

　　但是，調酒師也不能滿腦子只有情報。如此只能算是情報家或理論家而已。要成為出色的調酒師，必須整理情報，考量如何將酒及雞尾酒的原味發揮至極致，並以品嚐起來最美味的方法提供給顧客。

　　尤其，調製雞尾酒是調酒師業務的重點。雞尾酒的調製技術，基本上是

由前輩傳授，再經過反覆練習而來的，但不是每家酒吧都有可以傳授技術的前輩。幸運的，可以得到前輩的教導，只要虛心學習、日日磨煉即可學成技術，但這畢竟只是少數。如果沒有這麼幸運，便必須虛心的以初學者的心情，到「酒（雞尾酒）學校」研讀基本技術，或是利用店內休假的時間，前往有名調酒師的酒吧學習其技術。

不論哪一種方法，都要用心學習、凝神觀察、熟記要領，自己每日勤勉練習，領會心得。一旦學成的技術，會變成無形的財產，永遠不會失去。要知道每天的研究、練習，都是為了自己，所以一定要持續努力。

繼雞尾酒技術之後第二重要的，便是記住標準酒單（調製方法）。尤其要能正確掌握店內酒單所有雞尾酒的調製方法。店內每位調酒師都能調出一致的味道，是餐飲業界最重要的課題，而均一化還能使顧客對這家店產生信賴感。

有人形容雞尾酒的種類就像天上的繁星一樣多。但是，調酒師並不需要記住所有的雞尾酒，恐怕也沒有任何調酒師記得住。你可以推測在這家酒吧中，哪些雞尾酒的點酒頻率較高，將之列入主要酒單。其數量最多大約60～70種，而店方想要積極促銷的，充其量也不過30種左右。對這幾種雞尾酒的調製絕對要得心應手。

調製雞尾酒的技術，不單只是記住調製方法即可，還要將顧客所點的雞尾酒，迅速調製完成並上酒。一位顧客單點一杯雞尾酒時，若能在3分鐘以內上酒，顧客認為這是「正常的等候時間」，因此會感到滿意。但若超過3分鐘，便會讓顧客覺得「怎麼還沒好啊……」，時間拖得愈久顧客愈煩躁。除非調製方法較為複雜，否則，迅速的應對有其絕對的重要性。

此外，即使調酒師同時接受多種雞尾酒或是多位顧客的下單，對顧客而言，他們對自己所點雞尾酒的等待時間仍是3分鐘。因此調酒師必須接受實況模擬訓練，以應對各式各樣的狀況。並且要常常思考用什麼樣的步驟來調製，可以迅速完成，使顧客滿意。專業的調酒師，必須有能配合各種狀況的

專注力，以及機靈的「快速服務」。

　　而且調酒師還必須意識到，自己的薪水就是由調製雞尾酒（包括全部的酒）所收取的費用而來的。為此必須抱持成本觀念來執行調酒師的業務。

IV　調酒師也是待客技術者

1　調酒師與服務

在日本，所謂的「服務」常被認為是「折扣」、「免費」、「贈品」。其實，服務應是「在顧客需要的時候，奉上他需要的東西，使他感到滿足」。因此，服務好壞的判定，在於接受服務者（顧客），而非提供服務者。

判定的基準有以下幾項：

① 整體評價

② 針對個人具體應對的評價

③ 對利用者而言是否有折扣、贈品等優惠的評價

④ 針對營業活動的評價

在這當中，針對調酒師的評價主要以②為主。為此，要有「顧客希望你為他做什麼，你便替他做好」的心理（好客精神）。明白地說，「從顧客光臨的瞬間，到結完帳離開之前，無論是飲料或料理，都要無微不至地留心，讓顧客能以愉悅的心情品嚐美味的飲食」。

2　Q.S.C.

但是，光只有待客技術者的好客精神，仍稱不上是專業的調酒師。必須成為更能考量整體Q.S.C.的調酒師才行。

Q=Quality Control 品質控制

S=Service Management 服務管理

C= Cleanliness Standard 清潔標準

品質控制是指商品的品質。調酒師的調酒技術當然包含在其中，其他還有商品的選購、與進貨管理有關的原料（酒）的品質、盛裝飲料或料理的玻璃杯、器皿等用品的選購品味，以及調製的過程及裝飾等，總之包含所有能

呈現美味的部分。因此調酒師不僅需要具備酒類相關知識，還要研究並訓練有關美感、色彩裝飾等感性的部分。

為了維持商品的品質，原料（酒）等庫存品的貯藏管理、安全衛生管理、進貨系統、標準調製方法、調理手冊、酒杯掛架及吧台的適當配置等檢討，也要是相當重要的。

服務管理指的就是服務，也就是好客精神的培養。為此，基本服務手冊的擬訂、執行方法的檢視、服務技術的店內研修等，都必須重新審查。

此外，這其中還要包括顧客的抱怨處理等臨場應變的對應手冊，以及徹底的教育。形成抱怨的原因並非全是當時所引起的。一些極為細微末節的事情，可能是從以前便重複累積下來，只是現在才爆發而已。若顧客提出抱怨，調酒師首先要站在對方的立場設想，而且一定要將抱怨聽完。如果你在中途加以反駁，會使原本可以平和處理的事情演變成一發不可收拾的抱怨。因此，抱持誠意，迅速對應，遇到無法接受或初次碰到的事例，要養成一個習慣－不要自行判斷，一定要請上司來判斷再處理。要知道即使是發出抱怨的顧客，對酒吧而言也是一位非常重要的顧客。

清潔標準是指明亮閃耀的清潔感。也可以說是待客服務的基本。

明亮閃耀的清潔感當然包括衣著談吐及化粧，其他還包括店舖周遭（Sign Tower及看板、入口周圍）及店舖內（坐墊、地板、桌椅、吧台及酒杯掛架、化粧室等），此外，店舖設計及裝潢的清潔感、用具備品的清潔，甚至是裝盛及服務的清潔等均屬之，包含範圍相當廣泛。

酒吧也是一種外食產業，因此要特別重視對外食產業而言非常重要的清潔。

話說回來，想要抱持好客的精神關懷顧客，要從想像顧客的需求開始，而最重要的就是與顧客的對話。

酒吧會話的基礎便是「待客八大用語」，調酒師一定要能熟悉善用這八大用語，如果無法適切運用，可能會被評判為一位不合格的調酒師。

①歡迎光臨

②好的（是的，知道了）

③請稍候

④讓您久等了

⑤謝謝您

⑥對不起

⑦不好意思

⑧失陪一下

這八大用語是自顧客光臨至離開之間，調酒師必定會使用的重要用語。身為一名調酒師，要從平時便適切使用這些用語，而且要毫不吝惜地每次都使用。

此外，這八大用語中除了⑥的「對不起」之外，都要盡量以開朗有活力的音調說出。

3　顧客應對實務

光臨酒吧的顧客，就如每個人的長相各異一樣，其個性與類型也都不同。調酒師要迅速察知每個顧客的氣質及光臨酒吧的目的、動機，才能做到無微不至的貼心應對。

不過，品評味道的人畢竟還是顧客本身，所以要盡量配合顧客的目的及嗜好來選擇雞尾酒。

基本上，雞尾酒是一種嗜好品，顧客點什麼雞尾酒都無所謂，但是要在能呈現每杯雞尾酒的最佳狀態之條件下，配合顧客的T.P.O.（Time、Place、Occasion），提供顧客所點的雞尾酒，也是調酒師的一項業務。

在考量雞尾酒的T.P.O.時，也必須同時考量用餐情況。但是，日本和歐美的飲食習慣有些不同，大致可分為以下三類：

①當成餐前酒的雞尾酒

要抑制甜味，最好能帶有酸味或苦味。

②當成餐後酒的雞尾酒

以甜酒為佳，有餐後清口的作用。此外，由於不再需要促進食欲，因此適合調製甜雞尾酒或酒精濃度較高的雞尾酒。

③當成平時飲料的雞尾酒

飲用時機與用餐無關，因此可以帶有適度的酸味或苦味，並帶有適度的甜味。在日本，這種類型的雞尾酒是酒吧裡的主力雞尾酒。

考量這三種分類，最後將標準酒單（調製方法）調整成顧客喜愛的口味，檢討是否能更接近顧客喜愛的口味，加以整理之後再提供給顧客。但是，要調整成完全符合顧客喜愛的口味，是相當困難的，因此，若有得到顧客喜愛的時候，或許可以說是調酒師的幸運。

雞 尾 酒 的 Ｔ Ｐ Ｏ

	APERITIF （餐前酒）	AFTER DINNER （餐後酒）	ALL DAY TAPE （平時飲料）
WHISKY base （威士忌基酒）	OLD PAL OLD-FASHIONED MANHATTAN WHISKY SOUR	HUNTER RUSTY NAIL GODFATHER	NEW YORK BOURBONELLA HOT WHISKY MINT JULEP
BRANDY base （白蘭地基酒）	BRANDY SOUR	ALEXANDER STINGER NIKOLASCHIKA	SIDECAR BRANDY EDDNOG HORSE'S NECK BETWEEN THE SHEETS
GIN, VODKA （琴酒、伏特加基酒）	〈GIN〉 NEGRONI MARTINI ORANGE BLOSSOM 〈VODKA〉 BLOODY MARY SCREWDRIVER SALTY DOG	〈GIN〉 ALASKA RUSSIAN 〈VODKA〉 BLACK RUSSIAN GODMOTHER	〈GIN〉 GIMLET SINGAPORE SLING GIN & TONIC 〈VODKA〉 MOSCOW MULE 雪國
RUM, TEQUILA （蘭姆酒、龍舌蘭基酒）	〈RUM〉 DAIQUIRI BACARDI 〈TEQUILA〉 STRAW HAT	〈RUM〉 NAKED LADY 〈TEQUILA〉 MOCKINGBIRD	〈RUM〉 CUBA LIBRE PIÑA COLADA BLUE HAWAII 〈TEQUILA〉 MARGARITA TEQUILA SUNRISE
WINE,LIQUEUR （葡萄酒，利口酒基酒）	〈WINE〉 KIR MIMOSA 〈LIQUEUR〉 CAMPARI & SODA AMERICANO	〈WINE〉 PORT FLIP 〈LIQUEUR〉 ANGEL'S KISS MINT FRAPPÉ	〈WINE〉 BELLINI CHAMPAGNE COOKTAIL 〈LIQUEUR〉 CACAO FIZZ VALENCIA

V 調酒師的實際基本業務

調酒師的業務包含身為待客技術者以及調理技術者的業務。此外，若以一天的工作流程來看這些業務，可以分為開店前的準備業務、營業時間中的販賣業務、打烊後的收拾業務（也包含一日工作的檢討）。

以下便是依循一日業務的流程，說明基本的注意事項。

1 開店前的準備

調酒師必須帶著自信的心情去上班，相信自己能確實執行所有的業務。要於開始營業的幾小時前上班，每家店均不相同，但是絕對不能在開店前才匆匆忙忙地衝進店裡。

上班後，先確認前一天所訂的用品（洋酒、副材料等）是否已經進貨（有時會在開店前或開店中進貨）。此時，查對收據、記住買進價格，可以提昇成本管理的意識。

調酒師負有清掃吧台的責任。而清掃便是服務的第一步。

酒架（Back Bar）等於是酒吧的臉孔，因此切勿忘記酒棚的清潔。洋酒類要再分成釀造酒（原則上應該置於冰箱冷藏保存）、蒸餾酒、混合酒，分別排列整齊。此外，同一類別中還可再依據類型分得更細。例如，威士忌可依日本產、蘇格蘭、愛爾蘭、美國、加拿大等類，依序排放。

伏特加也可以分為日本產、俄羅斯產、芬蘭產等，依國別排放整齊。

此外，用來調製雞尾酒的琴酒、伏特加等，除了放在酒架內的酒瓶之外，可以盛入調製雞尾酒用的酒瓶中，放入冰箱冷藏保存。

如此決定好排放型式之後，便不要再隨便變更。因為可能會使調酒作業出錯，也會讓經常光臨的常客感到不太自在。原則上，除了有新酒要放入酒架中，否則不應變更放酒的位置。

此外，House Whisky（Bar Whiskey）或經常用來做為雞尾酒基酒的蒸餾白酒，要記得放在容易拿取的位置。

酒瓶最好每天從酒櫃拿下來擦拭，或是視情況每2～3天擦拭一次。每週只擦拭一次的酒吧，實在沒有資格營業。

擦拭時務必使用玻璃專用的布巾。如果酒瓶上有無法擦掉的成分附著，才能使用濕布巾，而且使用濕布巾擦拭過後，也要再用乾燥的布巾擦拭。如果當天沒有擦拭酒瓶，也要用雞毛撢子將酒瓶瓶肩上的灰塵撢落。

此外，像利口酒等萃取成分多的洋酒，要將瓶蓋拿起，將瓶口仔細擦拭乾淨。同樣的，若使用注酒嘴，也要記得將注酒嘴（pourer）的內部洗淨。

酒瓶擦拭完並且正確放回酒櫃後，一定要走出吧台外，查看酒瓶標籤的方向及其配置有無錯誤。此時只要查看酒瓶的瓶肩即可，擦拭過的酒瓶瓶肩，應該是光亮的。你可以察覺到此亮澤可以提高商品的價值。只要明白此點，就會想要每天擦拭酒瓶了。擦拭酒瓶的天數間隔愈近愈好。如果酒櫃內鑲有鏡子，可以在拿出酒瓶時用玻璃清潔劑將鏡子擦拭乾淨。

玻璃杯的排列方法有直放、橫放、斜放等，可以將之排放成幾何圖形。不過，排列時最好將玻璃杯朝上放置。玻璃杯在設計上也應朝上排放，如果朝下擺放，杯口會吸入鋪在酒櫃層板上的墊布或層板等物的味道，不是理想的作法。

調製雞尾酒用的器具類，如果要放置在作業台上，最好能排放在乾淨的鐵盤中。如果要放置在吧台上，最好將乾淨的擦拭玻璃用布巾橫摺一半，再將調酒器具排放其上。

調酒壺（shaker）的放置方法可分為杯身在下，套著濾器的瓶口放在上面，以及將杯身放在套著濾器的瓶口上兩種，要使用哪一種，應遵照店裡的規定。

此外，砧板的洗淨、水果刀的磨光、冰箱內的整理、裝飾用水果類、橄欖、櫻桃等的採買、將需要冷藏提供的酒及磨成泥的副材料收入冰箱、擦手

巾的保溫（或保冷）的確認，以及冰塊的檢查等等，都是調酒師的工作。

若還有時間，最好能將靠近顧客那一側的吧台以及椅子等物擦拭乾淨。

最後，請面對鏡子整理自己的儀容。此時的檢查重點如下所示：

〈男性〉

①是否每天刮鬍子（或出門前刮鬍子）

②鼻毛是否太長

③頭髮是否整潔，是否有頭皮屑或髒污

④指甲是否剪短，指甲縫中是否有髒污

⑤襯衫的領口與袖口是否乾淨

⑥襯衫的第一顆扣子是否扣好，領帶是否打好

⑦褲子的摺痕是否清楚

⑧鞋子是否擦亮，鞋跟是否有磨損

⑨有無口臭

⑩徽章或名牌是否別在指定的位置

〈女性〉

①頭髮是否整理整齊（及肩的頭髮要綁起或盤起）

②化粧是否太濃

③指甲油的顏色以透明或淡粉紅為宜

④指甲油或化粧是否脫落

⑤指甲是否太長，指甲縫中是否有髒污，指甲是否有斷裂

⑥所戴耳環、戒指、項鍊、手錶是否太過誇張華麗

⑦鞋子是否有髒污，鞋跟有否磨損

⑧是否擦了太濃的香水

⑨是否穿著與制服搭配的淡色絲襪

⑩徽章或名牌是否別在指定的位置

在開店前10分鐘要完成以上的檢查，然後等待顧客的到來。

2 營業時間中的業務

到了營業時間，要面向入口的方向，兩腳稍微張開，以輕鬆的姿勢等候顧客的到來。此時，只要其中一腳往前朝入口方向移動半步，身體自然會朝向入口方向，隨時可以敏捷地行動。

絕對不能以靠在牆壁、柱子、吧台的姿勢等待顧客的到來。此外，也要避免同事之間的竊竊私語。

迎接顧客時，要以開朗的笑容，充滿精神的聲音主動向顧客打招呼道「歡迎光臨」。最好能和光臨的顧客視線相交，同時以眼神向顧客問候。

如果顧客要坐在吧台，吧台內的調酒師必須引導顧客至空位，並且再重複說一次「歡迎光臨」，然後遞上擦手巾。擦手巾要放在毛巾盤內，並且放在顧客可以輕易取得的位置，其位置要與吧台平行。

接著，要正確詢問顧客的點酒。為此，調酒師必須正確掌控以下幾點：

①正確讀取酒單，正確寫下

②知道正確的價格

③詳知調製的方法

④要能回答有關雞尾酒的色、香、味的問題

⑤判斷何種商品適合顧客

這幾點都要正確而熟練。活用平時研究的成果，充滿自信地向顧客推薦。

詢問顧客點酒的時機也很重要。要為顧客著想，主動出聲問：「請問您要點什麼？」

當顧客無法決定要點些什麼時，可以推薦店裡的主打酒或是當天的特價酒，如果對方是女性顧客，也要考量適合女性的酒類再推薦。

詢問點酒時，一定要取得確認。覆誦時要將顧客說過的話再重複一次。不過，如果顧客使用的是簡稱，可以將之改為正式的名稱再覆誦一次。

接下來，調酒師便要調製顧客所點的飲品，有關此點將在「雞尾酒的基

本技術」中說明。

　　端出顧客所點的雞尾酒之後，還要持續關注顧客的行動，以謙遜的態度等待下一位顧客的到來。此外，顧客面前的菸灰缸中若有2根以上的菸蒂，便要將菸灰缸換新。換新時，可在菸灰缸上面覆蓋乾淨的菸灰缸或是玻璃墊，以免菸灰飛揚，然後將原本的菸灰缸撤下，換上乾淨的。

　　顧客回去時，要抱持誠意、開朗且清楚地說聲：「謝謝」，並且目送顧客離去。

　　顧客回去後的玻璃杯，一定要迅速收拾，但避免動作太粗魯，發出鏗鏗鏘鏘的聲音。此時如果發現顧客有東西忘了拿，要趕緊拿到結帳處給他。

　　整理完後，為避免讓下一位顧客產生不舒服的感覺，一定要擦拭乾淨。擦拭完後，必須以視線掃視一下，確認是否還有水分殘留。

3　打烊後的收拾

　　打烊後，雖然時間已經很晚，但是玻璃杯、食器類一定要洗淨並擦乾，收入固定的位置。此時如果有器具破損，便要再補充，並做適切的處理。

　　洗完東西的水槽，一定要用清潔劑刷洗，並且將水滴擦拭乾淨。此外，諸如空盒、垃圾桶的清理、作業台及冰箱的擦拭、盤點存貨（存貨清單）以訂購隔天要用的東西等等作業，則視各店規定來執行。

　　當全部的業務完成後，試著反省今日的工作。

　　①今天一整天是否都誠心誠意地執行業務

　　②是否有怠惰或偷工減料的念頭

　　③是否積極推動店裡的促銷計畫

　　④顧客是否愉悅地向你道謝

　　⑤今天一天的行動，是否能讓顧客及同事覺得公平且留下良好的印象

　　如果有不盡完善之處，便要提醒自己隔天不能再發生類似的事情。要自我磨鍊，才能成為一位擁有高評價的調酒師。

酒吧商品學

I　酒類總論

1　酒的歷史

葡萄酒・啤酒的誕生

所謂的酒，便是含有酒精成分的飲料。

自古以來不論東方或西方，出產過許多的酒，經過改良後一直為人們持續飲用至今。人類的歷史，可以說是和酒一起展開的。

不過，究竟是人類出現的年代較早，還是酒出現的年代較早？答案或許令人感到意外，酒是比較早出現的。

地球上開始有人類出現，大約是距今500萬年前。但是，由已發現的化石可以知道，2千萬年前的地球已經有葡萄生長。而且也知道，在那遙遠的時代，地球上已有微生物生存。因此幾乎可以確定，早在人類出現以前，葡萄所含的糖分（果糖、葡萄糖）便可能藉由微生物轉變成酒精。以現代的常識來看，這可以說是葡萄酒的原型。總之，在人類出現以前，已經有那種含有酒精成分的液體存在，人類發現後，因為想要止飢解渴而將它放入口中，而那一瞬間便是人類與酒的最初接觸。

那麼，人類是何時開始意識到酒並且著手製作呢？確切的時間雖然難以斷定，但是為求糧食而游走山野的原始時代，應該無暇製作酒。而且，釀酒需要時間。因此，人類應該是從在固定的土地上定居，展開農耕生活（定居農耕）之後，才開始以人工的方式釀酒。

在西元前2500年左右，古代東方最早的文學作品『基爾迦曼（Gilgamesh）史詩』中，記載了當時所發生的事情，其中第11書板中記載了釀造紅葡萄酒、白葡萄酒之事。不過，當時的紅葡萄酒及白葡萄酒應該都是又澀又酸的吧……。

此外，西元前3000年左右蘇美人所遺留的泥板『藍色紀念碑』上，描繪

出將製作啤酒所用的Emmer小麥去殼並製作成啤酒的情形。當時的啤酒與葡萄酒的情況一樣，和現今的啤酒差距甚遠，據推測應該是無苦味、無氣泡、低酒精的混濁液體。

因此，早在距今5千年前的古代，就已經有葡萄酒及啤酒的生產了。釀酒的行為就這樣開始，並在人類之間廣為流傳。之後，酒成了人們快樂時、悲傷時、祭典時經常飲用的飲品，為人類的文化生活增色不少。

蒸餾酒的歷史及傳播

為釀酒帶來重大變化的，是鍊金術士將蒸餾技術應用於釀酒上。西元前3千年左右，起源於美索不達米亞的蒸餾知識、技術，在地球上由西向東傳播，遍及各地。

利用蒸餾技術，人們開始可以製作酒精成分較強的烈酒。鍊金術士們將這種烈酒以拉丁語Aqua vitae（生命之水）稱之，並當成藥酒。

此種「生命之水」的製法，於8世紀左右，由阿拉伯文化圈經地中海周邊傳至歐洲，各地使用當地所能取得的原料，進行酒的蒸餾。開始時，應該都是無色的粗製蒸餾酒。

這些酒在人們的經驗及智慧下，漸漸改良，分化成波蘭及俄羅斯的伏特加，法國、義大利、西班牙等地的白蘭地，蘇格蘭、愛爾蘭的威士忌，北歐諸國的Aquavit（阿奎維特酒），直至今日。此外，蒸餾酒出現不久後，人們開始將各種藥草、香草加入蒸餾酒中，浸泡出該成分，製造成更具藥用效果的秘酒。此種酒由於含有藥草、香草的成分（拉丁語為liquefacere），因此被稱為「liqueur（利口酒）」且受到珍視。

其後到了大航海時代，隨著世界各地的辛香料、樹木的果實及其他果實等傳至歐洲，歐洲人開始使用這些材料來改良酒的風味，開發出新的利口酒，使酒的種類變得多樣化。此外，在大航海時代，蒸餾技術也由歐洲渡海傳至加勒比海的小島及新大陸，造成蘭姆酒等酒類的出現。

另一方面，也可以推斷日本的燒酎是利用由東亞經海路，於15世紀左右

傳到沖繩、16世紀左右傳到鹿兒島的蒸餾技術製造而成的。

由此可知，我們現在所飲用的酒的原型，大約都是中世紀左右便已出現，之後更加展現特色，經過改善成為精萃的味道，並且流傳至今日。

酒精的發酵

酒的主要成分為酒精，在種類繁多的酒精當中，指的是乙醇（ethyl alcohol）。乙醇是利用一種微生物—酵母菌，由葡萄糖、果糖等糖分生成的。以化學式表示如下：

$$C_6H_{12}O_6 \longrightarrow 2 \quad C_2H_5OH \qquad +2 \quad CO_2$$
（葡萄糖，果糖）———（乙醇）　　　　　　（二氧化碳）

人類食用含澱粉質的米食或麵包，體內便會將澱粉質分解為二氧化碳及水，人類便是利用此分解過程所產生的熱量來維持生命。酵母菌也是攝取糖分，再將糖分分解為乙醇及二氧化碳，在此過程中得到熱量而得以繁殖。這種乙醇生成的過程稱為「發酵」。

發酵的過程十分複雜，並且有許多副作用伴隨產生，但是基本上可以認定是「糖分解為乙醇及二氧化碳」。

因此，理論上100kg的糖，約可生成51.5kg的乙醇。而乙醇的比重為0.792，因此若將先前的數字換算成容量，大約為63.3公升。但是，酵母會消耗糖分作為繁殖所需的熱量，因此常識上而言是生成50～55公升的乙醇。

酵母對果實及糖蜜等糖質原料，可以立即進行發酵作用（單發酵）。但是，酵母本身並沒有糖化酵素，因此對於以米、麥、玉米等穀物，或是蕃薯等以澱粉質為主要成分的作物製成的原料，在發酵前必須利用一種名為澱粉酶（amylase）的糖質分解酵素，先將澱粉質轉化為糖質，再進行發酵作用（複發酵）。

西方是利用麥芽中的糖質分解酵素，東方則是利用麴之類的黴菌所生成

的糖質分解酵素來將澱粉質糖化。因此，西方的釀酒可以說是「麥芽文化的產物」，東方的釀酒則是「黴菌文化的產物」。

由此可知乙醇是利用酵母由糖質生成的，酒精成分藉由發酵而增加的同時，酵母本身的活動力也會降低，直到無法再生成酒精，發酵才會停止。發酵停止時的酒精成分，會依酵母的性質而異，一般約在酒精成分生成至15～16％時停止。至於清酒是採用特別的釀造方法，因此酒精成分可以超過20％。

蒸餾的原理及蒸餾機的型式

將經由發酵生成的酒，再加以蒸餾，可以得到酒精成分含量更高的酒。

在1大氣壓力下將水加熱，至100℃開始沸騰，並從液體轉變為氣體。將此氣體冷卻，又能回復成液態的水。

水的沸點為100℃，乙醇的沸點則為78.325℃。因此，若將含有乙醇的液體加熱，會先產生含多量乙醇的蒸氣。將此蒸氣冷卻，使之回復為液態，所得到的液體之酒精濃度（度數）會比原來的液體還要高。如此利用沸點之不同，將液體中的某種成分在濃厚狀態下分離的作業，便稱為「蒸餾」。

當時，此種蒸餾技術是利用簡單的大鍋來進行，直至19世紀，其基本構造幾乎都沒有什麼重大改變。

使用大鍋進行蒸餾，要先將發酵過的液體（日本稱為「醪」）倒入鍋中，由下加熱，使醪沸騰，再製作出高濃度的酒精溶液。待1/3左右份量的醪蒸發，鍋中液體的酒精成分變為零，此時便可停止加熱，將鍋中殘餘的液體當成廢水處理掉。

如此每次都得重複進行鍋中作業，因此以這種方式蒸餾的裝置便稱為單式蒸餾機（Pot Still）。

單式蒸餾機至今被設計成許多不同的型式。依據不同的單式蒸餾機、不同的使用方法，製出的酒的風味會有微妙的差異，酒質也會不太一樣（請參照V威士忌，VI白蘭地的內容）。

使用單式蒸餾機每次蒸餾所得的酒，其酒精成分大約為原先的醪的3倍。若將之再蒸餾一次，可以得到酒精成分約60～70%的高濃度酒液，便可用來做為原酒。

到了19世紀初，法國的亞當・布里曼塔及德國的皮斯多里斯等人，持續研發更具效率的蒸餾機，1826年，蘇格蘭的威士忌業者羅勃・史坦因設計出新式的連續式蒸餾機，1831年，此種改良型具有雙塔的蒸餾機，便由愛爾蘭的伊尼亞斯・柯芬所生產。此蒸餾機於1832年取得專利（patent），因此被稱為專利蒸餾機（Patent Still）。

這種蒸餾機的原理是內部使用多段式的塔，醪由上方倒入後，連續性地由上段往下段滴落，每段都會重複細微的蒸餾。因此，只需蒸餾一次，便能得到乙醇濃度高、純度也高的蒸餾液。而且還能連續補充醪。

現在此種連續式蒸餾機的性能又大為提昇，並且衍生出多種型式，但其設計均呈現塔狀，因此一般稱為Column Still，又因為可以連續蒸餾，也被稱為Continuous Still。其裝置可大略分為醪塔及精餾塔，醪塔只有一個，精餾塔則約有1～6個相連接。

2 酒的分類

酒的定義

所謂的酒，便是含有酒精成分的飲料總稱，許多國家針對酒都有法律上的定義，並將其種類明文化。

在日本，酒的定義明訂於酒稅法中。酒稅法第2條指出，「所謂酒類，是指酒精成分1度以上的飲料」。因此，凡是酒精成分為1度以上的飲料，在酒稅法上全屬「酒類」，這條法律的適用性也為日本人所接受。

酒精成分的標示法

日本酒稅法中所稱的「酒精成分」，是指在15℃時原容量100分中所含的乙醇容量。也就是說，在100ml的液體中含有幾ml的乙醇。假使乙醇容量為

酒稅法中酒類的定義及分類表

種類	品名	酒類的種類及定義（概要）
清酒		以米、米麴、水為原料發酵過濾而成
		以米、米麴、水、其他物品為原料發酵過濾而成
合成清酒		以酒精、燒酎、葡萄糖為原料製造的酒類，類似清酒
燒酎	甲類燒酎	以連續式蒸餾機蒸餾含有酒精的物質所得，酒精成分未達36度者
	乙類燒酎	以連續式蒸餾機以外的蒸餾機蒸餾，酒精成分未達45度者
味醂		將燒酎或酒精加入米、米麴中所得之液體
啤酒		以麥芽、啤酒花、水為原料發酵而成
水果酒類	水果酒	以水果為原料發酵而成
	甜味水果酒	在水果酒中加入糖類、白蘭地、糖混合而成
威士忌類	威士忌	以發芽穀類、水為原料，加以糖化並發酵得到含有酒精的物質，再加以蒸餾而成
	白蘭地	以水果、水為原料發酵得到含有酒精的物質，再加以蒸餾而成
		將水果酒蒸餾而成
蒸餾酒類	蒸餾酒	不符合清酒至威士忌的酒類，其萃取成分未滿2度者
	原料用酒精	將含有酒精的物質加以蒸餾而成，酒精成分超過45度的蒸餾酒
利口酒類		以酒類及糖類為原料的酒類，其萃取成分在2度以上者
雜酒	發泡酒	以麥芽為部分原料的酒類，具有發泡性
	粉末酒	溶解後能成為酒精成分1度以上的飲料之粉狀物
	其他雜酒	不符合上述任一項之酒類

1ml，則其含有量為1%，在日本便將此稱為酒精成分1度。因此，

酒精濃度＝酒精含有率（依據容量率的％數）

此種酒精成分的標示法，各國或有差異。在日本是直接採用容量百分比（percent by volume），與其類似以百分比標示的，還有重量百分比（percent by weight）。這是表示100g的液體中含有幾g的乙醇。為避免兩者混淆，會在顯示酒精成分的數字後面，加上percent by volume（或 ％ by vol., v／v ％），或是percent by weight（或 ％ by wgt., w／w ％），以資區別。容量百分比除了日本使用之外，世界各地如歐洲各國也均廣為採用。

在美國則是使用Proof。水為0 Proof，100%的酒精為200 Proof，因此只要將容量百分比換算為2倍即可。

另一方面，位於歐洲的英國雖然也使用Proof，但卻稍微複雜，酒精成分以容量率顯示為57.1%的酒精含有液，便是100 Proof。也就是說，水為0 Proof，100%的酒精為175 Proof。

由於Proof有兩種標示方式，為區分兩者，美國式的標示法稱為American Proof，英國式的標示法則稱為British Proof。

酒精成分的標示方法

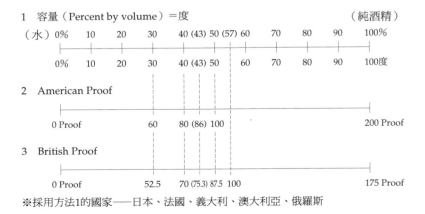

1 容量（Percent by volume）＝度　　　　　　　　　　　（純酒精）

（水）0%　10　20　30　40 (43) 50 (57) 60　70　80　90　100%

0%　10　20　30　40 (43) 50　60　70　80　90　100度

2 American Proof

0 Proof　　　　　　60　80 (86) 100　　　　　　　200 Proof

3 British Proof

0 Proof　　　　　52.5　70 (75.3) 87.5 100　　　　　175 Proof

※採用方法1的國家──日本、法國、義大利、澳大利亞、俄羅斯

酒依製造方法的分類

　　酒類在製造方法上而言，可分為①以穀類及水果為原料發酵而成的釀造酒，②以大麥、葡萄、甘蔗等為原料發酵再蒸餾的蒸餾酒，③在釀造酒及蒸餾酒中加入帶有草根、樹皮或水果等香味的物質，加以混合並加入糖分的混成酒三種。

釀造酒　所謂的釀造酒，是指藉由酵母的發酵作用製成的酒。釀造酒又可依原料為糖質或澱粉質而區分為兩種。

　　以糖質原料製成的酒，是藉由酵母直接進行發酵，因此又稱為單發酵酒，由葡萄製成的Wine（葡萄酒）、由蘋果製成的Cidre（蘋果酒）、由西洋梨製成的Perry（梨酒）等，以及用水稀釋蜂蜜製成的Mead（蜂蜜酒），以

酒 的 分 類

酒	釀造酒	糖類	水果	Wine（葡萄）、Perry（西洋梨）、Cidre（蘋果）
			蜂蜜	Mead
			其他	Pulque（龍舌蘭的汁液）
		澱粉	穀類	啤酒（大麥、穀類）、清酒（米）、紹興酒（米）
	蒸餾酒	糖類	水果	白蘭地（葡萄）、Calvados（蘋果）、Kirsch（櫻桃）、Poire Williams（西洋梨）、Mirabelle（黃李）、Quetsche（紫李）、燒酎（棗椰子）
			糖蜜	蘭姆酒、燒酎（甘蔗）
		澱粉	穀類等	威士忌（大麥、其他穀類）、伏特加（穀類、芋類）、琴酒、Aquavit（穀類、芋類）、Schnapps（穀類、芋類）、燒酎（米、蕎麥等穀類、蕃薯）
			其他	Tequila、Mescal（龍舌蘭的莖）
	混成酒	藥草系		Absinthe、Zubrowka、Chartreuse、Benedictine、Campari、Vermouth（苦艾酒）、Drambuie
		水果系		Sloe Gin（野莓琴酒）、Curaçao、Cassis（黑醋栗利口酒）、櫻桃白蘭地
		種子系		可可利口酒、咖啡利口酒、Amaretto（杏仁利口酒）
		其他		Advocaat（蛋酒）

動物乳汁製成的Kefir（克菲爾菌酒）、Kumiss（馬奶酒）、以墨西哥特產的龍舌蘭製成的Pulque（普爾奎酒）等，均屬此種型式的釀造酒。

以澱粉質為原料的酒，在發酵前會先藉由糖化酵素將澱粉糖化，再進行發酵，因此又稱為複發酵酒。最具代表性的為以麥或其他穀物製成的啤酒，以米製成的清酒、黃酒。

釀造酒的酒精度數大約在20%（度）以下。可以說是能充分展現各原料特色的酒類。

蒸餾酒　所謂的蒸餾酒，是指將發酵製成的酒再加以蒸餾所得的高酒精度數的酒。

以水果為原料製成的蒸餾酒，包括由葡萄酒製成的白蘭地、由蘋果製成的Calvados（在法國法定區域生產的蘋果白蘭地），由櫻桃製成的Kirschwasser（櫻桃白蘭地）等均屬之。

以穀物為原料製成的蒸餾酒，包括威士忌、琴酒、伏特加等。除了穀類，尚有使用芋頭製成的Aquavit（阿瓜維特酒）及燒酎。此外，將墨西哥特產的龍舌蘭莖部的多糖類成分加以發酵製成的Tequila酒，也屬於此類。

混成酒　所謂的混成酒，是指以釀造酒或蒸餾酒為基底，混入草根樹皮、香料、水果、糖分等，提煉之後製成另一種型式的酒。

以釀造酒為基底製成的酒，最具代表性的是Vermouth（苦艾酒）。以蒸餾酒為基底製成的酒統稱為Liqueur（利口酒），種類繁多，極富多樣性。

II 葡萄酒（Wine）

1 葡萄酒的歷史

葡萄酒在我們所知的飲料中，可說是地球上最早出現的酒精性飲料。

而最早出現與酒相關的文獻，則是西元前2千年左右歌誦古代巴比倫國王的文學作品『基爾迦曼（Gilgamesh）史詩』，以及描繪出將葡萄酒栽種成拱門狀的埃及金字塔內的壁畫。由『基爾迦曼（Gilgamesh）史詩』可以確定，古代蘇美人曾在幼發拉底河畔製造紅葡萄酒及白葡萄酒。

酒類的飲用最初只在祭典，至葡萄的栽植及葡萄酒的釀造技術經由腓尼基人傳至地中海，遍及希臘、羅馬及法國的馬賽，才開始在民間廣為飲用。

尤其在法國（以前的Gallia），隨著羅馬帝國領土的擴大，現今世界知名的釀酒地如波爾多（Bordeaux）、隆河（Rhone）、羅亞爾河（Loire）地方，更是遠自西元前便有羅馬人在此釀造葡萄酒。

之後，葡萄酒更因視「麵包為我們的肉，葡萄酒為我們的血」的基督教普及，使得歐洲各地均開始栽種葡萄，釀造葡萄酒並飲用。

據說在中世紀時，法國、德國的葡萄栽植地比現今廣闊得多。這是因為葡萄的栽植、葡萄酒的釀造成為修道院的事業，並且受到王侯貴族們的重視保護，而且葡萄酒的品質也不斷地提昇所致。

此外，由於歐洲的水質不佳，再加上當時視葡萄酒及啤酒為衛生飲料的風潮，酒類的飲用漸漸進入人們的日常生活中。

到了17世紀，由於軟木塞的發明，因此有了香檳的出現。

18世紀開始進入美食時代。以路易15世為首，隨著料理技術的發達、上流階級間的美食文化的提昇，出現了「紅葡萄酒配肉類料理，白葡萄酒配魚類料理」的美食公式，將葡萄酒與用餐結合在一起。

但是，18世紀至19世紀初的法國革命，使受聘於追逐美食的上流階級人

士的廚師們失業，此結果使廚師們在街頭開起餐廳，料理與葡萄酒的結合也更為緊密。

Sherry（雪莉酒）及Port（波特酒），也是出現於18世紀。

在17～18世紀，歐洲列強在競相佔領殖民地的同時，也將葡萄幼苗移植至殖民地，成為美國、阿根廷、智利、澳大利亞等國釀造葡萄酒的基礎。

此外，葡萄的栽種及釀造葡萄酒的技術，也經由絲路傳至中國。葡萄在日本的室町至戰國時代之間傳至日本。其後，因南洋貿易而進口的葡萄酒，在日本為部分人士所飲用，直到明治10年左右，以山梨縣為首，青森、北海道、愛知、兵庫、栃木、長野等地開始嘗試釀造葡萄酒，並且持續至今。

2 何謂葡萄酒

葡萄酒就廣義而言是指由水果製成的釀造酒，狹義而言則是指由葡萄釀造而成的葡萄酒（Wine）。

Wine是英語的寫法，法文為Vin，德文為Wein，義大利及西班牙文為Vino，葡萄牙文為Vinho，其語源均為拉丁語的Vinum，即葡萄酒之意。

葡萄酒是將新鮮葡萄直接發酵製成的釀造酒，只能利用一年一次收成後的極短時間內製作。相對於此，啤酒及清酒是以能夠貯藏的穀類為原料，只要溫度管理的設備完善，全年均可製造。而且藉由大規模生產設備的導入，製造成本得以降低，而且能使品質均一化。但是，葡萄酒則會因生產地的氣候條件、葡萄的品種、土壤、地形、栽培方法、釀造法等因素影響葡萄酒的風味，並且也會受到當年氣候狀況的影響。在擁有悠久歷史的產地，已由氣候特性決定栽培的品種，因此能夠確立傳統葡萄酒的特色。

大大左右葡萄酒特色的葡萄品種為數甚多，其中作為餐用葡萄酒的世界知名品種如下所示：

Cabernet Sauvignon

為法國波爾多地方的代表性紅葡萄酒品種。尤以Medoc、Grave地區的

栽培面積最廣。在這些地方釀造的葡萄酒，未成熟時帶有酸漿的青草香味，富含丹寧（tannin），若經長時間熟成，更顯風味。在沈穩中帶有優雅的風味，近似黑醋栗及杉木的香味成為其特徵。此品種在美國的加州，也是紅葡萄酒的主要品種。

Cabernet franc

在法國波爾多地方為輔助性品種，在羅亞爾河地方則為主要的紅葡萄酒用品種。較Cabernet Sauvignon溫和，味道較細緻，散發一種名為Vegetable Flavor的綠色蔬菜香氣。

Merlot

為波爾多的Saint-Emilion及Pomerol地區主要的紅葡萄酒用品種。丹寧的性質穩定，口感也非常柔和，其溫和感會在口中擴散開來。

Pinot noir

為法國勃根地（Bourgogne）地方的紅葡萄酒用品種。在香檳地區也有栽培。一般而言，多半種植於氣溫低於栽種Cabernet Sauvignon的地方。丹寧的澀味較Cabernet系列稍少，帶有獨特的水果味。雖然帶有冰涼感，但口感也很溫和親切。

Gamay

薄酒萊（Beaujolais）地區的紅葡萄酒用品種。早熟，可製成帶有葡萄果實香味及新鮮酸味的葡萄酒。

Syrah

法國南部的隆河（Cotes du Rhone）地區栽培的紅葡萄用品種。葡萄酒的色素深濃，讓人感覺到安寧的濃度。澳大利亞生產的葡萄酒，多數為發揮此品種特性製成的。

Muscat Bailey A

由川上善兵衛以雜交選育方式培育出的日本具代表性的紅葡萄酒用品種。近年來，主要用來生產以二氧化碳浸泡法（Carbonic Maceration）製

成的新酒（Nouveau）。

Chardonnay

　　為法國的勃根地及香檳地區栽培的白葡萄酒用品種。水果本身的香味（aroma）並不重，必須藉由木桶發酵來提昇酒質。是極受歡迎的辣味白葡萄酒用品種，在加州、澳大利亞等地也廣為栽植。

Sémillon

　　以法國波爾多（Bordeaux）地方的Graves、Sauternes地區為主要栽植地的白葡萄酒用品種。栽植於Graves地區的白葡萄酒以辣味為主，Sauternes地區則利用一種稱作Botrytis cinerea的灰黴菌將貴腐葡萄製成濃醇香甜的白葡萄酒。

Sauvignon blanc

　　在羅亞爾地方的Sancerre及波爾多地方的Graves廣為栽培的白葡萄酒用品種。讓人聯想到青草的獨特香氣，因其強烈的特性，又被稱為Fume blanc（Fume有smoky之意），是近年來在世界各地均極受歡迎的品種。

Riesling

　　是德國最高級的品種，成熟後香氣濃郁雅致，酸味顯著，為上等的葡萄酒。Sauternes地區也同樣利用Botrytis cinerea菌將貴腐葡萄製成甜味白葡萄酒。此外在法國的亞爾薩斯、美國的加州、澳大利亞等地也有栽種。

甲州（Ko-Shu）

　　為日本唯一自古便有記載的品種，屬於東洋系的Vinifera（歐洲品種）。主要栽培地為日本山梨縣，是日本具代表性的白葡萄酒用品種。

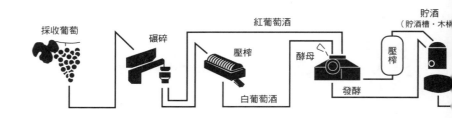

採收葡萄　　碾碎　　紅葡萄酒　　壓榨　　酵母　　貯酒（貯酒槽・木桶）　　壓榨　　白葡萄酒　　發酵

3 葡萄酒的種類

葡萄酒的風味非常多樣，可依據製造方法、葡萄酒的顏色、甜辣度、T.P.O.等加以分類。最常見的是以製造方法來分類，大致可區分為Still wine（非發泡性葡萄酒）、Sparkling wine（發泡性葡萄酒）、Fortified wine（酒精強化葡萄酒）、Flavored wine（加味酒）等4種。

非發泡性葡萄酒（Still wine）

不含釀造途中產生的二氧化碳，稱為「非發泡性葡萄酒」或「無發泡性葡萄酒」。

一般是指在用餐時飲用的餐酒。Still wine佔全世界葡萄酒生產量的90%以上，有紅、白、玫瑰等色，也有辣味及甜味之分，口味從清淡到濃重均有，可以說是風味相當多樣的葡萄酒。

（1）紅葡萄酒（Red wine）

法文為vin rouge。將採收的黑葡萄放入碾碎機中碾碎，去除果梗再發酵後，以壓榨機壓榨，去除果皮、果肉、種子。

將發酵後的新葡萄酒，放入木桶或貯酒槽中熟成。放入木桶熟成的時間會因木桶的大小、種類及葡萄酒的特性而異，一般約在2年以內。熟成中經過幾次的沉澱，其後再澄清、過濾、裝瓶，繼續在瓶中熟成。在瓶中熟成階段也能產生濃郁的熟成香味，味道也會更加濃醇。

依最近世界性的喜好變化來看，淡雅口味的紅葡萄酒較濃醇口味更受到喜愛。要製作口味淡雅的紅葡萄酒，採收下來的葡萄不加以碾碎，直接放入

貯酒藏槽中密閉保存數日，以葡萄本身的重量讓下面的葡萄自然發酵，產生的二氧化碳會充滿貯藏槽內，待果皮變得易破再進行壓榨。如此便能得到顏色鮮艷、丹寧的澀味不重、新鮮又芳香的葡萄酒。

此種發酵方法稱為Maceration carbonique。法國的Beaujolais（薄酒萊）便是以此方法製作葡萄酒的知名產地。

（2）白葡萄酒（White wine）

法文為vin blanc。將採收的葡萄去梗、碾碎後，立刻壓榨成果汁，使之發酵。發酵後，一般而言全球較普及的作法是將之放入貯酒槽中熟成，製成新鮮又富含水果風味的葡萄酒。也有些地方是將之放入木桶來進行熟成，其熟成時間比紅葡萄來得短。

白葡萄酒和紅葡萄酒不同，口味從辛辣至甘甜，各種口味均有。辣味葡萄酒的製作方法是持續發酵至糖分完全沒有為止。甜味葡萄酒則是中途便停止發酵，以保留甜味。至於使發酵停止的方法，可以採用降低發酵溫度的方式，或是以遠心分離機等來去除酵母。

在甜味白葡萄酒中最具代表性的便是貴腐葡萄酒，有法國Sauternes地區的分級Chateau，德國的Trocken Beerenauslese，匈牙利的Tokaji Aszu Essencia，日本的SUNTORY Noble d'Or wine。

（3）玫瑰紅酒（Rosé wine）

法文為vin rosé。以黑葡萄為原料，以與釀製紅葡萄酒相同的方式發酵，待葡萄酒變成粉紅色即進行壓榨，去除果皮、果肉、種子，再放回貯酒槽中，以與釀製白葡萄酒相同的方式發酵，便是玫瑰紅酒的標準製法。

不過，有些玫瑰紅酒是同時混雜使用黑葡萄及白葡萄製成的，知名的如德國的Schillerwein。

玫瑰紅酒的顏色從近似白酒到近似紅酒均有。除了特殊情況，玫瑰紅酒的口味大多介於辣味至微甜之間，一般而言屬於需要趁早飲用的葡萄酒。

發泡性葡萄酒（Sparkling wine）

　　將發酵時產生的二氧化碳，一部分溶入葡萄酒中的「發泡性葡萄酒」。有瓶內2次發酵、貯酒槽內2次發酵、二氧化碳注入法等幾種製作方式，基本上是一種保持3.5以上氣壓，帶有華麗氣氛的葡萄酒。最有名的發泡性葡萄酒當屬採瓶內2次發酵法製成的法國的香檳（Champagne）。本來，只要是相同於香檳以瓶內2次發酵法製成者，在世界各地均會標示Methode Champenoise。現在則將法國以外地方生產的香檳稱為「傳統的方法（Methone Traditionnelle）」。

　　西班牙也是著名的發泡性葡萄酒生產國，與香檳同樣採瓶內2次發酵者，西班牙稱為「CAVA」。對於3.5氣壓以上的普通發泡性葡萄酒，法國稱為Vin mousseux，德國稱為Schaumwein，義大利稱為Vino Spumante。

　　至於1～2.5氣壓者，則稱為半發泡性葡萄酒。法國稱為Pétillant，德國稱為Perlwein，義大利稱為Frizzante。

強化酒（Fortified wine）

　　又稱為酒精強化葡萄酒，製造方法可大致區分為兩種。

　　一種是將葡萄果汁發酵，在還有糖分時加入酒精，中止發酵過程，保留糖分的甜味。此類型的代表是葡萄牙的Porto（砵酒），以及法國的天然甜味葡萄酒Vin doux naturel，簡稱V.D.N.。

　　另一個方法是，製造出完全發酵的辛辣葡萄酒之後，再因應目的而酌量加入酒精，加強其保存性，以西班牙的Sherry（雪莉酒）最為有名。

　　義大利的Marsala，葡萄牙的Madeira也都屬於強化酒。

加味酒（Flavored wine）

　　在非發泡性葡萄酒中加入藥草或香草、果汁，製成風味獨特的葡萄酒。因香味來區分，香草類的代表為義大利的Vermouth，水果類的代表為西班牙的Sangria。

4　各國的葡萄酒

葡萄是在溫暖氣候下生長的植物，栽培地分布於世界各地，但是要能釀出好葡萄酒的葡萄，是有其條件限制的。世界知名的葡萄酒產地，大多聚集在年平均氣溫為10～20℃之間，夏季能得到充分日照的地帶。這些地帶以緯度來看，北緯大約位於30～50度之間，南緯大約位於20～40度之間。此外，排水良好的地形及土壤也是必要條件。

由於品種不同及葡萄酒生產地氣候條件的差異，這些地帶能夠製造出風味迥異的各式葡萄酒。

現在，全球的葡萄生產量大約有6千萬噸，其中大約有5%是用來生食，10%左右製成葡萄乾，其餘的85%便是用來製成葡萄酒。

全球葡萄酒的生產量、消費量均多的國家，有拉丁民族系的法國、義大利、西班牙等國，但隨著時代變化，以往不喝葡萄酒的美國、澳大利亞等國，在生產量及消費量上也有成長。

葡萄酒有許多品牌。像歐洲諸國般葡萄酒歷史較悠久的國家，便將葡萄酒明文區分為一般葡萄酒及帶有產地特色的葡萄酒。

調酒師要觀察顧客的需要，購入符合該店或該場合的葡萄酒，為此必須知道以下葡萄酒的分類：

①代替水來飲用的葡萄酒

此類葡萄酒不問特色，交易時只考慮酒精的強度，熟成之後品質也不會再提昇，在日本可不將此種酒列入考慮。

②帶有產地特色的葡萄酒

簡單地說便是「著名產地的葡萄酒」，在法規上列入高級葡萄酒。此類葡萄酒的產地特色分明，喜歡其特色的人自然會品飲，因此不需再配合飲用者的口味來調味。

③帶有產地特色及生產者特色的葡萄酒

波爾多的分級Chateau葡萄酒及勃根地的Grand Cru等葡萄酒均屬之。品飲此類葡萄酒意在享受其特色，最好在能發揮此葡萄酒原味

的狀態下品飲。一般而言價格較貴，但不見得順口。

④不帶產地特色，口味符合品飲目的的葡萄酒

　　葡萄酒商（Negotiant）為符合消費者的喜好，將不同產地不同年份的葡萄酒混合製成的種類。一般而言是能以合理價格購得，品飲起來也很美味的葡萄酒。從葡萄酒的消費量來看，此種葡萄酒佔有相當大的比例。

法國葡萄酒

　　葡萄栽培面積約有91.7萬公頃，生產量600萬公斤，和義大利並列全球一二，也是高知名度的葡萄酒生產國，可以說是世界第一的葡萄酒大國。

　　法國依EU（歐盟）的葡萄酒法規，將葡萄酒分為一般葡萄酒及特定產地的上等葡萄酒（V.Q.P.R.D.），此兩大類各可再細分兩等級：

一般葡萄酒——

・原產地無記名葡萄酒（vin de table）

・地方酒（vin de pays）……標示地名的一般葡萄酒。

V.Q.P.R.D.——

・特定產地高級葡萄酒（簡稱A.O.V.D.Q.S.）……相當於高知名度的地方酒。

・原產地名稱統一控制葡萄酒（簡稱A.O.C.）……知名釀酒地的葡萄酒。

　　其中，法國葡萄酒約佔一般葡萄酒的35％。其餘的葡萄酒中，18％為白蘭地所用，剩餘大約47％為V.Q.P.R.D.，而A.O.V.D.Q.S.只佔大約1％，其餘46％為A.O.C.。

　　A.O.C.所指定的地區約有400處，又可將之大略區分為10個地區，其中幾個具代表性的產地如下：

波爾多（Bordeaux）

　　波爾多的葡萄酒產地在加倫河（Garonne）及Dordogne河的兩岸，以

及此二河交流的Gironde河的兩岸。是法國質量均極卓越的著名釀酒地。

在波爾多葡萄酒當中，以紅葡萄酒較為有名，白葡萄酒則從辣烈到香甜各種口味均有，而且不論哪一種葡萄酒，都不是由單一品種的葡萄製成的，而是使用多種葡萄品種「混釀」而成，而這也是波爾多葡萄酒的特徵。

（1）Médoc地區

為紅葡萄酒的產地，以Cabernet Sauvignon品種為主體，能製出帶有獨特芳香及深厚味道的葡萄酒。其中，在Médoc地區南部波爾多市附近的Haut Médoc，有Margaux、Moulis、Listrac、St-Julien、Pauillac、St-Estèphe等著名村莊，由此地生產的葡萄酒，因其優雅的特色而被譽為「葡萄酒中的女王」，受到世界各地人士的喜愛。

（2）Graves地區

位於波爾多市之南，紅葡萄酒與白葡萄酒的產量幾乎相同。紅葡萄酒的品種以Cabernet franc的比率較高，和Médoc地區相比口感較溫和。白葡萄酒為Sauvignon blanc品種及Sémillon品種的混合，近年來所生產的葡萄酒以辣味白葡萄酒的比例較高。

　Graves的地名是由土壤而來，該地土壤的特色為多小石與砂礫（gravel），因此得名。

（3）St-Emilion地區

位於Dordogne河的右岸，以Merlot品種為主體，生產溫和且口感柔滑的紅葡萄酒。

（4）Pomerol地區

位於St-Emilion之西，生產帶有紅寶石色澤的芳醇葡萄酒。仍以Merlot品種的比例較高。

（5）Sauternes地區

為甜味白葡萄酒的產地，以Sémillon品種及Sauvignon blanc品種來製作貴腐葡萄酒。所生產的葡萄酒呈現金黃色澤且味道甜美，相鄰的Barsac也

能製作相同的甜味白葡萄酒。

（6）Entre-deux-Mers地區

Entre-deux-Mers有「被兩個海包圍」之意，此地便是因位於Dordogne河及Garonne河之間而得名。生產帶有辣味，新鮮又爽口的白葡萄酒。

勃根地（Bourgogne）

與波爾多同為法國最具代表性的葡萄酒產地，但生產量大約只有波爾多的一半，而且其中有2／3為南部的Beaujolais地區所製造的新酒型葡萄酒。

白葡萄酒所使用的葡萄品種大多為Chardonnay，紅葡萄酒在北部使用的是Pinot noir品種，南部使用的是Gamay品種。

勃根地的紅葡萄酒帶有豐富的酸味及由單一品種的芳醇香味，白葡萄酒則因獨特的芳香及濃醇而廣受喜愛。

勃根地的葡萄酒生產地區，可大致區分如下：

（1）Chablis地區

由Chardonnay品種製造香味豐富又帶有微微酸味的辣味白葡萄酒。搭配生鮮魚貝非常對味，也因此大受喜愛。

（2）Côte de Nuits地區

大多生產由Pinot noir品種製造的紅葡萄酒。以香醇熟透的葡萄製成的葡萄酒，口感就如天鵝絨般柔滑。著名的葡萄田沿著Grand Cru街道分布。

（3）Côte de Beaune地區

帶有優雅且豐富香味的紅葡萄酒，大約佔其生產量的8成，其餘2成的白葡萄酒也非常有名，是全球獲得最高評價的辣味白葡萄酒。

（4）Côte Chalonnaise地區

有名的紅葡萄酒有Mercurey、Givry，白葡萄酒有Rully、Montagny，價格在勃根地所產的葡萄酒中算是較為平價的，可以說是Côte de Beaune地區所產葡萄酒的普及版。

（5）Mâconnais地區

雖然也生產紅葡萄酒，但仍以白葡萄酒的產量佔多數，而且較為著名。特別是Macon Village及南部的Fuisse等5個村莊所生產的白葡萄酒，充滿果香且辣烈，實在的風味廣受好評。

（6）Beaujolais地區

由Gamay品種生產，冷卻後品飲的新葡萄酒的大量生產地。特別是每年11月的第3個星期四出貨的新酒「Nouveau」，是日本人也很熟悉的葡萄酒。

羅亞爾（Loire）

為法國第1大河羅亞爾河流域的葡萄酒產地，知名的葡萄酒有辣味白葡萄酒Muscadet、玫瑰紅酒Anjou rosé、由Cabernet franc品種所製成的輕型紅葡萄酒Chinon、帶有香料香味的辣味白葡萄酒Sancerre、Pouilly Fumé等。

亞爾薩斯（Alsace）

隔著法國東北部的萊茵河，與德國邊境相接的地區，便是亞爾薩斯。這裡使用的葡萄品種雖然與德國一樣，但是製造出的辣味白葡萄酒類型卻與德國葡萄酒不同。

此地的葡萄酒有別於法國的其他產地，將葡萄的品種名作為葡萄酒的酒名。其中以德國的高級白葡萄酒用品種蕾絲琳（Riesling）製成的葡萄酒，帶有芳醇的酒香及適度的酸味，是以和諧著名的葡萄酒。

香檳區（Champagne）

是法國最北的葡萄栽種地，為發泡性葡萄酒的代表——香檳的產地。由黑葡萄Pinot noir、Pinot meunier，白葡萄Chardonnay製成的香檳，在瓶中進行2次發酵，將發酵產生的二氧化碳封在瓶中使具發泡性製成，從甜味（Doux）到辣味（Brut）均有。

香檳是一邊品飲一邊享受其氣泡的葡萄酒，因此最好選用能觀賞氣泡的flute香檳酒杯來盛裝。

Côtes du Rhône地區

為沿著隆河河岸，橫跨南北由里昂市（Lyon）至亞維農市（Avignon）附近的葡萄酒產地，又可將之分為南北二地區。

北部的葡萄酒產地沿著隆河的丘陵地分布，以Vionier品種、Syrah品種製成的紅葡萄酒有著濃郁的顏色，成為味道濃醇的葡萄酒。白葡萄酒則是由Roussanne及Marsanne等品種製成的濃醇白葡萄酒。最具代表性的紅葡萄酒有Côte Rotie及Hermitage等，白葡萄酒則有Condrieu。

南部則以Grenache品種為主，另外還栽種Syrah品種、Mourvedre品種等數種黑葡萄，著名的紅葡萄酒為酒精度高且濃醇的Châteauneuf-du-Pape，玫瑰紅酒則為口味諧和的辣味Tavel Rosé。此外，也生產使用Muscat品種製成的Beaumes-du-Venise等甜味葡萄酒。

普羅旺斯（Provence）

位於馬賽（Marseille）之東的普羅旺斯地方的葡萄酒，主要生產口味和諧、適於日常飲用的玫瑰紅酒，而且近年來在品質上也有相當大的提昇。自古聞名的代表地區有Bandol、Cassis、Bellet、Palette等。

南法等地區

南法的Languedoc、Roussillon所生產的葡萄酒產量，約佔法國葡萄酒的40％，而且大多是日常飲用的紅葡萄酒。此外，由波爾多之東至庇里牛斯山脈之間的法國西南部，則生產Cahors紅葡萄酒，以及Bergerac紅、白葡萄酒，而沿著法國東部國境，則為生產黃色葡萄酒（Vin jaune）的Jura，以及白葡萄酒Savoie的產地。

德國葡萄酒

德國葡萄酒的產地，是全球最北的葡萄酒產地，若不論舊東德的葡萄酒產地，則大多分布於北緯50度附近。其緯度相當於日本北海道北邊的庫頁島，但受到流過大西洋岸的墨西哥暖流的間接影響，因此可以栽種葡萄。

德國葡萄酒的生產量不到法國或義大利的1／8～1／10，其所生產的葡萄酒有85％為白葡萄酒，和其他國家的白葡萄酒不同，帶有清爽的酸味，是

特色獨具的葡萄酒。

以前德國葡萄酒幾乎都是辣味葡萄酒，後來由於過濾技術及不鏽鋼密閉貯酒槽的發達，可以中途中止發酵過程，保留甜味，或是將Süssreserve（藉由高溫瞬間殺菌法或過濾法來中止酵母活動的天然葡萄果汁）的發酵中止，混入辣味葡萄酒中，以添加甜味。開發出種種增加甜味的方法後，自1950年之後，幾乎所有的德國葡萄酒都改為香甜口味。

但是，隨著德國國內葡萄酒消費量的成長以及口味的改變，德國人又開始喜愛辣烈或稍辣的葡萄酒，現在佔德國國內消費量60%的，便是這種口味偏向辣味的葡萄酒。

德國葡萄酒的分級，不同於法國或義大利以葡萄田來分級，而是依所採收的葡萄果汁的甜度來分成4個等級。

・**Deutscher Tafelwein（德國產日常餐酒）**

生產地可分為5個（副區分有8個），不標示葡萄田名，可用合理的價格購得，是必須趁早飲用的日常餐酒。生產量不如法國的日常餐酒（vin detable）那樣多。

・**Landwein（特定生產地的日常餐酒）**

在日常飲用餐酒（Tafelwein）中，屬於地方酒色彩較濃的葡萄酒，酒的特性也比較強烈。口味分有辣烈（Trocken）及稍辣（Halbtrocken），生產地域則可分為19個。

・**Qualitätswein bestimmter Anbaugebiete，簡稱為Q.b.A.（特定生產地的葡萄酒）**

由13個特定地區所生產的特定產地高級葡萄酒。葡萄酒的甜度因地區而有不同，但均是以甜度約15度（60 Oechsle）以上的葡萄所製成的味道和諧的葡萄酒。

・**Qualitätswein mit Prädikat，簡稱為Q.m.P.（特級良質葡萄酒）**

為擁有優良品質的高級德國葡萄酒，可以說是具有頭銜的高級葡萄

酒。和Q.b.A.一樣，甜度雖因各地區而有不同，但葡萄甜度都在17.5度（70～73 Oechsle）以上，而且不得以人工方式補充糖分。可依採收時的葡萄甜度，分成Kabinett、Spätlese、Auslese、Beerenauslese、Eiswein、Trockenbeerenauslese等6個等級。

Q.b.A.及Q.m.P.在出貨至市場前，須經公定檢查機關審查通過，並將公定檢查號碼（Amtlicher Prüfungsnummer）標示在標籤上。

德國葡萄酒的產地分布於Boden湖至萊茵河及其支流流域，一般而言，偏北產地所生產的葡萄酒風味較清爽，並帶有酸味顯著的水果香。偏南的產地所生產的葡萄酒風味則較濃醇，並帶有酸味柔和的水果香。

Mosel-Saal-Ruwer

位於Mosel河及其支流Saal-Ruwer河一帶的產地，生產香味豐富、帶有清新水果香的葡萄酒。

Rheingau（萊茵高）

位於面對緬因河（Main）的Hochheimer至萊茵河中流的Lorch之間，生產帶有蕾絲琳品種葡萄的雅致酸味，並且富含水果香味的濃醇葡萄酒。和其他地區相比，其口味較傾向辣味。其中，於1984年基於「更明確定出萊茵高獨特個性」的想法而生產的Cartawein，其製造基準遠比葡萄酒法定基準嚴苛，是稍微偏辣，很適合搭配料理的知名葡萄酒。

Rheinhessen（萊茵黑森）

此地生產的葡萄酒，風味清新柔和，略甜的口味是其特徵。這裡也是因風味柔和芳醇而成為德國葡萄酒代名詞的Liebfraumilch白葡萄酒發祥地。

Pfaltz

原為Rheinpfalz，於1993年改名為Pfaltz。與萊茵黑森並列為德國最大栽培地，氣候清朗，葡萄田沿著德國葡萄酒街道分布，由日常飲用酒至Beerenauslese，所生產的葡萄酒種類非常豐富。

除了以上的葡萄栽培地之外，尚有以下產地。Franken——將所產辣味

葡萄酒放入一種名為Bocksbeutel的扁平酒瓶中；最南端的Baden——為大量
生產日常飲用葡萄酒的產地；Württemberg、Ahr——為大量生產紅葡萄酒
的產地。

義大利葡萄酒

與法國並列為歷史悠久的葡萄酒生產國。工業革命後，由於歐洲的經濟
中心移往北歐，義大利葡萄酒的知名度因此降低，但至1960年代，由於釀造
技術的現代化，開始能製造品質安定的葡萄酒。

1963年，義大利政府以法國的A.C.法為範本，制訂義大利的葡萄酒法-
原產地名稱管制法（Denominazione di Origine Controllata，簡稱為
D.O.C.），現在約有300種以上的D.O.C.葡萄酒。

此外，更制訂了比此更上一級的「附保証原產地名稱管制法
（Denominazione di Origine Controllata e Garantita，簡稱D.O.C.G.）」，現
在有26個產地得到認定。不論是D.O.C.或D.O.C.G.均屬歐盟的V.Q.P.R.D.。
歐盟規定的一般葡萄酒，在義大利又可分為Vino da Tavola（日常餐酒）及
Insdicazione Geografica Tipica（地域特性葡萄酒）。

義大利各地均有生產葡萄酒，但仍可將產地大致區分為以下5區：

北部山麓地帶

Piemonte、Lombardia、Veneto、Trentino-Alto Adige等州。氣溫
低，風味依採收年份而有不同，但所生產的大多為酸味豐富、風味濃醇的葡
萄酒。

此區著名的葡萄酒，在Piemonte州有紅葡萄酒Barolo、Barbaresco，白
葡萄酒Gavi，發泡性葡萄酒Asti Spumante等。在Veneto州則有清淡型的紅
葡萄酒Valpolicella，以及辣味白葡萄酒Soave等。

東北平原

以氣候條件良好的Emilia-Romagan州為中心，大量生產新鮮且口味較
為清爽的葡萄酒。其中以微發泡性葡萄酒Lambrusco最為知名。

亞平寧（Apennines）山脈西側

包含Tuscan（托斯卡尼）、Umbria、Lazio、Campania等州。此地區的氣溫較高，在丘陵地能生產風味均衡的葡萄酒，平地則生產口味較為不酸的葡萄酒。

較知名的葡萄酒有Tuscan州的Chianti、Brunello di Montalcino、Vino Nobile di Montepulciano，Umbria州的白葡萄酒Orvieto等。

亞平寧（Apennines）山脈東側

Marche、Puglia等州。氣溫高，大多生產酸味較低的葡萄酒。

地中海小島

Sicilia（西西里島）、Sardegna島。葡萄的甜度高，適合生產強化酒，尤以西西里島的Marsala最為有名。

西班牙葡萄酒

西班牙的葡萄栽培面積位居世界第一，但由於在栽培地上也混植其他作物，因此生產量只居世界第三。

西班牙著名的高級葡萄酒，自古便有原產地名稱規定，但只限特定的葡萄酒。然而，隨著加入歐盟，也應採用等同於法國AC法的管理，於是於1987年開始整備，現在已制訂有60個D.O.（原產地名稱管制法），朝品質安定化更邁進一步。

主要的葡萄酒生產地，有因唐吉訶德而著名的La Mancha、Valdepenãs等地，在西班牙中部的生產量較多，約佔全西班牙生產量的35％。

傳統高級葡萄酒的產地，有Ebro河流域的Rioja的佐餐酒，以及Andalucia地方Jerez周邊的強化酒Sherry（雪莉酒），採瓶內二次發酵的發泡性葡萄酒產地Cataluna地方Penedès的CAVA。

除此之外，尚有將水果風味加入葡萄酒中的Sangria。

葡萄牙葡萄酒

葡萄牙制訂有24個D.O.C.（原產地名稱管制葡萄酒）。

著名葡萄酒的產地主要在北部地方，其中生產量較多的是有「綠色葡萄酒」之意的Vinho Verde。不過此種葡萄酒並不是綠色的，而是指應趁早飲用享受其鮮度的葡萄酒，而且帶有微微的發泡性。

　　相對於Vinho Verde，充分熟成之後再品飲的葡萄酒便稱為Vinho Maduro，最具代表性的葡萄酒為中部的Dao所生產，白葡萄酒新鮮且散發果香，風味豐富濃醇；紅葡萄酒則濃醇適中，因熟成而更顯溫潤。

　　除此之外，葡萄牙的葡萄酒還包括在全球擁有高度人氣的強化酒Porto及Madeira。兩者均是18世紀左右由英國人所釀造的葡萄酒。

美國葡萄酒

　　美國是近年來急速成長的新興葡萄酒生產國，栽培面積約40萬公頃。平均消費量一人約8公升，所消費的葡萄酒也從標準葡萄酒轉為高級葡萄酒。

　　葡萄酒的生產地主要為加州，其生產量約佔全國生產量的9成。此外在紐約州、伊利諾州、紐澤西州、奧勒岡州、華盛頓州也有生產，但美國葡萄酒的代表仍可說是加州葡萄酒。

　　加州的葡萄酒釀造始於1796年，由為傳揚基督教而走訪加州的Junipero Serra神父邁出第一步，至於真正的發展，則是到1861年，由Count Agoston Haraszthy上校將大量的葡萄酒用葡萄品種從歐洲帶回美國，加上廣大的栽培面積、肥沃的土壤、溫暖的氣候、葡萄品種的改良、釀造技術的發達、機械化造成大量生產等條件，因此開始能釀造高品質的葡萄酒。

　　加州的面積較日本稍大，北至北緯42度（相當於札幌稍南），南至北緯32.4度（相當於沖繩的那霸）。即使同緯度，也因地處太平洋沿岸或內陸而在氣候上大有差異。加州大學戴維斯分校配合小區域氣候（Micro climate）及土壤，選定葡萄品種，獎勵生產，釀造出富有地方特色的葡萄酒。

　　現在，主要的葡萄品種有Cabernet Sauvignon、Pinot noir、Chardonnay、Riesling、Sauvignon blanc等高級的歐洲品種。

　　加州的葡萄酒產地可大致區分為以下5個地區：

北部海岸（North Coast）地區

舊金山以北的太平洋沿岸地區，有Mendocino、Napa Valley（納帕谷）、Sonoma Valley（索諾馬谷）等製造高級葡萄酒的酒廠集中於此區。

中部海岸（Central Coast）地區

由舊金山至南部的Santa Barbara（聖塔芭芭拉），包括Santa Cruz、Monterey等海岸地區，此區又可再細分為舊金山灣區（San Fransisco Bay Area）、北部（Central Coast-North）、南部（Central Coast-South）等3區。氣候較為涼爽，為新興的高級葡萄酒生產地。

中部山谷（Central Valley）地區

內陸地區南北較長，氣候較熱，有許多大規模的葡萄酒莊，大量生產價格合宜的葡萄酒。

南部海岸（North Coast）地區

洛杉磯周邊以南的炎熱地區。為加州最具歷史的古老地區，最近由於都市化的發展，葡萄栽種面積也漸漸減少。

西拉山麓（Sierra Foothills）地區

為Sacramento Delta及以東的Sierra Nevada山麓地區。大多栽培Zinfandel品種的葡萄。

在這5個地區中，被指定為A.V.A.（American Viticultural Area的簡稱，為政府認定葡萄栽培地區），現已超過130處。

依葡萄酒的類型，可以區分為以下3種。

一是以合宜價格便能品飲的一般酒（Generic wine），標有Burgundy（勃根地）、Chablis、Mosel等歐洲知名葡萄酒產地名。二是標有原料葡萄名的葡萄酒（Varietal wine），所標品種須使用75％以上。此種葡萄酒一般多為高級葡萄酒。三為專利品牌酒（Proprietary wine），此為標示生產者自有品牌的葡萄酒。其代表為Opus One及Dominus。

澳洲葡萄酒

澳洲葡萄酒和法國、德國、加州葡萄酒同樣，均為日本目前人氣迅速上昇的進口葡萄酒。澳洲葡萄酒的釀造始於1960年代起20年間，由於在新開墾的土地上栽植新品種，並導入先進技術，因此得以大幅發展。期間又以果香白葡萄酒的出現，以及澳洲獨特的2公升以上大型紙容器「Cask」，使葡萄酒更受歡迎。尤其是白葡萄酒的釀造，為了保護在夏季40℃的氣候下採收的葡萄，因而藉由稱為「Night Picking」的夜間採收，以及低溫發酵、Cold Bottling（冰瓶保存）等方式，釀造純淨清爽的輕型（Light Type）葡萄酒。葡萄品種以Cabernet Sauvignon、Syrah、Riesling等歐洲品種為中心，最近則以Chardonnay及Sauvignon blanc等漸受歡迎。

　　澳洲葡萄酒的標籤標示法類似加州，分為Varietal wine及Generic wine。

　　主要的葡萄栽培地有南澳大利亞（South Australia）、維多利亞（Victoria）及新南威爾斯（New South Wales）等三州，特別是南澳大利亞州的Barossa Valley、Coonawara等處有廣大的葡萄栽培地，所產葡萄酒約佔全澳葡萄酒產量的60%。

　　維多利亞州由於氣候較涼爽，有許多葡萄田集中於Murray河上流。新南威爾斯州則是澳洲葡萄酒的發祥地，Hunter Valley等處為知名的產地。

南美洲葡萄酒

　　位於南半球，擁有優越氣候條件的阿根廷、智利，在葡萄酒的生產量及消費量上均極可觀，也是全球少有的葡萄酒生產國。

　　特別是智利，在歐洲遭受葡萄蚜蟲（phylloxera）害之前便已導入葡萄酒用品種，近年來的釀造方法也更加發達，其紅葡萄酒使用Cabernet Sauvignon，白葡萄酒使用Sauvignon blanc，兩者均為歐洲頗具代表性的葡萄，能製造良質且價格合宜的葡萄酒。

日本葡萄酒

　　日本釀造葡萄酒的歷史雖短，但是近年來也能使用歐洲品種的葡萄製造

出高品質的葡萄酒。此外，使用日本自古以來便有的葡萄品種「甲州」製成的白葡萄酒，帶有溫和的酸味，非常適合搭配日式料理。而由日本改良的品種Muscat Bailey A，可以釀造出帶有水果味的紅葡萄酒及新酒（紅葡萄酒及玫瑰紅酒）。

5　酒吧的葡萄酒管理與服務

酒吧的葡萄酒選用法

今後在酒吧中，因商品項目而日形重要的，非葡萄酒莫屬。酒吧不同於餐廳，不需要備齊許多種類的葡萄酒。對酒吧而言，與其講究葡萄酒的產地或知名度，不如選用符合顧客口味的葡萄酒。

葡萄酒有多種類型，最佳品飲時機均不相同。例如新酒（Nouveau）等葡萄酒，為保存水果的新鮮風味，會抑制丹寧的澀味，因此必須趁早提供給顧客品飲。相對的，像波爾多Medoc產的分級Chateau葡萄酒，丹寧的澀味較強，如果不經某種程度的熟成，難以發揮原來的風味。此外，大部分的白葡萄酒均著重在享受新鮮的水果香，因此也不宜久放，最好趁早飲用。

葡萄酒的最佳品飲時機雖因類型不同而有差異，但一般而言，因擁有獨特個性而獲得高度評價的葡萄酒，大多需要長時間的熟成，而且很難判斷其最佳品飲時機，口感也不見得溫潤順口。

因此，酒吧在選擇葡萄酒時，應以特性不至於極端強烈的紅葡萄酒，以及微甜或微辣的白葡萄酒為中心，再搭配能在葡萄酒最美味的狀態提供給顧客享受的服務技術。為此，調酒師必須確實了解有關葡萄酒的選擇、保存、飲用溫度、拔塞等初步知識。

葡萄酒的保存

市面上出現的葡萄酒，大部分都不需再經長時間貯藏、熟成，便可充分享受其風味。但是，若偶有例外，在獨具特色的葡萄酒尚未充分熟成時，便趁便宜先買回來，則務必將之保存在符合下列條件的場所。

・溫度不會急遽變化的場所（10～15℃的範圍）

・濕度在65～75％左右（為防止軟木塞變乾燥，以及標籤發霉）

・在無光照、無振動、無臭味的地方，橫置保存

　　但是，酒吧與餐廳不同，所能貯藏的酒量不多，若能保存於28℃以下的場所，便能使葡萄酒免於受到較大的損害。而且就適當的庫存方面來看，葡萄酒的貯藏量也不應太多。此外，若想妥善保存葡萄酒至某種程度，最好的

拔塞鑽（①～⑨、⑪）及發泡性葡萄酒開瓶器（⑩）。

作法還是引進葡萄酒保存用的冷藏庫。

飲用溫度

想要使飲品更加可口，溫度是相當重要的。冰涼的刺激雖然令人感到暢快，但是葡萄酒若冷卻過度，芳香及味道便無法充分發揮。紅葡萄酒（尤其是已熟成的紅葡萄酒）比白葡萄酒更具有複雜且微妙的香氣，飲用溫度以16～18℃為宜。白葡萄酒及玫瑰紅酒最重甜味與酸味的均衡，因此最好能冷卻至8～10℃，品飲起來更加美味。

甜味葡萄酒及含有二氧化碳的發泡性葡萄酒，溫度以7～8℃最為適當。

拔塞

葡萄酒的栓塞一般是使用軟木塞。為拔除軟木塞，便需使用如照片所示的各種軟木塞開瓶器。要使用哪一種軟木塞開瓶器，視使用者的喜好而定，一般多使用①的雙動式軟木塞開瓶器，或是③的槓桿式侍酒師刀。

葡萄酒杯

為欣賞葡萄酒的色澤，應該選用無色透明的葡萄酒杯。形狀為鬱金香形，最好具有能充分氤氳葡萄酒香的空間。玻璃杯的質地最好薄而細緻，嘴唇接觸的觸感較好。一般而言，紅葡萄酒使用大酒杯，白葡萄酒使用小酒杯，不過也可以使用同一種酒杯。

Decant（醒酒）

長時間熟成的紅葡萄酒中，有些會出現沈澱物。為了去除沈澱物，有一種作法稱為Decant。Decant的方法是將酒瓶放入Panier（橫放葡萄酒的框架），將出現沈澱物的一面朝下，不要讓沈澱物飛散開來，拔掉軟木塞，使葡萄酒移入Decanter（醒酒器）中。

年輕的葡萄酒一般而言並不會產生沈澱物，但是為了使之接觸空氣，讓香味發散，有時也會採用Decant這種作法。

Ⅲ　啤酒（Beer）

1　啤酒的歷史

　　全球為最多人飲用的酒為啤酒，消費量最多的也是啤酒。此種情形在日本也不例外，日本消費量第一的酒，也是啤酒。

　　若要從現今全球眾多的啤酒生產國中舉出具代表性的國家，從歷史的久遠及種類的多樣來看，應屬德國、英國。若從給予今日啤酒產業莫大影響的層面來看，則為丹麥。此外，若從市場的優越性、生產量的多量來看，則為美國、日本。

　　一般而言，啤酒是以大麥的麥芽（也有些特殊啤酒是使用小麥麥芽）、水、啤酒花為主原料，再加上副材料澱粉或米發酵而成的酒。酒精度數低，含二氧化碳，帶有啤酒花的獨特香氣及微苦，擁有其他酒類沒有的特徵。

　　啤酒的名稱各國不同，英文稱為「Beer」，德文稱為「Bier」，法文稱為「Biére」，義大利文稱為「Birra」，西班牙文稱為「Cerveza」，荷蘭文稱為「Bier」，中文稱為「啤酒」。

　　啤酒的歷史可追溯至西元前4千～3千年前，但是，當時的啤酒和現今的啤酒是完全不同的東西，當時終於得以展開農耕生活的人類，栽培大麥及小麥等作物，將之煮熟食用，或是磨碎加水，製成生麵包或粥狀食品。此時，酵母進入放置的麥粥中，便自然發酵而生成酒精，據說這便是酒的起源。

　　此種情景也可由大約西元前3千年前，美索不達米亞出土的黏土板碑『Le Monument bleu』上，描繪蘇美人以麥子製造啤酒的情景得到推論。

　　西元前1500年左右，開發出先將大麥製成麥芽再製成麵包及啤酒的方法，啤酒的釀造因此得以進展。

　　北歐的古日耳曼地方也是自西元前便開始釀造啤酒。羅馬歷史學家Publius Cornelius Tacitus在『Germania（日耳曼誌）』一書中寫道：「有

一種飲料是以大麥或小麥製成，有點類似葡萄酒」。

　　此種古代啤酒大多是加入蜂蜜或香料調味後飲用的。5世紀左右，在日耳曼民族之間，流行將各種香料均衡混合後，溶入啤酒中飲用。混合後的香料稱為「Gruut」，製好的啤酒便稱為「Gruut Beer」。用來作為「Gruut」的材料，有立柳、磯躑躅、迷迭香、一枝蒿、茴香、荷蘭芹、丁香等等。

　　啤酒花自9世紀起成為歐洲各地啤酒調味用的材料之一，13世紀，德國開發出大量使用啤酒花製成的Bock Beer（烈啤酒），頗受好評。從此以後，因啤酒花而帶有清爽苦味的啤酒，便取代Gruut Beer，成為歐洲中部的主流啤酒。而使用啤酒花製成的啤酒之地位，自1516年「啤酒精純令」的發布後，更加確立。此法令是由巴伐利亞邦（Bayern）的威廉四世對啤酒釀造業者下令「啤酒只能以大麥、啤酒花及水來釀造」，Bock Beer因而消失，此法之精神也對歐洲各地的啤酒釀造業者帶來重大的影響。

　　英國直至18世紀，才開始規定啤酒必須使用啤酒花來釀造。

　　與啤酒花的使用約為同時，在15～16世紀時，全新的釀造方法以德國為中心向外發展出來。以低溫發酵、貯酒的釀造法製成的啤酒即為現在的「下面發酵啤酒」，當時只在氣溫較低的9月至隔年4月之間進行釀造。

　　之後，啤酒產業隨著英國的工業革命，在工廠的機械化上更有進展，並隨著蒸氣火車的發達，演變為近代工業。

　　19世紀後半，因為林德發明的冷卻機，全年均可製造下面發酵啤酒，並可利用巴斯德發明的低溫加熱殺菌法長久保存啤酒，啤酒市場因而擴大。

　　另一方面，由於丹麥的漢森發明純粹培養酵母，因此能製造更加精純的啤酒，下面發酵啤酒也成為世界的主流。

　　日本的啤酒始於明治2年，美國人柯普蘭（William Copeland）在橫濱創立了『Spring Valley Brewery』。明治20年左右，大資本的啤酒公司出現，YEBISU啤酒、麒麟啤酒、朝日啤酒陸續上市，昭和38年又有三得利（SUNTORY）加入啤酒業界，現在則再加入沖繩的ORION啤酒，共計有5

家公司生產啤酒。

現今全球有許多國家生產啤酒，總生產量約為1億4226萬千升（2002年）。依國別來看，生產量第一的為中國，第二為美國，第三為德國，第四為巴西，第五為俄羅斯，第六為日本。

2　啤酒的原料

日本的啤酒，依酒稅法定義為「以麥芽、啤酒花、水為原料製成的飲料」。

麥芽

為啤酒主要原料的麥芽，是將大麥浸水，使之發芽而成的。所使用的大麥，是稱為啤酒麥的二條大麥或以北美為中心栽培的六條大麥。此二種大麥發芽時，會產生能分解澱粉質及蛋白質的酵素。一般而言，二條大麥的澱粉質含量較多，六條大麥則是蛋白質較多，酵素力也強。

此外，由小麥製成的麥芽，會產生獨特的果香味。

啤酒花

啤酒花是桑科的多年生蔓性植物，每年8～9月附著於雌花上的毬花可用來釀造啤酒。毬花當中含有一種名為Luplin的金黃色粒狀物質，其中含有苦味成分。

使用啤酒花製成的啤酒，帶有略微的苦味與清爽的香味，色澤佳、泡沫多，並具有抑制雜菌繁殖的效果。

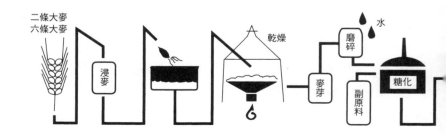

啤酒花的種類可大致區分為能使啤酒帶有豐富香味及溫和苦味的Aroma Hop（香味啤酒花，捷克的Saaz種、德國的Hallertau種等屬之），以及能使啤酒帶有濃厚苦味的Bitter Hop（苦味啤酒花，美國的Cluster種、日本的信州早生種等屬之）。

水

佔啤酒成分大約92%的「水」質，會大大影響啤酒的品質。一般而言，淡色啤酒適合使用軟水，深色啤酒適合使用硬水。

副原料

各國為釀出口味符合該國風土及當地人士喜好的啤酒，會使用20～30%的澱粉質來做為副材料。

副材料的種類有米、玉蜀黍、高粱、馬鈴薯等澱粉質原料以及糖類（澱粉已分解者）。

3　啤酒的製法

啤酒的製法可大致區分為製造麥芽的製麥工程，以及由麥芽製成麥汁並發酵，得到未熟啤酒的釀造工程，還有將未熟啤酒貯藏後產品化的產品化工程。

製麥工程

首先將原料大麥浸泡水中，使之充分吸收水分（浸麥）。再將此大麥放入發芽床使之發芽。此時，大麥中的澱粉質、蛋白質會分解，生成糖化酵素

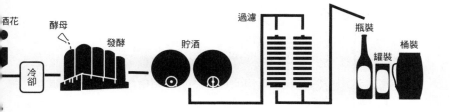

（澱粉酶）。於適當時機使之乾燥，中止發芽。如此得到之物便稱為麥芽。

此時，視麥芽要用來製作淡色或濃色的啤酒來調節其乾燥程度。一般而言，淡色麥芽以低溫短時間乾燥，最高溫以80℃左右使完全乾燥。濃色麥芽則以高溫長時間乾燥，最高溫以130～150℃左右使完全乾燥。此外，黑褐色的麥芽帶有非常濃郁的香味，褐色麥芽及有色麥芽以更高的溫度使完全乾燥，少量添加於各種類型的啤酒中，以增添風味。

釀造工程

釀造工程是從將麥芽磨碎，以使原料糖化、易於發酵開始。磨碎後的麥芽與釀造用水混合後，將溫度維持在45～100℃的範圍內，使麥芽中所含澱粉質及蛋白質溶入溫水中，再以麥芽本身所含酵素使之糖化，製成甜麥汁。

將糖化完成的麥汁過濾，再加入啤酒花及副材料煮沸。加入啤酒花可使麥汁帶有啤酒特有的香味及苦味，藉由煮沸可使麥芽的酵素停止動作，並將麥汁濃縮至指定濃度。煮沸完成後，將沈澱的啤酒花渣及沈澱物去除，再將澄清化的麥汁冷卻至5～10℃，加入酵母使之發酵。發酵約7～10天左右完成，便能製成酒精成分大約5%的「未熟啤酒」。

此「未熟啤酒」的香味較不細緻，裡面含有微量的未熟成分，風味並不和諧。因此需放入貯酒槽中，以0℃熟成，使之成為成熟的啤酒。

至於用來發酵的酵母，可視使用上面發酵酵母或下面發酵酵母而釀成兩種不同類型的啤酒。典型的上面發酵啤酒是使用英國Ale酵母，在常溫下發酵，帶有強烈的啤酒花苦味及香味。

日本主要是使用下面發酵酵母來製造啤酒。以6～15℃的較低溫度發酵，可以製成味道溫和清爽的啤酒。

產品化工程

熟成後的啤酒，要使用薄膜過濾機或珪藻土過濾機來去除酵母渣及凝固物。但是啤酒中仍會殘留微量的微生物，因此要再使用精密過濾機來除去所有雜質成分，只保留美味成分，也就是產品化工程。不過，即使使用過濾

機，若要製出品質優良的啤酒，仍需在整個產品化工程中貫徹微生物管理（sanitation）。

如此製成的啤酒即為生啤酒，由於在產品化工程中不予加熱，因此能產生清爽風味，可直接裝入桶中、瓶中或罐中出貨。

此外，自古通稱為Lager（以前無生啤酒或加熱殺菌啤酒之區別，只要是熟成的啤酒均稱之）的啤酒，在經過粗略的過濾後便裝入瓶中或罐中，以60℃的溫水沖淋20分鐘，對瓶內或罐內的微生物進行殺菌處理。

但是，如此加熱過後的啤酒，因加熱時會破壞風味，所以最近以新鮮且帶清爽風味的生啤酒較受歡迎。

啤酒就算長置數年也不會有微生物繁殖，但因含有蛋白質，風味的均衡性容易流失，因此還是趁早飲用較為可口。最佳品飲期限最長半年，最好能在3個月以內飲用，才能享受到新鮮風味。

4　啤酒的類型

啤酒的分類方法並無世界共通的絕對準則，就經驗而言，可依「使用酵母」、「顏色」、「產地」、「麥汁濃度」、「麥芽使用量」、「苦味」、「發酵度」、「有無熱殺菌」等分類，而較常使用的分類基準為「發酵方法（使用酵素）」及「啤酒的顏色」。

Pilsner Beer（皮耳森啤酒）

以捷克的Plzen（Pilsen）釀造的淡黃色啤酒為原型的啤酒，現在成為同樣擁有香氣的淡色啤酒之代名詞。日本的啤酒幾乎均屬皮耳森類型的啤酒。

Export Beer

此名稱並不是指出口用的啤酒，而是啤酒的一種類型，有使用副材料。飲用起來有一種特別的味道，但整體感覺沈穩細緻。其苦味較淡，色澤較深。德國的Heineken（海尼根）即屬之。

Helles

德國淡色啤酒的總稱，較皮耳森啤酒便宜且大眾化。啤酒花的份量較少，味道清爽。Lowenbrau、Spaten等即屬之。

Light Pilsner Beer（皮耳森Light啤酒）

使用30～40%的副材料，啤酒花的效用不強，是一種強調清涼感的啤酒。美國的Budweiser（百威）、Michelob等均屬之。

Wien Beer（維也納啤酒）

生產於維也納的顏色居中的啤酒，萃取成分高，酒精濃度也高達5.5%。屬於風味較為濃重的類型，但味道較不苦。

深色啤酒

生產於德國各都市。多使用的深色麥芽及褐色麥芽，為氣味芬芳的深色

啤 酒 的 分 類

發酵方法	啤酒顏色	類型	國名
下面發酵啤酒	淡色啤酒	Pilsner Beer Export Beer Helles（淡色）	德國
		Pilsner Beer	捷克
		Pilsner Beer	丹麥
		Light Pilsner Beer	美國
		Light Pilsner Beer	加拿大
		Pilsner Beer	日本
	中色啤酒	Wien Beer	澳大利亞
	深色啤酒	黑啤酒 深色Bock Beer	德國
		黑啤酒	日本
上面發酵啤酒	淡色啤酒	Pale Ale	英國
		Koelsch Weizen	德國
	中色啤酒	Bitter Ale	英國
	深色啤酒	Stout Porter Alt	英國 德國
		Stout	日本
自然發酵啤酒		Lambic	比利時

啤酒。甘甜、濃醇，啤酒花的苦味較不重。

深色Bock Beer

Bock Beer也有淡色，但一般多以深色為主。是發揮啤酒花效用，以低溫熟成的濃醇型啤酒。

黑啤酒

日本國產的黑啤酒是以德國的深色啤酒為基準，略加改變為適合日本人飲用的啤酒。

Pale Ale

啤酒花的苦味及麥芽的香味強，因高溫發酵而帶有水果香。Pale是指淡色的狀態。英國的Bass Pale Ale即屬之。

Koelsh

為德國的Koln地方才有製造的酒。苦味強烈，因酵母而帶有水果香，二氧化碳含量不高。是德國少有的可添加糖類的啤酒。

Weizen Beer

使用50%以上的小麥麥芽製成的啤酒，為德國Bayern地方的特產。二氧化碳的刺激較強，可是味道相當柔和。柏林附近製造的Berliner Weisse也屬此類啤酒，由於乳酸發酵的酸味濃烈，大多會拌入糖漿一起飲用。Weihenstephan即屬之。

Bitter Ale

在英國產的Ale當中，苦味特別濃烈，是Pub內常被點用的啤酒。

Stout

使用砂糖做為部分原料，為啤酒花苦味強烈的啤酒。強調麥芽的香味，Guinness啤酒即屬之。

Porter

近似Stout的深色啤酒，由於發酵度高，殘留糖分不多，酒精成分高達5～7.5%。近來有沒落的傾向。

Alt

德國Dusseldorf周邊生產的啤酒。顏色較深，強調麥芽的焦味，苦味也較強。帶有類似水果的香味。

Lambic

是比利時最具代表性也是最具傳統的啤酒，帶有獨特的香味及酸味。使用35～45%的未發芽小麥，利用附著於木桶內的酵母及細菌，主發酵完成後再使之自然發酵（貯酒）1～2年。為緩和酸味，有的會放入櫻桃醃漬或是加入砂糖。Kriek即屬之。

5　主要生產國的啤酒特徵

美國啤酒

美國啤酒的味道清爽，苦味較少，二氧化碳含量較多。是豪邁且重視入喉感覺的啤酒。使用較多的副原料也是其特徵之一。近年來，有成為餐前酒及清涼飲料的傾向。

德國啤酒

自1960年代以後，啤酒的類型開始由濃醇的重口味轉為清爽帶苦味的皮耳森型（50%以上）。

德國啤酒的消費量為每人231瓶（年間），為世界第一，近年來的消費量則持續呈現穩定狀態。

英國啤酒

英國傳統上以上面發酵啤酒為主流，但自1970年以後，下面發酵法的Lager型啤酒的消費量急速成長，現在大約各佔一半。

日本的年輕世代尤其對口味的清爽化及流行感特別敏銳，喜歡飲用國外品牌生產的清爽風味的Lager型啤酒。

IV 其他釀造酒

1 清酒

清酒的歷史

日本是由何時開始釀酒的，並不明確，不過應可追溯至距今約2千年前的彌生時代。

但是，釀酒記錄出現於文獻中，是在西元前1世紀左右編纂的『古事記（713）』、『日本書紀（720）』及『幡磨風土記』等書中，當時從中國及朝鮮傳入「蒸」的技術，可推測為日本釀造酒的開始。

其後經過鎌倉時代、室町時代，至太平的江戶時代，釀酒技術更加進步，可說奠定了現在清酒釀造的基礎。

而隨著工廠的現代化，如精米機的改良、琺瑯貯酒槽的使用、四季釀酒設備的出現，造成許多品質均一化的清酒上市。

此外，消費者的味覺在戰爭時及戰爭後的混亂時期，偏好甜味，但進入和平時期後，便開始喜歡辣味，1978年以後，清酒的口味便朝辣味化發展。

自1992年的級別廢止後，指名品牌購買的消費者漸漸增多。甚至有消費者只購買有純米酒或吟釀酒等特定名稱的清酒，總之，清酒出現了多樣化的潮流。

清酒的原料

清酒的原料基本上為米、米麴、水。僅以此三種原料釀造者即為純米酒。現在，原本消費量便極多的普通清酒中，會添加釀造用酒精，也有些清酒中會添加葡萄糖及有機酸等物。

（1）原料米

一般有水稻粳玄米（米飯用的普通米）及釀造用玄米。釀造用玄米又稱為酒造好適米（適合釀酒的米），有「山田錦」、「五百萬石」、「美山錦」、

「雄町」等知名品牌。

　　酒造好適米一般而言顆粒較大，特徵是中心有稱為心白的不透明部分。若使用這些品牌的原料米超過50％，便會標示出品種名，因此有許多釀酒商會推薦知名的釀酒米。

（2）釀酒用酒精

　　除了純米酒、純米吟釀酒之外，在標籤的原材料處均標示有「釀造用酒精」。以往釀造用酒精的使用是為了增加份量，現在則是為了突顯香氣、提高保存性或使口味變得清爽。

　　釀酒用酒精要使用多少並無規定，就本釀造及吟釀酒而言，有「換算成95％的酒精重量，需在白米重量的10％以下」的基準。

（3）糖類

　　即為麥芽糖及葡萄糖。若有使用則標示為「糖類」或「釀酒用糖類」。

（4）酸味料，調味料

　　酸味料有乳酸、琥珀酸、檸檬酸、蘋果酸等有機酸，調味料有胺基酸，

清 酒 的 製 造 工 程

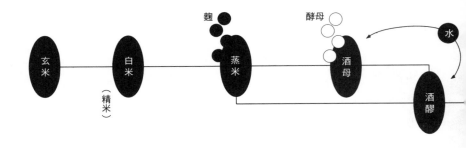

也就是麩胺酸鈉（Monosodium glutamate）。這些材料能使被釀酒用酒精稀釋的清酒味道，更接近原來的清酒。

清酒的製造

　　清酒的釀造必須先將原料米的外皮去除，變成精米。精米化的程度為70～45％（日常所食飯米為90％），吟釀酒為60％以下，大吟釀為50％以下。

　　將精米仔細洗淨，使之充分吸收水分，製成蒸米。將部分蒸米撒入種麴，製作米麴。將此米麴與蒸米、純粹培養酵母、水製成酛（酒母）。在完成的酒母中，分3階段放入水、米麴、冷涼的蒸米，製成酒醪。清酒的酒精度數較其他釀造酒來得高，便是因為採取此種稱為「3段處理」的清酒獨特釀造法。

　　酒醪的發酵大約需要20～30日。完成後壓榨出的便是生酒（清酒），酒精度數在20度左右。此時的殘渣為酒糟。之後，生酒（清酒）再經如圖所示的工程，可以製成各種類型的酒。

清酒的類型

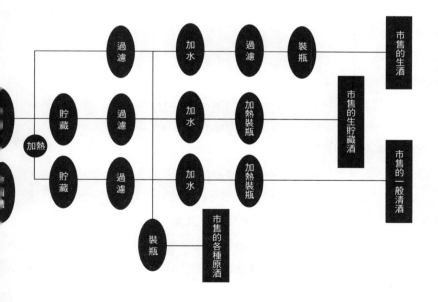

清酒可分為冠有如下各種名稱的各種類型。

順便一提，本釀造級以上的清酒，約佔總生產量的約2成，其餘約8成為稱為普通酒的清酒。

（1）普通酒

是最常見的清酒，添加釀造用酒精，為調過味的酒。添加的上限為不超過所使用白米的重量，此外便宜的價格也是其特徵。

（2）本釀造酒

以精米化程度70%以下的白米、米麴、釀造用酒精為原料製成的類型，釀造用酒精於酒醪階段添加。入喉的感覺很好，是溫潤順口的酒，也稱為「本仕込み」或「本造り」。在「本釀造酒」當中，也有精米化程度在60%以下，或是以特別方法製造（有標明的義務），其香味及色澤特別優異，標示為「特別本釀造」。

（3）純米酒

只以精米化程度70%以下的白米、米麴及水製成的酒，即為純米酒。散發米香，色澤美麗，味道大多較為濃醇。在「純米酒」當中，也有精米化程度在60%以下，或是以特別方法製造（有標明的義務），其香味及色澤特別優異，標示為「特別本釀造」。

（4）吟釀酒

吟釀有特別審慎釀造之意。以精米化程度60%以下的白米、米麴及釀造用酒精為原料製成的吟釀酒，是以較一般發酵溫度低的溫度，慢慢發酵而成。發酵時的酵母也是使用特別的酵母，吟釀釀造的風味特徵是帶有獨特的水果香，以及清爽溫和的味道。

在吟釀酒當中，以精米化程度50%以下的白米為原料，能充分展現吟釀釀造特有香味及色澤者，標示為「大吟釀酒」。此外，僅以精米化程度60%以下的白米、米麴及水製成的吟釀酒為「純米吟釀酒」，僅以精米化程度50%以下的白米、米麴及水製成的吟釀酒則是「純米大吟釀酒」，均為擁有

雅致吟釀香味的酒。

2　黃酒

　　提到中國酒，一般人大多會想到老酒，但其實中國酒的種類相當多。大致可區分為水酒（或稱黃酒，老酒等的釀造酒屬之）以及屬於蒸餾酒的白酒（高粱酒或茅台酒等蒸餾酒屬之），還有藥酒。

　　黃酒是以粳米、糯米、小麥等為主要原料，藉由繁殖於小麥上的蜘蛛網黴「麴子」來進行糖化，發酵後密封於甕中，再使之長時間發酵。

　　黃酒的產地因時代而有改變。唐朝時以陝西省為主要產地，現在則因水質優良，以上海附近的紹興為代表性產地。此地的紹興酒有「花雕」、「女兒酒」。「女兒酒」是源自當地人生下女兒後，會在該年釀酒，直到女兒出嫁時才將酒開封，以資慶祝，也會將此酒當作嫁妝，因而得名。此外，長期熟成的古酒「花雕」，也是聞名全國的酒。

3　其他

Cidre（蘋果酒）

　　以葡萄之外的水果發酵釀成的釀造酒，稱為水果酒，其中最具代表性的，便是由蘋果製成的Cidre。

　　Cidre是法文，德文為Apfelwein，英文則為Cider。

　　雖然是由蘋果發酵製成，又可分為無二氧化碳及有二氧化碳兩種類型，酒精度數只有2～4度，是保有蘋果風味，充滿果香的酒。

Mead（蜂蜜酒）

　　是由蜂蜜發酵而成的酒，也屬Wine的一種。據說其歷史比啤酒還要久遠，大多會添加香草或香料，帶有獨特的風味。現在為英國及東歐所生產。

V 威士忌（Whisky）

1 威士忌的歷史

威士忌指的是以麥芽及穀物為原料，經過糖化、發酵、蒸餾，再置於木桶當中熟成之酒。威士忌的琥珀色就是在木桶當中熟成的時候，隨著歲月培育出來的成果。除此之外，經過熟成的威士忌不但風味柔和，更具有華麗的香氣以及深邃濃郁的口感。

然而，威士忌並非從誕生之初就開始以木桶熟成。有很長的一段時間，人們所喝的都是剛蒸餾出來、呈無色狀態的威士忌。開始飲用經過熟成、變為琥珀色的威士忌是進入19世紀以後的事情。

上述姑且不論，威士忌的歷史可說是源自於鍊金術士所製造出來的「生命之水」。這點從威士忌的語源，亦即是蓋爾語（Gaelic）中的Uisgebeatha具有「生命之水」的涵意就可清楚知道。

中世紀的鍊金術士在發現了將釀造酒進行蒸餾的技術之時，對於那種燃燒般的風味大感震驚，於是以Aqua vitae（生命之水）來加以稱呼。

將蒸餾技術傳播到歐洲各地的時候，Aqua vitae這個共通語也被翻譯成各種語言，並成為蒸餾酒的代名詞。這個技術後來被運用在穀物所製成的釀造酒、也就是啤酒之上，這就是威士忌的開端。不過，威士忌之蒸餾究竟是從什麼時候開始，又或者是從什麼開始飲用的，就不得而知了。

威士忌在歷史上出現最早記錄，是進入12世紀之後的事情。1171年，英格蘭國王亨利2世帶領軍隊遠征愛爾蘭時，曾經留下「看見人們飲用當地稱為生命之水的烈酒（Usquebaugh）」之記述，這應該算是威士忌的前身吧。

之後，在1949年，蘇格蘭財政部的公文當中亦有「為製造生命之水而提供8波爾（bolls，當時的容量單位）的麥芽（malt）給約翰·高修道士」之記述。生命之水（Aqua vitae）一詞的出現，正是蘇格蘭也已從事蒸餾的最

好證明。此後，蘇格蘭便出現許許多多以大麥麥芽製成蒸餾酒之記錄。儘管威士忌的製作日益普遍，但是威士忌這個名詞首次以「WHISKIE, WHISKY」之拼音出現於文獻當中，卻是在1715年發行的『蘇格蘭諷刺詩集』。

1707年，原本為兩大王國的英格蘭與蘇格蘭統一合併，成為大英聯合王國（大不列顛王國）。不單如此，1713年，政府更將英格蘭地區行之有年的麥芽稅擴大實施於蘇格蘭地區。為了因應政策，蘇格蘭低地的大型蒸餾業者便在材料中混入大麥麥芽以外之穀類，以減少麥芽使用量之方式來釀酒。

另一方面，小型蒸餾業者則遁入稅吏難以抵達之蘇格蘭高地深山，在那兒設置蒸餾廠偷偷地從事私釀。這就是私釀時代的開端。

這些釀酒業者為方便作業，所以只將大麥麥芽進行蒸餾，採取附近生產的泥炭（Peat）作為烘乾大麥麥芽燃料，並挪用雪莉酒的空桶來進行貯藏。

上述之前者可謂是後來的穀類威士忌（Grain Whisky）之前身，而後者則是麥芽威士忌（Malt Whisky）之前身。

1823年，私釀時代因新制法規而宣告結束。身兼高地之大地主以及上議院議員的Alexander Gordon，提出一項令小型蒸餾得以以低廉稅金從事釀造之新稅制法案。這個時候，第一個取得公認釀酒執照的蒸餾業者是George Smith。在蒸餾業者相繼投入之下，威士忌的生產也跟著蓬勃發展。期間正逢產業革命之高峰期。

另一方面，蘇格蘭低地的大型蒸餾業者則致力於提升蒸餾技術之效率。1826年，蘇格蘭的蒸餾業者Robert Stein開發出連續式蒸餾機。不只如此，1831年，愛爾蘭都柏林的稅吏Aeneas Coffey也完成了Coffey式連續蒸餾機。由於取得了專利（Patent），所以又稱為Patent Still。在那之後，連續式蒸餾機不斷地經過改良，蘇格蘭低地到處可見穀類威士忌的蒸餾塔。

1853年，愛丁堡的威士忌酒商Andrew Usher，將原本的單式蒸餾機所製造出來之個性風味強烈的麥芽威士忌，加上由連續式蒸餾機所製成之口感溫和的穀物威士忌混調，調配出新類型之威士忌。這就是調和威士忌

（Blended Whiskey）的誕生。

這種經過調配的威士忌，因為口感圓融順口而逐漸受到好評。然而，由於大量成立的穀類威士忌業者過度競爭，所以倒閉的業者也相當多。有鑑於此，蘇格蘭低地的6家穀類威士忌業者於是在1877年組成D.C.L.（Distillers Company Limited）公司，開始將威士忌的製造向大企業化推進。

接著，法國的葡萄產地因為葡萄蚜蟲（phylloxera）之肆虐蔓延而使得葡萄產量大減，造成葡萄酒及白蘭地價格之異常高漲。

當時倫敦的上流階級原本並不飲用威士忌而愛好紅酒及白蘭地，然而在這個契機之下，上流階級也開始飲用蘇格蘭威士忌，而倫敦的市民當中也出現許多琴酒（Gin）的愛好者。

留意到如此情勢的D.C.L.隨即開始收購散佈在蘇格蘭各地的麥芽威士忌蒸餾廠，親手建造新的麥芽威士忌蒸餾廠，擴大生產量，並由南北美開始，對所有與英國關係深厚的國家積極地從事外銷。

另外，在第一次世界大戰期間的1925年將海格（Haig & Haig）公司、約翰走路（Johnnie Walker）、布坎南（Buchanan）公司、帝王（Dewar's）公司，以及在1927年將馬奇（Mackie）公司納入旗下之後，D.C.L.公司的蘇格蘭威士忌生產量一度高達總生產量的60％，但後來卻大幅減少，還被啤酒企業之健力士（Guinness）公司的一個部門吸收合併。

美國開始製造穀類蒸餾酒，推測是從18世紀開始（最早的蒸餾酒，據說是居住在紐約的荷蘭人利用西印度群島的糖蜜所製成之蘭姆酒。後來由於歐洲的移民也逐漸增加，才開始製造穀物酒及威士忌）。

正式釀造威士忌的時間，根據記錄是在1783年，伊凡・威廉斯（Evan Williams）於肯塔基州的波本郡（Bourbon）製造出威士忌。不過像今日一樣以玉米為原料的製作方法則起始於1789年，以肯塔基州喬治城的浸信教派（Baptist）牧師以利亞・克瑞格（Elijah Craig）為先驅。

在1775年獨立戰爭開始後的1791年，聯邦議會為確保財政而對威士忌課

以重稅，而引發東部釀酒業者暴亂（威士忌暴動），業者及農民逃往肯塔基州，並於該地獲得品質優良的水和玉米，於是開始從事嶄新的威士忌釀造方法。在肯塔基州波本郡生產的威士忌，從此便依地名被稱呼為波本威士忌。

1919年美國頒佈的禁酒法令，諷刺地造成加拿大威士忌產業的興盛發達。其中最大的原因便是來自於秘密輸往美國的威士忌之豐厚利潤。

1933年禁酒法令雖然遭到廢除，但是在禁令廢除之後，立刻供應大量優質威士忌給美國的加拿大威士忌，卻也一口氣掌握了人氣。

威士忌首次傳到日本是在1853年，培里（Matthew Calbraith Perry）總督率領美國艦隊從浦賀海面來航的那一年。

威士忌的首次進口則是在明治維新之後的1871年。進口商主要為藥酒批發商。儘管視之為能夠傳達歐美文化氣息的洋酒之一來進口，只可惜消費量一直沒有成長。直到明治末年為止，洋酒的消費量依然未達酒類市場的1％。國產威士忌的製造始於關東大地震發生的1923年。這一年，壽屋山崎工場（現在的SUNTORY山崎蒸餾所）在京都郊外的山崎峽建造了日本第一座的麥芽威士忌蒸餾廠，為日本的道地威士忌釀造史開啟了嶄新的一頁。時間大約在日本進口威士忌的50年後。

於是在1929年（昭和4年），國產威士忌第一號之「SUNTORY威士忌白札」就在這座蒸餾廠中誕生了。

直到二次大戰之前，東京釀造、Nikka等業者亦相繼投入威士忌事業。二次大戰之過，由於生活日漸洋風化，威士忌也真正滲入了人群之間，並有多數威士忌業者投身加入，在這當中，能夠穩定成長的有OCEAN（三樂）、Kirin-Seagram（麒麟）等家。

隨著日本威士忌業界整體的穩定成長，技術也有長足之進步，並以獨特之個性確立世界5大威士忌之一的地位。

被稱為世界5大威士忌分別是蘇格蘭、愛爾蘭、美國、加拿大、以及日本威士忌。乍看之下雖然都有同樣的琥珀色，然而在善用該國以傳統培育出

的技術及努力下，因此得以在世界各地所生產的威士忌當中佔據領導地位。

2　日本威士忌

　　日本威士忌的特徵，可說與蘇格蘭威士忌十分相像。這是因為它與蘇格蘭威士忌一樣，都是以麥芽威士忌為基礎來從事風味之設計。

　　不過從香氣比較的話，日本威士忌的煙燻味（smoky flavor）要比蘇格蘭威士忌淡了許多。由於獨具特色、氣味沈穩、風味的平衡度亦佳、且香醇濃郁，因此就算採用「水割」（加水稀釋）喝法也不會失去香味的和諧感。

　　日本的威士忌是以威士忌原酒以及調和用蒸餾酒所構成的。

　　威士忌原酒，從製法上可區分為麥芽威士忌（Malt Whisky）與穀類威士忌（Grain Whisky）兩種，兩者的特性完全不同。

（麥芽威士忌）

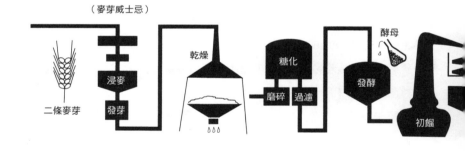

（穀類威士忌）

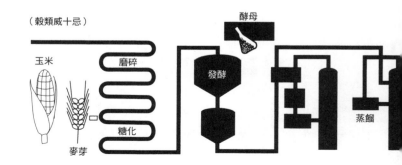

麥芽威士忌（Malt Whisky）

　　麥芽威士忌指的是只使用大麥麥芽（經發芽處理之大麥）為原料所製成的威士忌。就製法上的技術而言，首先必須將大麥麥芽以泥炭煙燻乾燥，令其吸附煙燻味後，再以單式蒸餾機蒸餾二次而成。

　　就風味的特徵而言，具有強烈而華麗的香氣，以及深邃濃郁的味道，而且個性豐富，因此又稱為Loud Spirits。

（1）大麥麥芽

　　大麥麥芽的原料使用的是二條大麥。二條大麥的名稱由來是因為它的麥穗沿著麥莖並列為二列。澱粉含量多、蛋白質少是其特徵。啤酒也經常使用二條大麥來釀造。目前日本的二條大麥生產量完全無法滿足國產啤酒及威士忌之需求，因此必須從海外進口數量龐大的大麥麥芽。

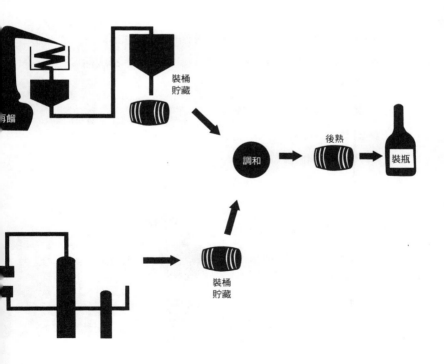

二條大麥依穀粒大小分類篩選過後，首先得浸水，然後暫且瀝乾水分，讓穀粒吸附空氣。重複進行這個步驟，便可令充分吸收水分的大麥發芽。在發芽開始之後的數日，首先會長出根，接著麥芽也會逐漸成長，麥芽中的澱粉質還會產生一種糖化酵素。當發芽進行到恰到好處的時候，就可移到名為Kiln的麥芽乾燥窯中，以熱風烘乾發芽中的大麥、去除水分，令芽的發育停止。這就是大麥麥芽（Malt）。

烘乾大麥麥芽時，通常會燃燒由泥炭苔（Peat）等植物炭化形成之泥炭，為大麥麥芽增添煙燻風味（或稱為泥炭香）。泥炭以蘇格蘭出產的品質最佳，於春天4～5月挖出，將泥炭苔交互堆疊，待風乾後便可作燃料使用。

如上述方式為大麥麥芽增添煙燻風味的作法，雖然是日本和蘇格蘭威士忌才看得到的特徵，不過若將兩者拿來比較的話，日本威士忌的煙燻味道顯得較為清淡而且溫和。

（2）發酵

接下來的步驟是將麥芽磨碎，加入60～68℃的溫水。如此一來，溶於溫水中的澱粉會因為麥芽所產生糖化酵素將糖分分解出來，形成甜度約12～13%的甜麥汁。這個過程就叫做糖化。

將麥汁過濾，加入酵母進行發酵（在25～30℃的溫度下進行3天左右）之後，麥汁就會轉變為酒精濃度約6～7%稱之為醪（Mash）的液體。在這個過程當中，酵母的種類以及發酵的條件（採用不鏽鋼槽或木桶發酵槽等等）都會對威士忌的香氣成分（脂肪醇類、酯類、脂肪酸類等等）產生巨大影響，因此必須細心地留意處理。

（3）蒸餾

蒸餾鍋罩

麥芽原酒的個性化香氣成分，會因為蒸餾鍋罩（蒸餾鍋上部空間）的形狀及大小而產生種種不同之變化

❶ 汽球形
❷ 直線形
❸ 燈罩形
❹ 燈罩形

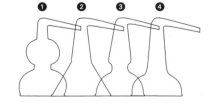

　　將發酵完畢的酒醪置於銅製的單式蒸餾機（Pot Still）中蒸餾二次。

　　蒸餾機之所以採用銅製，是因為蒸餾過程當中會轉變為怪味的硫磺化合物等物質會藉由銅之成分揮發，而且萃取出來蒸餾液的香氣較為柔和。

　　另外，單式蒸餾機由於構造簡單，所以能夠萃取出含豐富香氣成分、風味強烈的蒸餾酒。而且蒸餾鍋的形狀（參照蒸餾鍋罩圖）、容量、加熱方式（在直火蒸餾的情況下，由於火焰直接與蒸餾鍋接觸，一部分的酒醪會受到高熱烘烤，所以能萃取出香氣濃厚的麥芽威士忌。相對於此，在間接加熱的情況下，由於接觸蒸餾鍋的是120～130℃之蒸氣，因此蒸餾的過程較為溫和）等等都會對蒸餾液的特性造成微妙的影響。因此每一家蒸餾廠都會採用獨家的單式蒸餾機，並慎重地沿用一定的形態。

　　單式蒸餾機的原理是將酒醪加熱，萃取出容易蒸發之成分。就是利用發酵過後酒醪中所含之酒精及無數香氣成分與水的沸點差異，將之萃取出來。

　　蒸餾一般會進行二次。酒精濃度約7％的酒醪在經過第一次的蒸餾（這個步驟稱為初餾），可萃取出酒精濃度約20％之初餾液。這種初餾液不但酒精濃度低，雜味成分也多，所以還稱不上是威士忌，必須經由再餾鍋再蒸餾一次（這個步驟稱為再餾）。

　　將再餾所得到的酒頭（head，前餾）、酒尾（tail，後餾）去掉，剩下的中段酒心（heart，中餾）就是所謂的New Pot。顏色透明、性格粗獷，這就是酒精濃度約63～70％的麥芽原酒。酒頭、酒尾倒回再餾鍋中。

（4）熟成

　　New Pot被裝進白橡木的酒桶之後，便進入長時間的熟成期。裝桶前呈透明無色的粗獷New Pot將會慢慢地成長為黃褐色、香氣豐富的威士忌。

　　熟成所使用的木桶材質以白橡木最合適，又以美國東部出產的木材與威士忌最搭配。木桶材必須經過2年左右的自然乾燥，再嚴選紋理清晰的良材來製作酒桶。進口時會裁成11×115cm左右之製材，然後再加以拼裝組合。

　　熟成用的木桶種類有Barrel（180公升）、Hogshead（230公升）、

Puncheon（480公升）、Sherry Butt（480公升）數種。

　　大小不同的木桶在對應容量之木桶內側的表面積上也會有所差異，進而影響熟成之速度。此外，在熟成的場所方面，必須選擇空氣清新、能夠維持在適當高溼度的陰涼土地。威士忌原酒一方面會透過桶材吸收外界空氣、成長為美酒，相對的，桶內的威士忌原酒也會以每年3％的速率蒸發。蒸餾廠都稱呼這些蒸發掉的部分為「天使的配額」。

　　在木桶中熟成7～8年以上的話，麥芽原酒便會增添出光輝的琥珀色、華麗的香氣以及圓融的風味，齊備麥芽威士忌應有之獨特性格。

　　這種熟成的變化來自於以下幾項交互作用：

　　①緩緩進入桶內的空氣令威士忌的成分逐漸氧化，轉化為香氣成分。

　　②溶出的桶材成分（木質素、單寧酸、色素、氮化合物等等）與麥芽原酒的成分在交互作用之下，製造出各式各樣的香氣成分。

　　③刺激性強的揮發成分蒸發掉了，而不易揮發的成分則更加濃縮。

　　④酒精分子及水分子之間的「熟稔度」提高，酒精的刺激度逐漸減緩（分子聚合現象）。

　　當然，依貯藏地點之環境等等，一桶一桶之間都會出現微妙差異，因此最後還有一道重要的修飾手續，就是裝入大桶（Vatting，將同一批的麥芽威士忌原酒混合在一起）以取得風味之平衡。

　　將同一批麥芽威士忌裝入大桶之後，便可再次貯藏起來進行後熟。完成後的酒就稱為純麥芽威士忌（Pure Malt Whisky），而出自單一蒸餾廠所釀製的純麥芽威士忌就叫做單一純麥芽威士忌（Single Malt Whisky）。

穀類威士忌（Grain Whisky）

　　由於原料中有80～90％為穀類，因此稱為穀類威士忌。

　　穀類威士忌和麥芽威士忌一樣，都必須經過糖化、發酵、蒸餾、貯藏等流程，然而它與麥芽威士忌最大差異就在蒸餾時所使用的是連續式蒸餾機。

（1）原料・糖化

主要使用玉米。將玉米磨碎之後與少量麥芽一起以溫水浸泡，蒸煮。接著冷卻至接近60℃左右，加進原料之10～20%的麥芽進行糖化。再次冷卻，並移入發酵槽。

（2）發酵

加進酵母，進行發酵。發酵溫度須超過30℃，經過3～4日發酵完畢之後便可取得酒精濃度約8～9%的酒醪（wash）。

（3）蒸餾

發酵完的酒醪以連續式蒸餾機進行蒸餾。連續式蒸餾機是由醪塔及精餾塔二部分所構成。塔中各有數十層架子，每一層都具有單式蒸餾機之功能。

將酒醪從醪塔頂附近注入，由上部向下部流動。蒸氣會由醪塔的下部往上部移動。於是酒醪在向下流動途中與蒸氣相遇而受熱加溫。酒醪中的揮發成分會向醪塔的上部升起，從上段萃取出來，待冷卻後則成為蒸餾液。

將冷卻的醪塔蒸餾液注入精餾塔之中段，同時從精餾塔的下部送出蒸氣。這麼一來，便可從上段取得高酒精濃度之蒸氣，將它冷卻以後，便可得到酒精濃度在90度以上的精餾塔蒸餾液（穀類威士忌之New Pot）。

與單式蒸餾機比較起來，連續式蒸餾機雖然能萃取出酒精濃度較高的酒，但是就威士忌的品質而言卻顯得性格柔弱。因此穀類威士忌又被稱作Silent Spirit。

目前，日本的連續式蒸餾機的塔數約有3～4座，從重口味類型的原酒到清爽的原酒等等，所生產的酒類品質相當廣泛。

（4）熟成

穀類威士忌和麥芽威士忌一樣，都必須存放於白橡木酒桶中熟成，但由於香氣

連續式蒸餾機的塔部構造

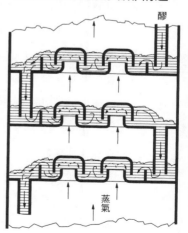

成分比麥芽威士忌少，因此在熟成過程中所產生的變化也較不明顯。

調和威士忌（Blended Whisky）

調和威士忌是以麥芽威士忌原酒加上穀類威士忌原酒混合調配而成。以個性強烈的麥芽威士忌原酒搭配具襯托功能的穀類威士忌原酒，展現出全新的和諧關係，為調和威士忌創造出獨特的香味。之後再加水將各種製品的酒精濃度稀釋，接著為使香味安定下來，因此必須經過後熟（再次貯藏）才可以裝瓶。裝瓶成為商品之後，香味便不會再向上提昇。

調和威士忌的調配目的是讓產品均一化，因此它的另一個特徵就是能夠配合消費者的喜好創作出新的味道。

日本威士忌的特徵

日本威士忌的特徵正如先前所提到的一樣，基本上與蘇格蘭威士忌頗為相似，但是在蘇格蘭威士忌特有的味道（煙燻味）上卻較為淡薄，且加水稀釋仍可保持香味。除此之外的另一點就是，在麥芽威士忌或穀類威士忌中加入酒精或其他蒸餾酒也一樣被視為威士忌。

根據平成元年4月所修正的酒稅法，威士忌的定義如以下之條文：

〈酒稅法第3條之摘要〉

　イ　以發芽穀類及水為原料，經糖化、發酵，然後將其酒精含有物蒸餾所得之物（以該酒精含有物在蒸餾之際所取得的蒸餾液之酒精濃度未達95％者為限）。

　ロ　利用發芽穀類及水令穀物糖化、發酵，然後將其酒精含有物蒸餾所得之物（以該酒精含有物在蒸餾之際所取得的蒸餾液之酒精濃度未達95％者為限）。

　ハ　在イ類或ロ類的酒中添加酒精、蒸餾酒、香味料、色素及水之物。但是，イ類或ロ類的酒精成分總量在添加酒精、蒸餾酒或香味料之後，酒精成分未達總量之10/100者除外。

換句話說，只要是以大麥麥芽為代表之發芽穀類為原料的一部分或全

部，且酒精濃度未達95%之蒸餾酒就算是威士忌。符合其中イ項的酒類為麥芽威士忌，而符合口項的則是穀類威士忌。

在只以イ項的作法將威士忌產品化的情況之下，標籤上面會有純麥芽威士忌之標示。若為單一蒸餾廠的產品的話，則稱為單一純麥芽威士忌。

關於調和威士忌，就日本的情況而言，基本上以イ加口的調配酒佔大多數，除此之外，雖然酒稅法規定添加酒精者亦視為調和威士忌，不過尚得配合ハ項之規範，必須以一定程度的イ或口類的酒來加以混合。

以下為調配用威士忌經常會使用到的蒸餾酒或酒精。

穀類蒸餾酒（Grain Spirit）

指的是以玉米等穀類為原料，利用酵素糖化、發酵，再以連續式蒸餾機蒸餾出酒精濃度在95%以上的酒。由穀物而來之甘美比穀類威士忌淡薄。除了威士忌之外，亦使用於琴酒及伏特加。

中性蒸餾酒（Neutral Spirit）

就原料而言，通常與蘭姆酒一樣使用糖蜜。將材料發酵過後，再以連續式蒸餾機蒸餾出酒精濃度在95%以上的酒。具備極度沈穩之中性個性。

在日本，如果於酒類的製造途中使用到它的話，依酒稅法規定，就必須稱它為「原料用酒精」或「調和用酒精」。

另外，在威士忌的標籤上面通常可以看到「Malt，Grain」之原料標示，而Malt是「麥芽」、Grain則是玉米等「穀類」的意思，因此它所指稱的並非麥芽威士忌或穀類威士忌。

一般而言，商品標籤上面通常都看得到年數標示，這個數字所代表的就是在使用的原酒當中，貯藏年數最少的一個。

3　蘇格蘭威士忌（Scotch Whisky）

所謂蘇格蘭威士忌，其實是在英國北部之蘇格蘭地區（緯度約與堪察加半島相當）蒸餾、熟成的威士忌總稱。

蘇格蘭威士忌的特徵，由於在烘乾麥芽的時候使用了泥炭，所以帶著一股由泥炭而來之獨特煙燻風味。

從定義上來看，唯有「以穀類為原料，利用酵母發酵過後，蒸餾至酒精濃度未達95度（低於94.8度），並於木桶中熟成3年以上之物」才稱得上是蘇格蘭威士忌。

蘇格蘭威士忌的歷史，大致如先前所述，最晚約從15世紀開始。之後，經歷了無數的歷史變遷，直到距今150年前左右，因連續式蒸餾機的誕生而造成麥芽威士忌與穀類威士忌之分化，接著在140年前左右更因為調和威士忌之誕生，而促進了整個產業的蓬勃發展。第二次世界大戰以後，由於受到世界各國的廣泛喜愛而急速成長，直到今日。

今日，蘇格蘭威士忌從製造方法來看可分為三大類。

①麥芽威士忌（Malt Whisky）

②穀類威士忌（Grain Whisky）

③調和威士忌（Blended Whisky）

麥芽威士忌（Malt Whisky）

麥芽威士忌，指的是只以大麥麥芽（Malt）為原料，發酵後通常以單式蒸餾機（Pot Still）蒸餾2次，然後貯藏在白橡木的酒桶中熟成之威士忌。

這類的麥芽威士忌蒸餾廠（Distillery）約有100座，但實際仍在運作的只有80多座而已。此外，由於每一座蒸餾廠從泥炭的燒製、蒸餾鍋的形狀、到裝桶熟成的方式都不盡相同，因此釀造出來的威士忌性格也會有所差異。可以這麼說，有多少座的蒸餾廠，就有多少種不同類型的麥芽威士忌存在。

上述個性不一的威士忌，若不與其他蒸餾廠之產品混合，而只將自己蒸餾廠的產品商品化後，就稱做單一純麥芽威士忌（Single Malt Whisky）。

另一個與單一純麥芽威士忌相似的名詞是純麥芽威士忌（Pure Malt Whisky）。它指的是將同一蒸餾廠所生產的數種單一純麥芽威士忌混合調配，或是由幾家蒸餾廠所生產的麥芽威士忌混合調配而成之威士忌，亦稱作

麥芽威士忌蒸餾廠一覽表

〈蘇格蘭高地（Highland）〉 39家

1. Aberfeldy
2. Ardmore
3. Balblair
4. Ben Nevis
5. Blair Athol
6. Clynelish
7. Dalmore
8. Dalwhinnie
9. Deanston
10. Edradour
11. Fettercairn
12. Glencadam
13. Glendronach

14. Glenesk
15. Glen Garioch
16. Glenglassaugh
17. Glengoyne
18. Glemorangie
19. Glen Scotia
20. Glenturret
21. Glenury-Royal
22. Highland Park
23. Isle of Jura
24. Knochdhu
25. Loch Lomond（Inchmurrin）
26. Lochside

27. Macduff（Glen Deveron）
28. Oban
29. Ord
30. Pulteney
31. Royal brackla
32. Royal Lochnager
33. Scapa
34. Springbank
35. Talisker
36. Teaninich
37. Tobermory
38. Tomatin
39. Tullibardine

以下斯佩賽德（Speyside）地區 48家

1. Aberlour-Glenlivet
2. Allt-a'Bhainne
3. Auchroisk（Singleton）
4. Aultmore
5. Balmenach
6. Balvenie
7. Benriach
8. Benrinnes
9. Caperdonich
10. Cardhu
11. Coleburn
12. Cragganmore
13. Craigellachie
14. Dailuaine
15. Dufftown-Glenlivet
16. Glenallachie
17. Glenburgie-Glenlivet
18. Glendullan

19. Glen Elgin
20. Glenfarclas
21. Glenfiddich
22. Glen Grant
23. Glen Keith
24. Glenlossie
25. Glen Moray-Glenlivet
26. Glenrothes-Glenlivet
27. Glen Spey
28. Glentauchers
29. Imperial
30. Inchgower
31. Kinivie
32. Knockando
33. Linkwood
34. Longmorn
35. Mannochmore
36. Miltonduff-Glenlivet

37. Mortlach
38. Pittyvaich-Glenlivet
39. Speyburn
40. Strathisla
41. Strathmill
42. Tamdhu
43. Tamnavulin-Glenlivet
44. The Braes of Glenlivet
45. The Glenlivet
46. The Macallan
47. The Tormore
48. Tomintoul-Glenlivet

〈蘇格蘭低地（Lowland）〉 6家

1. Auchentoshan
2. bladnoch
3. Glenkinchie

4. Inverleven
5. Littlemill
6. Rosebank

〈艾雷島（Islay）地區〉 8家

1. Ardbeg
2. Bowmore
3. Bruichladdich

4. Bunnahabhain
5. Caol Ila
6. Lagavulin

7. Laphroaig
8. Port Ellen

穀類威士忌蒸餾廠

1. Cambus
2. Cameronbridge
3. Dumbarton

4. Girvan
5. Invergordon
6. North British

7. Port Dundas
8. Strathclyde

※包含1995年的現在為關閉中者在內

Vatted Malt Whisky。

在外銷的純麥芽威士忌當中，亦可看到All Malt Scotch Whisky或者 Unblended Scotch Whisky之標示。

只不過，蒸餾廠的數量雖有100多家，但是不販售單一純麥芽威士忌者 卻也有4～5家。另外，麥芽威士忌的裝瓶工作並非全部由蒸餾廠獨自進行， 將近半數的酒廠都會將酒賣給裝瓶業者。

那些業者有時亦會利用自己的酒桶，比方說雪莉酒桶來令酒熟成，製造 出特別的商品。

因此，蒸餾廠的數量只有100多家，可是單一純麥芽威士忌或純麥芽威 士忌的品牌數量卻有3～4倍之多。

某些裝瓶業者，像是Gordon & MacPhail（高登麥克菲爾）、William Cadenhead等，都以其獨自的統一品牌販售稀少的單一純麥芽威士忌。愛丁 堡的蘇格蘭麥芽威士忌協會亦以其獨自之方法購買桶裝威士忌再裝瓶販售。

蘇格蘭的廣闊程度堪與日本的北海道匹敵。在這片寬廣的土地之上，麥 芽威士忌的生產地原本被劃分為高地（Highland）、低地（Lowland）、艾 雷島（Islay）、以及坎培爾鎮（Campbeltown）四個區域，不過今日已擴大 劃分為高地、低地、艾雷島三個區域，並將斯佩塞德（Speyside）、奧克尼 群島（Orkney Islands）連同坎培爾鎮等地從高地地區分割出來。

這些生產地名，同時也被當成麥芽威士忌類別之名稱。不過，實際上每 個蒸餾廠所生產的威士忌，在個性上還是有著相當大的差異存在。

（1）高地威士忌（Highland Malt）

將格拉斯哥市（Glasgow）西部的Greenock及Dundee連成一線，以北 之區域就是一般所謂的高地地區。

蒸餾廠從北部的奧克尼群島開始，到尼斯湖附近的Inverness周邊，彷 彿是另一種類型之麥芽威士忌蒸餾廠集中的斯佩河流域之斯佩賽德 （Speyside）、西南部的朱拉（Jura）島，以及最近被含括在內的坎培爾鎮

單一純麥芽威士忌代表性品牌的特色

產　地	品　牌	類　型	特　色
Highland	BALBLAIR	適中	不帶甜味口感細緻，具有促進食慾般之味道。氣味芳香。
	GLENMORANGIE	適中偏淡	具有清爽甜味
	SPRINGBANK	適中	煙燻中別有一股柔和風味
（Speyside）	MILTONDUFF GLENLIVET	適中偏淡	後韻豐富細膩，香氣優雅
	THE MACALLAN	重	順暢、帶有果香及雪莉酒之香氣，宛如 Calvados酒之風味
	THE TORMORE	適中偏淡	具有杏仁之甘甜香氣
	THE GLENLIVET	適中偏淡	具果香、口感細膩
	GLEN GRANT	適中	略微偏淡，口感平衡
	GLEN-FIDDICH	淡	口感平衡、輕淡柔順
Lowland	AUCHENTOSHAN	淡	輕淡微甜，具麥芽香
Islay	LAPHROAIG	重	具強烈煙燻味。
	BOWMORE	適中	具煙燻味，圓融順口
	ARDBEG	重	煙燻味濃厚。有木桶香氣

（Campbeltown）為止，零星散佈在這片廣大區域當中。

　　高地威士忌的整體特徵，是具有強勁而平衡之辛辣口感，煙燻味亦多半溫和。又以斯佩賽德威士忌所擁有之優雅、成熟的煙燻味道最為出色。

　　另外，坎培爾鎮的麥芽威士忌不如艾雷島那麼濃郁，而以綿密的煙燻風味為特徵。

（2）低地威士忌（Lowland Malt）

　　位於高地界線以南之寬廣地區，氣候也溫暖許多。當地的麥芽和高地的比較起來，煙燻氣味也少了許多，屬於清淡香醇之麥芽威士忌。這個地區有6家蒸餾廠。

（3）艾雷島威士忌（Islay Malt）

　　今日連日本亦大多以當地之發音艾拉來稱呼。這是出產自蘇格蘭西方、漂浮在大西洋上之島嶼的威士忌。多為煙燻氣味強烈、重口味類型。這個地區有8家蒸餾廠。

穀類威士忌（Grain Whisky）

　　與麥芽威士忌的小型蒸餾廠不同，穀類威士忌都出自於大規模的蒸餾廠，通常以玉米、小麥、大麥麥芽為原料，再以連續式蒸餾機製成。

　　穀類威士忌由於不添加煙燻味，而直接蒸餾出高酒精濃度之威士忌，因此風味較為清淡溫和。較不像麥芽威士忌般受蒸餾廠影響而出現不同個性。

　　目前蒸餾廠之分佈，在高地地區有1家，低地地區有7家，每一家都是擁有現代化設備之巨大蒸餾廠。

調和威士忌（Blended Whisky）

　　混合調配之目的是希望以穀類威士忌之中性清淡的味道，將各種類型麥芽威士忌的粗獷味道加以中和，調配出多數人能接受且百喝不膩的威士忌。

　　若能夠善加利用各地區的麥芽威士忌特性，就能調配出柔順的威士忌。

　　一般而言，以高地生產之複雜而優雅的麥芽威士忌為基礎，加上低地生產的麥芽威士忌展現出柔順口感，再以辛辣且具有煙燻味道的艾雷島威士忌

點出特色，然後將這種純麥芽威士忌與中性的穀類威士忌混合調配，做出口感平衡之威士忌。

各家酒商的混配比例，大致可分為4種類型。

①Deluxe

　　這可謂是調和威士忌當中的最高級品。年份標示通常在15年以上，麥芽威士忌的調配比例也大多在50％以上。

②Premium

　　高級調和威士忌。年份為12年以上。麥芽威士忌的調配比例大多在40％～50％。

③Semi-Premium

　　使用10～12年的麥芽威士忌約40％左右，穀類威士忌也採用充分熟成之威士忌，但不標示年份。

④Standard

　　每一種品牌的差異性大，使用6～10年程度的麥芽威士忌約30～40％左右。

調和威士忌的風味固然會因品牌的不同而有差異，不過並不會像麥芽威士忌那麼明顯，而且整體說來口感均衡、輕淡順口，算是蠻容易品嚐的一種威士忌。

4　愛爾蘭威士忌（Irish Whisky）

愛爾蘭威士忌指的是出產自英國不列顛島西方之愛爾蘭島的威士忌。

儘管愛爾蘭島目前在政治上是一分為二，但是就威士忌而言，凡是在這個島上所釀造出來的威士忌，全都稱為愛爾蘭威士忌。

這裡的威士忌釀造歷史比蘇格蘭還久遠，早在1711年，遠征愛爾蘭之英國亨利2世之軍隊，就留下了可視為威士忌前身之蒸餾酒的記錄。

儘管愛爾蘭威士忌的生產曾經因為政治、宗教、以及蘇格蘭的D.C.L.之

市場策略等因素而一時衰退，不過在第二次世界大戰之後，隨著清淡的加拿大威士忌的蓬勃發展，愛爾蘭威士忌也以清淡型威士忌的一支而廣泛為人飲用。愛爾蘭威士忌的特徵是大麥的香氣相當濃郁，而且大多具有以大型單式蒸餾機蒸餾3次所得到之圓潤口感。

愛爾蘭威士忌的製法與蘇格蘭不同，不以泥炭來烘乾麥芽，而改採石炭，所以並無煙燻風味。是因為愛爾蘭當地盛產石炭，取得容易之故。

原料除了大麥麥芽之外，亦使用未發芽的大麥、黑麥以及小麥等等。原因是距今約150年以前，麥芽的稅金相當重，所以只好減少麥芽的使用量，改用國內大量擁有的大麥。結果竟意外讓愛爾蘭威士忌充滿著大麥的香氣，因而奠定愛爾蘭威士忌之獨特風格。

蒸餾一般都進行3次。在第1次蒸餾中萃取出粗餾液，移入再餾鍋中進行第2次蒸餾。這次只取中段的蒸餾液來進行第3次蒸餾，將剩餘部分倒回初餾鍋或再餾鍋。第3次的蒸餾液也單單取最中段的蒸餾液以木桶熟成，頭尾部分的蒸餾液倒回再餾鍋。2次蒸餾的情況則用風味略偏濃郁之原酒。

如此萃取出來的蒸餾液酒精濃度約在85％左右，酒精濃度高、副生成分少，是一種比蘇格蘭的麥芽威士忌清淡許多的威士忌。

熟成時，採用Bourbon（波本）、Rum（蘭姆）、Sherry（雪莉）等酒之酒桶，或者白橡木桶，與蘇格蘭威士忌一樣必須經過3年以上之熟成（外銷美國的威士忌則配合美國法令，熟成4年以上）。

依上述方式釀製而成的愛爾蘭威士忌就稱作Irish Straight Whisky。比起蘇格蘭的單一純麥芽威士忌，在口感上要來得圓潤順暢，不過在威士忌中仍算是相當濃烈。

當清淡的風潮開始流行之際，愛爾蘭威士忌亦從1970年開始採用穀類蒸餾酒來混調，因而有愛爾蘭調和威士忌（Irish Blended Whisky）之登場。

與蘇格蘭的調配威士忌比較起來，由於不具煙燻味而顯得格外清爽並大受歡迎，然而它在全世界的威士忌市場中卻只佔有極小部分。

現在的蒸餾廠除了1960～1970年代成立的Irish Distillery Group（簡稱I.D.G.）所擁有的在島嶼北方的Bushmills以及在島嶼南端之Cork州之近代化的Midleton兩家之外，第3家蒸餾廠為1987年Dundalk公司所開設的Cooly蒸餾廠，自1992年起獨立門戶。

5　美國威士忌（American Whisky）

美國威士忌的歷史

美國的蒸餾酒歷史，起始於英國正式進行殖民地的開墾不久之後，可回溯至1600年代初期。1620年，搭乘五月花號抵達麻薩諸塞州鱈魚岬（Cape Cod）的清教徒先驅們，亦在船上載滿了酒。這些移民們雖然利用水果及穀物來釀酒，然而最初的蒸餾酒卻並非穀物酒，而是以水果等為原料之白蘭地（Apple Jack等等），或者由加勒比海群島所生產之砂糖副產品糖蜜所釀造之蘭姆酒，並與所謂的奴隸販賣形成著名的三角貿易。

1808年隨著奴隸販賣之禁止，穀物酒也取代蘭姆酒成為主角。當時除了穀物生產過剩之外，還有其他種種問題存在，於是以穀物為原料的酒類釀造便以賓夕法尼亞州（Pennsylvania）為中心開始發展。

擁有威士忌蒸餾技術的愛爾蘭及蘇格蘭移民大多居住在賓夕法尼亞州及維吉尼亞州，而他們從18世紀起便開始在當地種植黑麥，釀造黑麥威士忌。

1775年獨立戰爭爆發。與英軍苦戰的結果，美國雖然好不容易獲得勝利，然而企圖重整戰後經濟的政府，卻強行對他們釀造的威士忌進行課稅。

此舉引發蒸餾業者猛烈反彈，並發展為歷史上的重大事件（即美國獨立後第一起的民眾起義事件「The Whisky Rebellion；威士忌暴動事件」）。

暴動後來在軍隊的介入之下逐漸平息，不過堅決不願繳納稅金的一部分蒸餾業也朝著賓夕法尼亞州及維吉尼亞州內陸，或者向西往肯塔基、印地安納、以及田納西等地遷移。

在此之前，於賓夕法尼亞等東部州郡所釀造的威士忌都是以黑麥或大麥

為原料，來到肯塔基州的業者卻發現玉米更加適合，因此向來以黑麥或大麥釀酒的蒸餾業者，不以玉米為黑麥之輔助，而把玉米當成主要的釀酒原料。

1785年，居住在當時仍是維吉尼亞州一部分之喬治城的牧師以利亞‧克瑞格（Elijah Craig），在蒸餾酒的時候偶然發現，以內側烤焦的木桶所貯藏的威士忌，在色澤及風味上都更加出色。傳說這就是波本威士忌（Bourbon）的起源。關於此事之說雖然還有其他2、3種版本，但都無確實的證據，僅屬傳說，不過波本威士忌誕生於18世紀後半到19世紀之間卻是的的確確之事。

1865年，南北戰爭結束，北部資金開始朝南流入。在美國經濟急速發展下，威士忌釀造也開始使用連續式蒸餾機提高生產量。Jack Daniel's、Brown-Forman、Ancient Age等幾個知名品牌，都在此時相繼創業。

為這一波威士忌的發展踩下煞車的就是惡名昭彰的「禁酒令」。「禁酒令」於1920年1月開始實施。這個法令的背景是來自於對德系移民進入釀酒界之反彈，以及殖民地時代以來根深蒂固的清教徒主義、女性的發言力量日益強大，然而結果卻助長了黑幫勢力，令他們得以藉由私釀、私賣之龐大利益不斷擴展，完全達不到抑制飲酒之效力。不過在這段期間，各式雞尾酒也逐漸普及，因而造就了美國獨特的飲酒文化。

在禁酒令實施的期間，私釀業者由於都在月光之下進行私釀，所以私釀業者便被稱為「Moonshiner」，而私釀的酒也被稱為「Moonshine」。

禁酒令廢除之後，威士忌業界在相當短的時間內回復原貌，而蒸餾方法也改採效率較佳之連續式蒸餾機，單式蒸餾機幾乎完全消失無蹤。

美國的威士忌不只在蒸餾法上，就連熟成方法亦獨樹一格，所以類型與蘇格蘭威士忌或愛爾蘭威士忌完全不同。

越戰結束後，由於回歸自然與健康之議題越來越受關注，葡萄酒風潮興起，而造成威士忌需求量之滑落。儘管威士忌的成長從1980年代開始便輸給了所謂Hard Liquor的白色蒸餾酒，不過在進入1990年代之後，波本威士忌的人氣似乎有以加州為中心慢慢回復之勢。

美國威士忌的定義

　　美國對於威士忌的定義是「以穀物為原料，在酒精濃度不滿95%的條件下蒸餾之後，以橡木桶熟成，裝瓶時酒精濃度須在40度以上之物」。另外，蒸餾度數若高於95%以上的話，即使原料相同亦稱為穀類蒸餾酒（Federal Alcohol Administration Regulation，美國聯邦酒精法）。

美國威士忌的種類及製法

（1）純威士忌（Straight Whisky）

　　所謂純威士忌，指的是在酒精濃度80度以內進行蒸餾，除玉米威士忌之外，置於內側燒烤（Char）過之白橡木新桶中熟成至少2年。木桶內側燒烤後能激發出純威士忌獨特的強烈個性，產生出華麗香醇風味。純威士忌的產量大約佔美國威士忌總產量的一半左右，而這當中幾乎都是純波本威士忌。

　　①純波本威士忌（Straight Bourbon Whisky）

　　波本之語源，來自於法語之波本（Bourbon）王朝。18世紀，法國因殖民地問題與英國形成對立，並點燃了獨立戰爭之導火線。那個時候，法國國王路易16世亦曾派兵支援獨立派，加入與美英之間的戰爭。

　　獨立後美利堅合眾國有感於法王之支持，因此以路易國王之王朝名稱

威士忌的種類

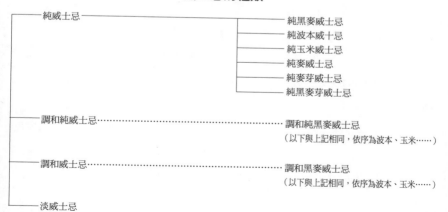

「波本」為肯塔基州之地方命名，創立波本郡。今日的波本郡範圍比當時縮小許多，不過仍以肯塔基州之一郡保留至今，波本也成為威士忌的名稱。

純波本威士忌，根據1964年製定的聯邦酒精法，須符合以下幾個條件。

用於原料之穀物，玉米須佔51%以上（用量在80%以上者則歸類於玉米威士忌），以內側燒烤過之白橡木新桶熟成最少2年以上。除此之外，必須在160 Proof以下（美規酒精強度160，相當於80度）進行蒸餾，並於125 Proof（62.5度）以下熟成，且出售時要在80 Proof（40度）以上。

另外，在某些標籤上亦可發現「Bottled in Bond，保稅威士忌」之字樣。這是依據1894年所製定之「保稅法」而來的標示，指的是酒精濃度100 Proof（50度）之威士忌在保稅倉庫中進行裝瓶的情況下，直到出貨為止的酒稅可延遲支付之事。這種威士忌必須熟成4年以上。

製法是將玉米及其他穀物磨碎，加水（從一種名為Limestone之石灰岩層所湧出之水），再加入麥芽製成Mash（酒醪）。在Mash中加入酵母進行發酵。待發酵完畢即可得到含酒精成分約8～10%俗稱Beer之發酵液。此過程稱Sweet-Mash發酵法。另有一種被稱為Sour-Mash之發酵法。

Sour-Mash發酵法的發明者是來自於蘇格蘭之移民、Old Crow酒廠創辦人詹姆士・克羅。其作法可分為在培養酵母之初期令乳酸菌成長、降低pH值、抑制雜菌繁殖的方法，以及在糖化的過程中加進老酵母（經一度蒸餾、將酒精成分分離之蒸餾殘液）發酵的方法二種。

二者皆可令威士忌的風味均勻，增添味道深度。採用名為Whisky Still或Beer Still的連續式蒸餾機加上Doubler蒸餾機所組成之機器蒸餾。由於在64～70%之低度數下進行蒸餾，因此副成分多，也是特有之華麗香味來源。

蒸餾完成之後，必須置於內側充分燒烤過之白橡木新桶中熟成。內側燒烤過的木桶能讓威士忌形成獨特的偏紅色澤。大約8成的純波本威士忌都出產於肯塔基州，其次則以印地安納州居多。

※田納西威士忌（Tennessee Whisky）

美國威士忌的分類表

威士忌種類	原料	蒸餾酒精度數	貯藏桶	熟成年數
威士忌	穀類	未滿95%	橡木桶	——
純波本威士忌	使用51%以上之玉米	80%以下	內側燒烤過之橡木新桶	2年以上
純黑麥威士忌	使用51%以上之黑麥	80%以下	內側燒烤過之橡木新桶	2年以上
純玉米威士忌	使用80%以上之玉米	80%以下	再利用之橡木桶或內側燒烤過之橡木新桶	2年以上
淡威士忌	穀類	80%以上未滿95%	再利用之橡木桶或內側燒烤過之橡木新桶	——
調和威士忌	純威士忌的含量在20%以上之威士忌（主要為淡威士忌），或加入中性酒精混合之物			

　　這是一種在田納西州生產的威士忌。法律上雖然亦屬純波本威士忌，但由於其特殊的製法及風味而得此名。將砂糖楓（Sugar Maple）製成的木炭細細敲碎，裝進深度達3.6m的過濾用大木桶中，再把剛蒸餾出來的純波本威士忌原酒倒進來，一滴一滴費時過濾。這種作法不只能將雜醇油（fusel）去除掉，還能接受到來自於砂糖楓木炭之風味，形成一股香醇柔和的風味。這個過程就叫做Charcoal Mellowing。

　　②純黑麥威士忌（Straight Rye Whisky）

　　美國的威士忌歷史，起始於東部賓夕法尼亞州以黑麥為主體之威士忌釀造。換句話說，黑麥威士忌的歷史要比波本威士忌來得久遠。其特徵是擁有比波本威士忌更深邃的濃郁口感以及獨特的芳香氣味。

　　以51%以上的黑麥為料，在酒精度80度以下進行蒸餾，然後置於內側燒

烤過的白橡木新桶中熟成2年以上，製法與波本威士忌幾乎完全相同。

③純玉米威士忌（Straight Corn Whisky）

原料之中，玉米的使用量佔了80%以上。熟成時與波本威士忌等不同，採用的是舊桶或是未經燒烤過的新桶。一般而言，比波本威士忌殘留了更多玉米之特性，以風味柔和為其特徵。

（2）調和純威士忌（Blended Straight Whisky）

以各種純威士忌混合調配而成之威士忌。

（3）調和威士忌（Blended Whisky）

在美國同波本威士忌一樣受歡迎。加拿大開發，禁酒令解除後開始普及於美國市場。口感清爽，極具人氣。純威士忌含量在20%以上（以酒精強度100 Proof（或50度）為基準來換算），加上其他威士忌或蒸餾酒混合而成。

（4）淡威士忌（Light Whisky）

在酒精度為80度以上未滿95度的情況下蒸餾，完成後置於未經燒烤的木桶（新舊皆可）熟成之威士忌。所謂的調和淡威士忌（Blended Light Whisky），指的是使用20%以下的純威士忌，其餘均為淡威士忌之酒類。

這是近年來在口味清淡化的風潮當中所產生的一種威士忌。

6　加拿大威士忌（Canadian Whisky）

加拿大的威士忌釀造開始於美國的獨立戰爭之後。獨立戰爭爆發之時，反對獨立的英系農民紛紛移民到北方的加拿大，開始在當地生產穀物。

後來，魁北克及蒙特婁的穀物生產過剩，為了處理過剩的物資，製粉廠於是開始生產蒸餾酒，許多製粉業者紛紛轉行成為蒸餾業者。這就是加拿大威士忌的誕生背景。進入19世紀後半，以黑麥為原料的重口味威士忌，開始隨著連續式蒸餾機的導入及大量改用玉米，而變成清淡型的威士忌。

加拿大威士忌的發展是在進入20世紀之際，從大都會之多倫多、蒙特婁、渥太華一帶，到伊利湖、安大略湖以及聖羅倫斯運沿岸到處可見蒸餾廠

林立。之後因為美國所頒佈之禁酒令，而扮演起美國的威士忌倉庫之角色。

　　在禁酒令廢除之後，由於美國的威士忌無法立刻進入市場，於是加拿大便趁此空檔大舉進入美國市場，而穩固地確立了地盤。

　　加拿大威士忌是加拿大所生產的威士忌之總稱，在世界5大威士忌之中，屬於口感最為清爽溫和的一種。一般而言大多使用玉米、黑麥、大麥麥芽等3種原料製成，其中黑麥的使用比例若在51％以上的話，標籤上就必須標示出「Rye Whisky（黑麥威士忌）」之字樣。

世界的威士忌（依釀造法之差異分類）

威士忌種類	原　　料	蒸餾法	蒸餾度數	特　　徵
★蘇格蘭 麥芽威士忌 穀類威士忌	煙燻過的麥芽 玉米、麥芽	單式2次 連續式	65～70 94～95	有單一純麥芽威士忌及調和威士忌之分。 由於蒸餾廠數量眾多，因此具有寬廣的個性變化。煙燻風味強烈，帶有酯類的華麗香氣以及濃烈厚重之口感。
★愛爾蘭 純威士忌 穀類威士忌	麥芽、大麥 玉米、麥芽	單式3次 連續式	80～85 94～95	從前相當以純威士忌為主體，大多相當濃烈厚重，最近則轉變為以穀類威士忌調和之清淡風味。完全沒有煙燻味，以穀物之溫和風味為特徵。
★美國 純波本威士忌 黑麥威士忌 穀類威士忌	玉米、麥芽 黑麥	連續式 （Doubler） 連續式 連續式	80以下 80～85 94～95	由於以內面充分燒烤過的新桶貯藏熟成，所以帶有橡木之香氣及酯類的華麗香氣，整體而言強、重、且富有個性。
★加拿大 調味威士忌 基酒威士忌	黑麥、玉米 麥芽 玉米、黑麥 麥芽	連續式→單式 連續式	84 94～95	風味之清爽度居5大威士忌之冠。由於在黑麥原酒中加進清澈的穀類威士忌混合，因此以清淡、順口為特徵。
★日本 麥芽威士忌 穀類威士忌	煙燻過的麥芽 玉米、麥芽	單式2次 連續式	65～70 94～95	製法秉持蘇格蘭流派，但減少了煙燻風味，與蘇格蘭威士忌比較起來顯得香醇溫和、平衡感亦佳，十分和諧。

加拿大威士忌的定義是「以穀物為原料，經酵母發酵，在加拿大進行蒸餾，最少熟成3年（680公升以下）之物」，比起美國法令要寬鬆了許多。

加拿大威士忌的一般製法特徵，就在於它是利用以黑麥為主體氣味芳香之調味威士忌（Flavoring Whisky），加上以玉米為主體與穀類威士忌接近的基酒威士忌（Base Whisky）所調配而成的這一點。

調味威士忌（Flavoring Whisky）

以黑麥為主要原料，加入玉米或大麥麥芽發酵之後，以連續式蒸餾機進行蒸餾。完成時再進一步以單式蒸餾機、或1塔式連續式蒸餾機蒸餾，萃取出酒精濃度為84％之香氣濃郁的威士忌原酒。

基酒威士忌（Base Whisky）

以玉米為主要原料，加入少量大麥麥芽糖化、發酵之後，再以3塔式以上的連續式蒸餾機萃取出酒精濃度在94～95％接近純粹之酒精。它與穀類威士忌一樣並無特殊味道，香氣也比較淡。

將這兩種威士忌貯藏在180公升以下的小型木桶中熟成之後，便可混合調配。儘管風味因材料、製法以及熟成而有所差異，但仍舊屬於能夠輕快暢飲、容易被接受之淡威士忌。

7　威士忌與大企業（巨大資本體系）

自從1980年代後半開始，世界上的酒類製造商之間與知名品牌的合作、合併、收購之動作越來越頻繁。這是為了達成販賣、流通之綜合化，確保在市場上的競爭力之故。結果便促成了英國、美國、法國等巨大酒類資本之系統化。這就是俗稱的合縱連橫。

在那之後，雖然還有許許多多的合併、整合一再上演，不過在1999年的現在，全世界的酒類販賣相關之巨大企業大致如下。

DIAGEO（1999年在I.D.V.與UD合併之後，更改企業名稱）

Seagram

Allied-Domecq（1994年Allied-Lions掌握住Pedro-Domecq之經營
權，並將企業更名為Allied-Domecq）

Soyuzplodoimport

Pernord Richard

Suntory

Bacardi Martini

Brown-Forman

Louis Vuitton Moet Hennessy（LVMH）

Remy Cointreau

American Brands

DIAGEO

1999年，總部設於倫敦之金字塔型聯合企業集團Grand Metropolitan的葡萄酒及蒸餾酒部門之子公司I.D.V.（International Distillers & Vintners）與英國Guinness公司釀造酒部門中的酒類・食品公司UD（United Distillers）達成合併，成為世界最大之大企業。

I.D.V.的核心為1962年所合併的J&B之Justerini & Brooks以及Gilbey Gin之W&A Gilbey公司。它在1986年收購了D.C.L.之後便大有進展，與Bell公司及U.D.G.（United Distillers Group）所組成的UD合併之後，更是一口氣成為對蘇格蘭威士忌之生產、流通，尤其對大多數麥芽威士忌原酒之供應握有重大影響力之大型企業。

透過二大企業之合併，不只在威士忌市場，在葡萄酒市場或與其他酒商（例如LVMH等）的合作關係之下，DIAGEO在世界市場上的佔有率可說已具有壓倒性之力量。代表性的威士忌品牌有White Horse、Black & White、Old Parr、Johnnie Walker、Bell、J&B、Singleton、JW Dant、Old Charter、Black Velvet等等。

無色蒸餾酒之品牌有Gordon、Tanqueray、Gilbey、Smirnoff、Popov

等，而利口酒則有Baileys' Original Irish Cream以及Malibu等等。葡萄酒方面亦有Cinzano及加州的Almaden等等加入旗下。

Allied-Domecq

1994年9月收購西班牙及墨西哥最大的蒸餾酒商Pedro-Domecq公司，並趁機將企業名稱由Allied Lions改為Allied-Domecq。

Allied Lions原本是由啤酒部分之Allied Breweries、葡萄酒‧蒸餾酒部分的之Hiram Walker Allied Vintners、以及食品之J Lions三家公司所組成的，在這次的收購行動之後，一躍成為第三大的酒類大企業。

主要品牌包括Teachers、Long John、Ballantine、Ambassador、Canadian Club等各式威士忌，以及白蘭地之Courvoisier，蒸餾酒之Beefeater，利口酒之Tia Maria、Kahlua，雪莉酒之Harvey等。

Seagram

原本為酒類郵購業者的Seagram，隨著加拿大威士忌的發展而跨足酒類製造及販賣事業，因而奠定了今日之基礎。Seagram的收購、出售動作開始於進入1980年代之際，企圖藉由將集團內之生產合理化、整頓流通管道、將有力品牌集中化等改革，積極地在世界的市場上發展。

主要品牌以The Glenlivet、The Glen Grant、Chivas Regal、Passport、7 Crown、Crown Royal等等之威士忌為首，包括蘭姆酒之Ronrico、Myer's、Captain Morgan，以及干邑白蘭地之Martel等等。另外，它與I.D.V.在東南亞地區亦締結了合作關係。

Bacardi Martini

1979年以來，在美國烈酒業界握有強大勢力的Bacardi公司與義大利葡萄酒製造商Martini & Rossi合併而誕生。品牌雖然有限，但各種Bacardi蘭姆酒之販賣數量及銷售金額，卻不斷地將該公司的發展推向大型企業。

American Brands

菸草公司起家的American Brands，是個同時跨足食品及酒類業界的美

國大企業。是美國在健康意識高漲之後，從菸草轉向其他行業的企業之一。

集團內的酒類部門除了Jim Beam這個品牌之外，尚有1987年吸收的National Distillers。

代表性的品牌包括波本威士忌之Jim Beam、Old Crow、Old Grand-Dad，加拿大威士忌之Windsor Supreme、Alberta Springs，伏特加之Kamchatka等，主要以北美大陸的品牌為中心。

Pernord Ricard

這是在1975年由花草類利口酒的二大品牌Pernord與Ricard合併組成之法國綜合酒類企業。

旗下公司包括了Austin Nichols，以及1988年吸收的Irish Distillers Group（I.D.G.），所經營的品牌亦有法國的Pernord、Ricard、Biskey、Montesquiou、Cusenier，以及美國的Wild Turkey等等。

Brown-Forman

僅次於Seagram，為美國排行第二的大企業。與其他企業最大的差異在於Brown家族握有經營權，品牌數量也非常少，市場幾乎集中在北美洲。

主要品牌以最初產品之Old Forester為首，包括Canadian Mist、Jack Daniel、Early Times，以及標示著Small Batch（少量生產）Bourbon以重現最高品質為概念而生產的Woodford Reserve等。除此之外，尚有利口酒之Southern Comfort，而葡萄酒亦有來自於加州的Fetzer、Korbel（Sparkling Wine），以及位於海外義大利Veneto州的Bolla等品牌。

Louis Vuitton Moet Hennessy（LVMH）

自從1999年買下波爾多的Chateau d'Yquem，LVMH便一躍成為世界性的大企業而倍受矚目。除了酒類之外，旗下事業體系亦涵蓋流通（百貨業等等）、化粧品、時尚服飾等領域，相當廣泛。代表性品牌以前述的d'Yquem為首，包括Moet et Chandon、Pommery、Veuve Clioquot、Krug等等頂尖的香檳，以及白蘭地的Hennessy和Hine等。

VI 白蘭地（Brandy）

1 何謂白蘭地

　　白蘭地是以水果為原料的蒸餾酒總稱。但是，單講「白蘭地」時，就是指由葡萄釀製成葡萄酒，將之蒸餾而成的酒（葡萄白蘭地）。同時也是指在橡木桶裡經過長時間熟成，風味深沉而圓潤的葡萄酒。

　　此外，以葡萄以外的水果為原料時，例如以蘋果為原料釀製成的白蘭地稱作Calvados（法國特定地區生產），也叫Applejack（美國產），以櫻桃為原料釀製成的白蘭地德語稱作Kirschwasser（櫻桃白蘭地），通常都是以白蘭地以外的名稱來稱呼。

　　葡萄有著穀物所沒有的多種香氣與口味成分。這些成分就是讓白蘭地可以發出甘甜水果香或多種複雜細膩、華麗高雅香氣的原因所在。如果說威士忌是「蒸餾酒之王」，那麼白蘭地就是「蒸餾酒女王」。

　　廣義的白蘭地中，可以說最早誕生的還是以葡萄為原料的白蘭地，而且，以產業化生產的白蘭地也是以葡萄為原料製成的。關於白蘭地的起源有各式各樣的傳說，至今仍無法有個定論，據聞最早的白蘭地是由一位西班牙煉金術師將葡萄酒蒸餾而成的。12～13世紀時，西班牙、義大利、德國等地都有留下蒸餾葡萄酒的記錄。被視為白蘭地之祖的西班牙籍煉金術師（也有人說是醫生）——Arnaud de Villeneuve將葡萄酒蒸餾過的酒以拉丁文稱之為「Aqua Vitae」，就是「生命之水」的意思。

　　在14～15世紀時，越過庇里牛斯山脈，傳到法國的雅邑（Armagnac）地方。根據當地Haute-Garonne縣所珍藏的記錄內容，在1411年時，這個地方的人們就已經知道「生命之水」是蒸餾而來的這件事。

　　到了16世紀，法國各地已經廣為蒸餾製酒，在波爾多、巴黎、阿爾薩斯（Alsace）區的Colmar地方，都有留下相關的記錄。後來，在法國各地，將

蒸餾酒的「生命之水」名稱以法國直譯，取名為Eau-de-vie，被當成藥用酒使用。

17世紀時，在干邑（Cognac）地方，白蘭地的生產正式產業化。之所以會演變成這樣，宗教戰爭（1562～1598年）的影響甚大。干邑地方從以前就有生產葡萄酒，宗教戰爭爆發期間，這裡成為主戰場之一，所有葡萄田都荒廢了，再加上嚴寒的氣候侵襲全歐洲，使得葡萄酒的品質大為滑落。

酒精濃度低的葡萄酒不適合長期運送，荷蘭的貿易商於是建議蒸餾葡萄酒，製造成Eau-de-vie來販賣。原本是不得已才製成蒸餾酒的葡萄酒，意外地大獲好評，再加上法國稅制的重新擬定，凡是進口的葡萄酒，不管酒精濃度如何，都針對份量課以重稅。在國內蒸餾製造的話，不僅稅金低，因為量少也方便運送，到了17～18世紀時，在干邑地方，蒸餾酒已經非常普及了。荷蘭貿易商將這些蒸餾酒賣到北歐地區和英國。不過，並不像現在的白蘭地一樣經過長時間的熟成。

當時，干邑地方的人們，除了將蒸餾酒取名為Eau-de-vie外，因為也算是加熱過的葡萄酒，所以又取名為Vin brûlé。荷蘭人則直接翻譯為Brandewijn（加熱的葡萄酒），銷售到各地。市場之一的英國則將這個名稱簡稱為Brandy，就是現在所謂的白蘭地。因此，白蘭地這個名稱本來應該叫做Vin brûlé，也就是「蒸餾葡萄酒製成的酒」的意思，名稱起源就是來自英國。

2　白蘭地的製造作業

（1）原料葡萄

白蘭地所用的葡萄與製造葡萄酒的葡萄相比，前者要選擇糖分少，酸味較強的品種。在法國是選用抗病性強，成熟期較慢，而且酸味不會減少的St.Emilion（也稱為Ugni blanc）、Folle Blanche、Colombard等品種。這些品種可以製造出低酒精濃度的酸味葡萄酒。然而，將這類葡萄酒蒸餾後，它

的特色就變成了超棒的優點。酸味強表示香氣成分多，糖分少表示酒精濃度低，以這些為原料製造出一定份量的白蘭地，需要大量的葡萄酒，葡萄香經過凝聚濃縮，就誕生了香醇的白蘭地。

製造白蘭地所用的葡萄，還有其他各種品種，視每個國家、每個地方的風土特性的不同，採用適當的品種。品種不同，製造出的白蘭地風味當然就不一樣了。所以說，白蘭地的個性在於其原料葡萄身上。

（2）發酵

壓榨原料葡萄時，不要擠榨過度，要輕輕擠榨，盡量榨出清澄的果汁，再置於低溫下慢慢發酵。大部分都是靠沾在葡萄果皮上的酵母開始自然發酵，但有時候也會使用純粹的培養酵母來發酵。跟威士忌一樣，白蘭地在發酵時，會因酵母種類的不同，而產生多種的香味成分。

白蘭地的特徵會隨著酵母種類或發酵狀況而改變。發酵後，酵母會沉澱在葡萄酒底。稱之為「沉澱物」，將葡萄酒的沉澱物去除後再蒸餾或是沒有去除就直接蒸餾，製造出來的白蘭地風味就會不同。

其他還有只用沉澱物製造的白蘭地，像是Marc、Grappa一樣，利用壓榨後的葡萄渣製造的白蘭地，也有利用葡萄乾製造的白蘭地，每一種都各有其特色。發酵結束後，為了避免葡萄酒品質劣化，必須很快就予以蒸餾。

（3）蒸餾

發酵後，利用蒸餾機將葡萄酒蒸餾，不過蒸餾方法不同也會影響白蘭地的特性。

蒸餾方法大致可分為三種。各自以這三種方法或是將這些方法組合併用來蒸餾葡萄酒。

①單式蒸餾法

使用最上部呈圓膨形的蒸餾機。這個被稱為「ALAMBIC」的洋蔥造型機器與威士忌的蒸餾機相比，兩者的端頭形狀不一樣，而且容量也比威士忌蒸餾機小。在干邑地方使用的蒸餾機，以夏朗特型單式蒸餾機（Charente

夏朗特型單式蒸餾機
（Charente Pot Still）

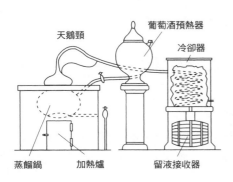

天鵝頸　葡萄酒預熱器　冷卻器
蒸餾鍋　加熱爐　留液接收器

雅邑型連續蒸餾機
（Armagnac Still）

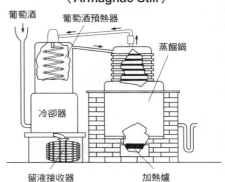

葡萄酒　葡萄酒預熱器　蒸餾鍋
冷卻器
留液接收器　加熱爐

Pot Still）最有名。

　　將葡萄酒放在蒸餾鍋裡加熱，變成蒸氣的葡萄酒會由端頭通過名為「天鵝頸」（Swan Neck）的扭繞細管，通過冷卻器時就被冷卻，流出無色透明的白蘭地原酒。單式蒸餾時，為了製造出高酒精濃度的香醇原酒，必須蒸餾兩次。第二次蒸餾時，最早流出的Head（前留液）和最後留出

連續蒸餾系統

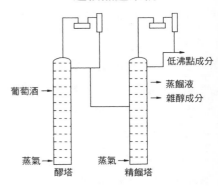

葡萄酒
蒸氣
醪塔
蒸氣
精餾塔
低沸點成分
蒸餾液
雜醇成分

的Tail（後留液）不製成白蘭地，而是倒回葡萄酒裡或初留液裡，再重複蒸餾。只選出香味勻稱，酒精濃度約為70％的Heart（中留液），進行下一階段的熟成作業。這個蒸餾法的重點就是要清楚區分篩選出原留液、中留液和後留液。

　　單式蒸餾法製造出的白蘭地特色就是，有著葡萄酒般的水果香、後勁強烈、氣味濃郁，而且口味非常勻稱。

②半連續式蒸餾法

這是一次蒸餾法。在蒸餾機器上方有個好幾層的精餾棚，將加溫過的葡萄酒從蒸餾鍋上部倒入，予以蒸餾出酒精濃度約55〜60%的白蘭地原酒。這個機型的蒸餾機乃是法國雅邑（Armagnac）地方的傳統機器，所以又稱為「Armagnac Still」。

因為葡萄酒的精餾並不是很徹底，所以製造出的白蘭地很陽剛味、後勁強、氣味獨特。

③連續式蒸餾法

所用的蒸餾機有個由好幾層或數十層的棚架搭成的塔，倒在塔裡的葡萄酒由塔底開始加熱，再於各層棚架裡精餾。越是塔部上方的酒液，酒精濃度越高。這種連續式蒸餾，對著一塔到三塔的蒸餾機連續倒入葡萄酒，製造出白蘭地原酒。雖然在蒸餾時需要小心控制，但確實可以製造出品質安定的酒。製造出的白蘭地散發出淡淡水果香，順口易飲。

（4）儲藏

蒸餾好的白蘭地原酒呈無色透明狀，香氣很嫩，需要再裝進桶裡熟成。威士忌適合使用美國生產的白橡木桶來熟成，白蘭地則是使用法國橡木桶來熟成，尤其是法國中部Limousin、Tronçais、Gascogne所生產的橡木桶更佳，可以蘊釀出勻稱的熟成香味與口味。橡木桶不只是個儲藏容器而已，橡木桶的材質成分對於白蘭地的熟成有極大的影響。尤其是橡木木材所含的多酚物質（Polyphenols）種類，會影響熟成香氣的品質好壞。

通常一個橡木桶可使用二到三次。新的橡木桶能釀出原味強烈的白蘭地，隨著第二次、第三次的使用，氣味漸漸變柔和，變成品味高雅的白蘭地。必須視裝酒的是新橡木桶或是已枯乾的老橡木桶，來仔細設計熟成方法，才可以蘊釀出優質的白蘭地。

在溫度變化少、低溫且濕度適中的儲藏庫中予以熟成。隨著蒸餾後的粗糙現象漸漸消失，會產生芳香與溫潤口感，顏色也呈現美麗的琥珀色。

（5）調和（Blend）

調和的階段，決定了白蘭地最後的特色個性。因葡萄品種不同、蒸餾法不同、儲藏方式的不同，每一個過程中的差異造就了擁有各式各樣特性的白蘭地。可是，這樣的白蘭地單單只是一種素材而已。以白蘭地為素材，加上精湛的調和技術和創造力，便能做出想要的風味。

白蘭地幾乎都是由好幾種類的白蘭地調和而成味道深遠、誘人的酒。

3　干邑白蘭地（Cognac）

干邑地方位於法國西部，就在葡萄酒知名產地波爾多北方。這裡是世界最有名的白蘭地產地，與雅邑（Armagnac）地方並列為兩大白蘭地產地。

這地方的土壤裡富含石灰質，適合栽種糖分少、酸味強的葡萄。不過，這個地方所生產的白蘭地並不是全都以干邑來命名。

法定認可的葡萄品種有Ugni blanc（又稱為St.Emilion）、Folle blanche、Colombard的三種主力品種，再加上Blanc ramé、Jurançon blanc、Sémillon、Montil、Sélect等五品種。但是這五個品種只佔總份量的10%。事實上，干邑白蘭地所用的葡萄原料中，Ugni blanc品種約佔90%。

然而，就算葡萄品種相同，栽種地的土壤不同，香味也會有所差異。在將葡萄製成葡萄酒或白蘭地時，差異就會顯現出來。因此法國政府調查干邑地方土壤的石灰質含有量，並做了其他各種調查，將干邑地方分成六個區域，在這些區域內製造的白蘭地，除了以地名干邑來命名外，也能以該區域名稱來命名。各區域與其所生產的白蘭地特徵如下所述：

①大香檳區（Grande Champagne）

石灰岩成分多的貧瘠土壤，培育出香味醇雅、豐富濃郁的白蘭地。熟成時間長，不過其優點亦能保存得較久。

②小香檳區（Petite Champagne）

土壤性質幾乎與①同，口味敏感細膩，熟成時間比較短。

③邊林區（Borderies）

土壤中的鈣質含量約為①的一半，氣候方面深受大西洋的影響，酒的黏性強，口感豐醇，熟成時間更短。

④優質林區（Fins Bois）

生產的酒口感清新，與上述三區相比，熟成時間更短。

⑤良質林區（Bons Bois）

極普通的土壤，用此區的葡萄釀出的酒，酒質輕薄，一般不用來釀製高級品。

⑥普通林區（Bois Ordinaires）

近海的砂質土壤，酒的優雅度稍嫌不足，通常會加入特價名酒混調。

以上為干邑地方的六個白蘭地生產區域。其中以50％的①的大香檳區所產的原酒，加上②的小香檳區所產的原酒一起混調製成的製品，更被命名為「特優香檳」（Fine Champagne）。

葡萄於秋天採收，釀成酒精濃度7～8％的白葡萄酒。不將沉澱物過濾出來，而是在沉濁的狀態下，由9月1日開始到隔年的3月31日為止，予以蒸餾製造。採用干邑地方特的夏朗特型單式蒸餾機進行兩次的蒸餾，取得溫度在72度以下的蒸餾液。然後再用Limousin或Troncais生產的白橡木做成的容量300公升的橡木桶來裝蒸餾液，讓它慢慢熟成。

白蘭地和威士忌一樣，熟成過程所蘊釀出的香味就是酒的生命，所以熟成年數具有重要的意義。在干邑地方以Compte為單位來標示熟成的年數。所有白蘭地的蒸餾結束日自4月1日（葡萄採收期後約半年時間）開始計算，到第二年的3月31日為止，Compte為0，到第三年的3月31日為止，Compte為1，以後每多1年Compte的數值就再往前進階。

全國干邑事務局（Bureau National Interprofessional du Cognac,簡稱B.N.I.C.）規定，已經產品化的干邑白蘭地，不能使用Compte未滿2的原酒。

此外，混合的原酒中，以酒齡最年輕者來做基準，有以下的標示方式：

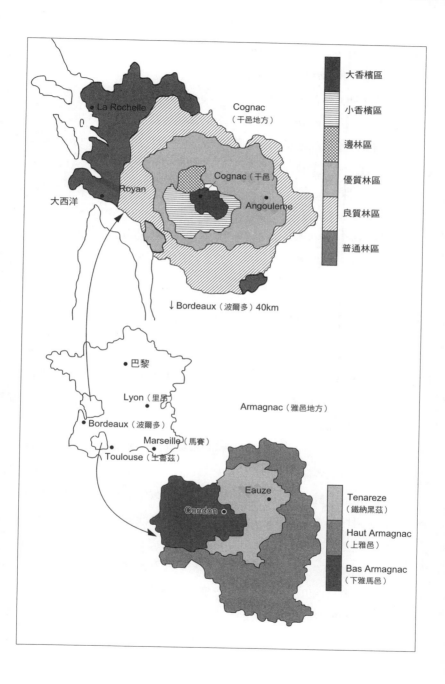

大香檳區
小香檳區
邊林區
優質林區
良質林區
普通林區

La Rochelle

Cognac（干邑地方）

Cognac（干邑）

Royan

Angouleme

大西洋

↓ Bordeaux（波爾多）40km

巴黎

Lyon（里昂）

Bordeaux（波爾多）

Marseille（馬賽）

Toulouse（土喜茲）

Armagnac（雅邑地方）

Eauze

Condon

Tenareze（鐵納黑茲）

Haut Armagnac（上雅邑）

Bas Armagnac（下雅馬邑）

☆☆☆（3星）……Compte 2

V.S.O.P., Réserve……Compte 4以上

X.O., EXTRA, NAPOLEON……Compte 6以上

V.S.O.P乃是Very Superior Old Pale的簡稱，X.O.是Extra Old的簡稱。

干邑白蘭地被商品化時，會隨著酒的品牌所欲呈現的形象而混合多種酒齡的原酒。就算標籤的標示為V.S.O.P.，內容也有可能混合了NAPOLEON級的老酒，這種情況下，平均熟成年數會變多，但無法計算出「平均年數」。一般規定的標示方式，是混合原酒中酒齡最輕者的Compte數值。

在干邑地方，具有混合製酒技術的業者（Negociant）約有240家，其中有150家還承包出口業務。這150家公司中，優良業者的干邑白蘭地幾乎都是輸出到日本。

4　雅邑白蘭地（Armagnac）

位於波爾多南方，從前屬於Gascogne地方的一部分，現在則為橫跨Gers縣、Landes縣、Lot-et-Garonne縣的葡萄酒產地。製造白蘭地的歷史比干邑地方更早。蒸餾酒歷史是從南歐開始的，所以蒸餾技術當然也是先流傳到位於干邑南方的雅邑地方。

雅邑白蘭地與干邑白蘭地一樣，在17世紀時成為外國皆知的名酒，這當然也是荷蘭貿易商的傑作。荷蘭人用船將Gascogne地方生產的酒，利用加倫河（Garonne）經由波爾多運到荷蘭。波爾多的業者為了保護他們的市場，規定利用加倫河來往的船只能運載波爾多以外地區生產的葡萄酒。但是對於白蘭地並沒有這樣的規定，荷蘭貿易商利用這一點，就開始在雅邑地方買白蘭地，然後再運往國外販賣。因此，雅邑地方才會變得如此知名。

現今雅邑白蘭地也跟干邑白蘭地一樣，受到原產地名稱管理法嚴格的管理。雅邑白蘭地所用的主要葡萄品種中，約80％是Ugni blanc（St.Emilion）品種，其他品種則是Folle blanche、Colombard、巴柯22A（Folle blanche

×美國諾亞品種）。由這些葡萄製造出酒精度數9的白葡萄酒，不將沉澱物濾出而直接蒸餾。

使用當地傳統的雅邑型「ALAMBIC」半連續式蒸餾機，蒸餾出酒精濃度55度左右的新酒，然後再予以熟成。自1972年以後，使用干邑白蘭地所用的夏朗特型單式蒸餾機進行兩次蒸餾的方法也獲得認可。在同一時期，雅邑型蒸餾機也進行改良，可以蒸餾出較過去酒精濃度高的60～70度的新酒。現在約有85％的製品都是採用雅邑型蒸餾機蒸餾而成，使用夏朗特型單式蒸餾機經過兩次蒸餾製成的新酒並無法單獨產品化，全部都必須混合後，再經過熟成製出成品。蒸餾期間是到採收後的隔年3月31日為止。

熟成用的橡木桶，是以Gascogne產的黑橡木製成容量400公升的橡木桶。熟成後的白蘭地是經過混合後再製成成品，但標籤上所記載的V.S.O.P., NAPOLEON等的標示基準乃是根據干邑白蘭地的標準來標示。

和干邑白蘭地一樣，根據原產地名稱統制法，將雅邑地方再區分為三，只有這些區域生產的雅邑白蘭地被認可用區域名來稱呼。這三個地區為：

（1）下雅邑區（Bas-Armagnac）

「Bas」是低地平原的意思。泥土主要是黏土，屬於有砂地混雜的土壤性質。此區葡萄釀的酒有李子香，口味纖細高雅，為品質極優的白蘭地。

（2）鐵納黑茲區（Tênarèze）

黏土與白堊質土混合的緩坡地區。此區葡萄釀的酒黏性強，香氣濃，與下雅邑區的白蘭地混合的話，能混釀出口感勻稱的白蘭地。

（3）上雅邑區（Haut-Armagnac）

白堊質土壤最適合栽種葡萄，這地區的面積是最廣大的。栽培的葡萄品種主要是Colombard品種，釀成的葡萄酒主要當作餐桌酒使用，僅有少數拿來釀成白蘭地。此區葡萄釀製成的白蘭地口味很清淡溫和。

雅邑白蘭地的特色就像饒富野性的壯碩男子漢一般，口味強烈，有人以「火在喉嚨裡跳舞」來形容。

在干邑地方，並不允許單年度白蘭地以年號來標示，但在雅邑地方，單年度白蘭地卻是可以用年號來標示。

5　法國白蘭地（French Brandy）

不是以干邑或雅邑命名的葡萄白蘭地，一律統稱為「法國白蘭地」。主要是以連續式蒸餾機蒸餾，熟成時間短，口味比較清淡。主要產地是干邑周邊和Bonpierre、羅亞爾河南部地區。葡萄的品種大都是Folle blanche品種，也有Colombard、Ugni blanc（St.Emilion）、Jurancon blanc等品種。

最近的法國白蘭地大多是與正品的干邑白蘭地或雅邑白蘭地的原酒調和的產品，以較低廉的價格販售。

6　其他法國生產的葡萄白蘭地

在法國地區，除了前述的白蘭地，還有以國內知名葡萄酒產地剩下的葡萄酒或葡萄酒沉澱物蒸餾而成的白蘭地。根據1941年1月13日實施的規制法（Appellation Réglementée，簡稱A.R.法），將這12個產地的法國白蘭地統稱為「Eau-de-vie de vin」。其中品質好的地區生產的白蘭地又稱之為「Fine」（精製的意思）。最具代表性的就是「Fine de Bourgogne（勃根地）」和「Fine de Marne」。

此外，以知名葡萄酒產地的葡萄酒殘渣製成的白蘭地（所謂的渣釀酒），根據A.R.法，有13個生產地是被認可的，稱之為「Eau-de-vie de marc」。其他有的是以產地命名，勃根地生產和香檳區生產的葡萄以及亞爾薩斯（Alsace）生產的Gewurztraminer品種葡萄釀製的白蘭地都很不錯。主要都是以單式蒸餾機蒸餾原液，再以橡木桶熟成製成商品。不過，亞爾薩斯產的Gewurztraminer品種葡萄酒則避免再以橡木桶熟成。

7　其他國家的葡萄白蘭地

德國

　　在德國，葡萄酒的需求量遠比生產量多，所以白蘭地製造業者都是由義大利、法國、西班牙等的歐洲各國進口葡萄酒原料，再予以蒸餾釀製成白蘭地。當做原料的葡萄酒稱之為Vin viner（加了酒精的葡萄酒），由產地進口加了白蘭地的葡萄酒。再以單式蒸餾法和連續式蒸餾法兩種方法蒸餾，熟成時間至少為6個月。熟成時間在一年以上的白蘭地，會有「Uralt」的標示。

　　過去德國白蘭地的代表者就是，Asbach公司的創立人Hugo Asbach於1905年開始販售的德國白蘭地，以「Weinbrand」的商標登錄，自1971年以後，就變成德國白蘭地的正式名稱。

　　德國白蘭地一般而言較為清淡，並帶有些微的甜味。

義大利

　　義大利白蘭地大致可分為兩類。一是國內各地生產的葡萄酒為原料，以單式蒸餾法和連續式蒸餾法併用蒸餾出原液，然後放進Limousin產橡木桶或東歐產的橡木桶裡，熟成三年以上釀成的白蘭地。它有德國白蘭地的清淡感與西班牙白蘭地的芳醇，帶有淡淡甜味。第二種就是以被稱為「Grappa」的葡萄酒殘渣製成的白蘭地，與法國的Marc酒一樣，為世界聞名的渣釀酒。不過Grappa並不用橡木桶熟成，而是直接蒸餾出無色透明的酒。

　　以前在威尼斯北部有個叫Bassano del Grappa的村子，這裡就是渣釀葡萄酒的特產地，所以取名為「Grappa」。

　　因為酒精濃度高，有股強烈的氣味，所以就有這樣的俗諺流傳，「喝Grappa酒時，絕對要三個人一起去喝」，因為保證會喝到爛醉，這可是前人得到教訓後留給後人的忠告。

西班牙

　　在西班牙，主要都是Sherry（雪莉酒）製造業者在釀製白蘭地。原料大

部份都是La Mancha地方的Airén品種或Palomino品種葡萄製成的葡萄酒，也有使用Cataluña地方的Parellada品種或Tempranillo品種葡萄製成的葡萄酒為原料來釀製白蘭地。通常都採用連續式蒸餾機蒸餾，高級品會採用單式蒸餾機來蒸餾製造。大都使用雪莉酒用的橡木桶來熟成，也有部分製品是以西班牙橡木桶或Limousin橡木桶來熟成。

典型的西班牙白蘭地色濃味醇，口感纖柔是它的特色。在西班牙，以葡萄酒渣釀成的白蘭地稱之為「Aguardiente」。除了可直接飲用，也有人會加入煎過的咖啡豆或檸檬片一起飲用。

美國

美國的白蘭地幾乎都是在加州製造。加州白蘭地的主產地是San Joaquin Valley村，方圓200哩被稱為白蘭地園區（Brandy Land）。

根據加州白蘭地的法規規定，不能使用非加州所栽培的葡萄來釀製白蘭地。不過對於品種並沒有限制，主要的葡萄品種是Thompson seedless種和Flame Tokay種。主要採用連續式蒸餾機來蒸餾，近來與單式蒸餾法（干邑式）蒸餾出的酒調和製酒，或100％的單式蒸餾製品亦有增多趨勢。以美國生產的白橡木桶或Bourbon（波本威士忌）的舊橡木桶來熟成，也有一部分是採用法國生產的Limousin橡木桶或Troncais橡木桶來熟成。熟成時間規定至少為兩年以上，成品的酒精度數絕對要在40％以上。

加州白蘭地的特色就是酒質清淡，滑嫩順口，帶有淡淡水果甜味。

日本

日本的白蘭地製造史是從明治26年（1893年）開始的，不過真正的生產製造，應該是昭和10年（1935年）壽屋（現在的SUNTORY）於大阪府的道明寺工廠開始蒸餾製造算起。國產各廠商的工廠裡都有夏朗特型單式蒸餾機，到了昭和30年代（1955年），開始在品質上競爭。日本白蘭地口感清新，有著類似干邑白蘭地的香氣。

8 水果白蘭地

以葡萄以外的水果為原料釀成的白蘭地，一般統稱為「水果白蘭地」。主要產地是法國、德國、瑞士，東歐諸國的產量也很大。

蘋果白蘭地

讓蘋果發酵製成蘋果酒（Cidre），再予以蒸餾，裝入橡木桶裡熟成。主要產地是法國北部和英國、美國。

據說9世紀時，維京族人由北歐來襲，定居在現在的法國北部諾曼地地區時，發現野生蘋果樹結了果實，就拿來製造蘋果酒。有記錄是說在1553年將蘋果酒蒸餾製成白蘭地，但是早在好幾個世紀以前，諾曼地地區的農家就已經在釀製白蘭地了。

在法國，以「Eau-de-vie de cidre」之名稱呼蘋果白蘭地，尤其是優良產地Calvados地區生產的蘋果白蘭地，擁有A.C.的稱呼。「Calvados du Pays d'Auge」A.C.必須以單式蒸餾機蒸餾兩次才行，品質非常優良。「Calvados du Domfrontais」A.C.雖然允許以半連續式蒸餾機來蒸餾，但原料必須有30％以上是Poire（西洋梨的釀造酒）。名為「Calvados」的蘋果白蘭地是以半連續式蒸餾機蒸餾，不過並沒有被列為上述兩地區的A.C.名稱內。關於生產地區，有9個地區是法定區，但只有一處的產品被認可以當地的名稱來命名。

在Calvados周邊地區，都是使用連續式蒸餾機製造白蘭地，允許可以添加酒精釀製。標籤上的標示就是Eau-de-vie de cidre再加上生產地名稱。

櫻桃白蘭地

法國亞爾薩斯地方的南部地區、德國的黑森林、瑞士巴塞爾（Basel）附近的萊茵河及其支流的山谷地區都是櫻桃白蘭地的知名產地，這三個地區也可以說是這三個國家的集合點。原料的櫻桃是野生品種的黑櫻桃，果實雖小但是糖分多。首先將果肉壓碎，再加水放進桶子裡，使其自然發酵。發酵

後再靜置幾個月，然後予以蒸餾。主要是以單式蒸餾機蒸餾。儲藏熟成用的器具是幾乎不會有色素成分滲出的白蠟木桶或是陶器、玻璃製容器。釀製出無色透明，帶有濃醇櫻桃香氣的白蘭地。

在法國，正式的名稱為「Eau-de-vie de cerise」，一般都以「Kirsch」稱之。在法國單以Kirsch稱呼的酒是指以100%櫻桃為原料釀製的白蘭地。「Kirsch de commerce」是指加了適量中性酒精調和的櫻桃酒，香味更持久。此外，「Kirsch fantaisie」的中性酒精添加量更多，也加了香料來補足它的香氣。

在德國，以「Kirschwasser」稱呼。Kirsch就是櫻桃的意思，Wasser本來是「水」的意思，但在這裡是指「酒」，只限用於由原料到壓碎、發酵、蒸餾的過程都採一貫作業的蒸餾酒。如果是以木莓（Himbeere）為原料，再加入中性酒精浸漬蒸餾而成，在酒名上會加上「Geist」的用語。

李子白蘭地

產於法國北部、德國、東歐各國。法國是以黃李為原料，名稱就叫「Eau-de-vie de mirabelle」，尤其是Lorraine地區生產，獲得A.R.認可的「Mirabelle de Lorraine」、使用紫羅蘭李為原料的「Eau-de-vie de questsch」都很知名。這些李子白蘭地都有濃厚的果香，呈無色透明狀。

匈牙利等東歐各國生產的李子白蘭地酒稱為「Slivovitz」，或以類似的名稱來銷售，全部都是以橡木桶儲存熟成的酒，顏色為黃色或褐色，有一股橡木香氣。

其他的水果白蘭地

以木莓（英文名是Raspberry、法文名是Framboise）為原料釀製的無色透明白蘭地，在法國的稱呼是「Eau-de-vie de framboise」，在德國和瑞士則是以「Himbeergeist」稱呼。法國生產，以西洋梨為原料釀製的無色透明白蘭地稱之為「Eau-de-vie de poire」，「Poire Williams」是以品種優良的Williams品種西洋梨為原料釀製的白蘭地。

VII　蒸餾酒（Spirits）

1　琴酒（Gin）

　　琴酒是以穀物為原料，予以糖化、發酵、蒸餾後，再與草根樹皮一起再蒸餾的酒。琴酒是無色透明，清香爽口，讓人回味無窮的辣味酒。

　　廣意的琴酒雖然都是無色透明，但有的則加了甜味飲用起來更容易入口，也有的加了水果的香氣與顏色，製成利口酒。為了與這樣的琴酒做個區別，就將前述無色透明、辣味的琴酒稱之為「Dry Gin」，而這種Dry Gin就是琴酒的主流派，平常單講琴酒時，指的就是這種Dry Gin。

　　琴酒起源於1660年荷蘭萊頓（Leiden）大學的醫學系教授Sylvius博士（本名是Franciscus de la Boë）製作的藥酒。他把當時用來治療殖民地熱病的特效藥，被認為有利尿效果的杜松子（Juniper Berry）浸泡在酒精裡，然後蒸餾，製成利尿劑。後來以杜松子的法文名稱「Genièvre」來命名，以藥酒販售。

　　當時喝蒸餾酒的習慣還不是很普遍，不過全都是用構造簡單的銅壺蒸餾器（Pot Still）來蒸餾，因此蒸餾出的酒雜味多。像杜松子這種有著柔和香味的藥物，基於它的效用，人們都很樂意地把它當成日常酒來飲用，於是就漸漸普遍了。後來就以荷蘭語的名稱「Genever」或「Geneva」來稱呼，從此廣受喜愛，直到今日。

　　1689年，荷蘭的奧蘭治公爵威廉三世繼承英國國王，從此琴酒也流傳到英國，尤其在倫敦地區更是爆發大流行風潮。原來的酒名Genevar也從此簡稱為「Gin（琴酒）」。

　　到了19世紀，隨著連續式蒸餾機的發達，英國的琴酒也改成以這種機器來製造，製造出沒有嗆味的清爽琴酒，口感優雅。從此以後，英國的琴酒就稱之為「British Gin（英國琴酒）」或是冠上主產地名，稱之為「London

Gin（倫敦琴酒）」，與依舊利用銅壺蒸餾器來蒸餾製造的Geneva做區別，發展出另一個派系，直到今天。

今日世界各國皆有琴酒的製造，而其中大半為London Gin類型的Dry Gin。

而渡海來到美國的琴酒，則因作為雞尾酒的基酒而一舉成名，變成全球聞名的酒。「琴酒是由荷蘭人創造出來的，由英國人加以修飾，而由美國人為它封官加爵」一說，正好給琴酒的歷史做了最佳的形容。

Dry Gin

Dry Gin的主要原料是玉米、大麥麥芽，但有時候也會以黑麥為原料。將這些原料發酵後，再以連續式蒸餾機蒸餾出酒精濃度95％以上的穀類蒸餾酒，但如果是製造伏特加的話，通常酒精的濃度會更降低一點。

琴酒這種蒸餾酒，是將杜松子與其他的草根樹皮一起再蒸餾，方法有二。一個作法是將草根樹皮加入蒸餾酒裡，利用銅壺蒸餾器來蒸餾。另一個方法就是在銅壺蒸餾器上方裝了一個被稱為「Gin Head」上下都以鐵絲網圍成的圓筒，將草根樹皮塞在圓筒裡，然後再予以蒸餾，香氣成分隨著蒸餾酒的蒸氣一起被萃取出來。

可萃取出香氣的草根樹皮類，除了杜松子外，還有胡荽、大茴香、香菜、茴香、小豆蔻等的種子，當歸、香菖、甘草、白菖等的根部，再加上檸檬、柳橙的果皮及肉桂的樹皮。不過，關於細微部分，各製造商各有其秘方，不對外公開。至於秘方的差別，就是混合調配出的口味差別。

不過，整體來說，蒸餾出的酒都是香氣清爽、口感清淡、後韻無窮。

荷蘭琴酒（Genever）

不管是從前或現在，荷蘭琴酒主要都是採用銅壺蒸餾器蒸餾的方式。但是近年來也漸漸開始生產Dry Gin了。

不管是Geneva或Genever，在荷蘭以外的國家都稱之為「Geneva」。主要原料是大麥麥芽、玉米、黑麥，一開始就將這些原料混合使用。大麥麥芽

的使用量比Dry Gin多，所以蒸餾出的酒帶有濃郁的麥芽香。

　　將原料的穀物糖化、發酵後，以單式蒸餾機蒸餾2～3次。蒸餾液再加上杜松子或其他的草根樹皮類，再一次以單式蒸餾機蒸餾。製造出的琴酒香味濃郁，帶有麥芽香的稍重口味。因此，不常用來當做雞尾酒的基酒，大都是直接飲用。很多人都喜歡連瓶一起冰涼後再飲用。

　　這一類型的琴酒除了稱呼為Geneva外，亦稱之為「Dutch Geneva」、「Hollands」、「Schiedam」。

其他的琴酒

Steinhäger

　　德國的蒸餾酒，也算是琴酒的一種。因為是位於德國西部Westfalen州的Steinhagen村所生產的酒，就以地名來命名，不過現在其他州也有生產。

　　關於它的製法，首先讓生的杜松子（約含有20％的糖質）發酵，然後再以單式蒸餾機製造出杜松子蒸餾酒。

　　再另外以玉米、大麥麥芽為原料，製造出穀類蒸餾酒，然後與杜松子蒸餾酒混合，再蒸餾一次製成Steinhäger琴酒。因為一開始就先讓杜松子發酵，香味很柔和，口味介於荷蘭琴酒和London Dry Gin之間。通常都是放在冷凍庫裡冰得很涼後，與啤酒一起飲用。

Old Tom Gin（老湯姆琴酒）

　　Dry Gin裡再加2％份量的砂糖，調製成甜味的琴酒。製法基本上與Dry Gin一樣。

　　Old Tom Gin的名稱由來，為18世紀時，在倫敦出現了形狀像貓的琴酒販賣機，將銅板投進貓的嘴巴裡，就會從貓的腳裡跑出一杯甜味琴酒（當時的品質不純，還有雜味，為了更好喝，所以加了糖），因而大受歡迎。故而以公貓（Tomcat）一字為其命名為Old Tom Gin。

　　近年來，因為辣味琴酒廣受全球人士所喜愛，使得老湯姆琴酒的需求量相對減少。如果在雞尾酒調製單裡指定要「Old Tom Gin」的話，現在恐怕

很難買得到。可以使用Dry Gin再加點砂糖或糖漿，然後一起混拌，口感幾乎差不多。

Flavored Gin（加味琴酒）

在琴酒裡，加入水果或特殊香草，讓酒發出香氣。像這類的琴酒就統稱為加味琴酒（Flavored Gin）。最具代表性的有野莓琴酒（Sloe Gin）、檸檬琴酒（Lemon Gin）、柳橙琴酒（Orange Gin）、薄荷琴酒（Mint Gin）、薑汁琴酒（Ginger Gin）等。

這些加味琴酒的製造方法和Dry Gin一樣，取得作為Dry Gin基酒的穀類蒸餾酒之後，以水果或特殊香草來取代杜松子或其他草根樹皮，再加入糖分製成利口酒。

野莓琴酒是將野莓（李子的一種）以浸漬於蒸餾酒中，加入砂糖使其熟成後再過濾的酒，和日本梅酒有異曲同工之妙。檸檬琴酒、柳橙琴酒則是以檸檬皮、柳橙皮等有香氣的食材為主原料，當然也是要加糖釀製。薄荷琴酒帶有薄荷香，薑汁琴酒則帶有薑的香氣，每一款都各有其特色，但全都是加入甜味的酒。

在日本，根據酒稅法，將這些酒全都視為利口酒。

2 伏特加（Vodka）

歷史與語源

伏特加的原料主要為穀物，經過糖化、發酵、蒸餾後，再利用白樺木炭過濾，製造出無怪味的酒。與其他的蒸餾酒相比較為中性，不過絕對不是無味道無氣味的蒸餾酒。伏特加的成分除了乙醇（Athylalkohol）以外，就是水。因此伏特加是可以讓你品嚐到道地乙醇美味的酒。

關於伏特加的製造起源歷史並不清楚。有一說是約在12世紀左右開始，伏特加就被當作是俄羅斯的地方酒，成為農民經常飲用的酒。不過也有一個說法，認為俄羅斯的鄰國波蘭，早在11世紀就已經開始喝伏特加了。

不管怎麼說，伏特加可以說是於12世紀左右，在東歐地區誕生的酒。這麼一來，它的歷史就比威士忌和白蘭地還悠久了，或許可以說是歐洲最早的蒸餾酒。因為在莫斯科公國（1283～1547年）的記錄裡有關於伏特加酒的記載，因此可以確定，在那個年代已經開始飲用伏特加了。不過當時可能不是採用新大陸原產的玉米或馬鈴薯為原料，而是將黑麥啤酒或蜂蜜酒予以蒸餾製成的。然後將蒸餾出的酒取名為Zhiznennia Voda（生命之水）。應該是鍊金術士將蒸餾技術傳到這些地方的。後來Zhiznennia Voda的名稱就被簡稱為Voda（水），到了16世紀，從伊梵雷帝的時期開始，就一直沿用Vodka（伏特加）這個名稱了。

17～18世紀的伏特加，也是以黑麥為主要原料，不過到了18世紀後半期以後，也開始以玉米或馬鈴薯為原料釀製。

1810年，聖彼得堡的藥劑師Theodore Lowitz發現炭有吸附等的活性作用，而最早利用活性炭來製造伏特加的人是Pyotr Smirnoff。從此以後，就利用活性炭來過濾伏特加，確立了伏特加「無怪味的酒」的特色。到了19世紀後半期，導入連續式蒸餾機，讓酒質變得更中性、清爽，也就是今天喝的伏特加。在19世紀的蘇俄帝國時代，伏特加廣為民間所飲用，據說政府的稅收中，約有三成是來自伏特加的酒稅。

1917年蘇聯革命，帝國瓦解後，伏特加才流傳到西歐各國。最早在西歐製造伏特加酒的人就是，在革命期間流亡到西歐的白俄羅斯人Vladimir Smirnoff，他在巴黎從事小規模伏特加酒製造事業。後來美國禁酒法解禁，伏特加也廣為流傳到美國，第二次世界大戰後，日本也開始製造伏特加。

伏特加以其中性的特色，成為最理想的雞尾酒基酒，因而廣為全世界所使用。

伏特加的製造方法

伏特加的主原料是玉米、大麥、小麥、黑麥等穀物，在北歐或俄羅斯的部分寒冷地區，則以馬鈴薯為原料製造。將這些原料糖化、發酵後，以連續

式蒸餾機蒸餾出酒精濃度在85～96度的穀類蒸餾酒。再以水稀釋，調製成酒精濃度40～60度的原液，然後用白樺炭層過濾，便成為伏特加酒。酒精濃度在40度的伏特加為市場的主流。

伏特加特色的決定關鍵，在於作為基酒的蒸餾酒製造過程以及白樺炭的過濾時間長短。以白樺炭過濾，主要是要除去蒸餾酒的刺激成分，蘊釀出清淡的芳香。炭會釋放出鹼離子（Alkali Ion）成分，促進酒精與水的結合，讓口味更柔和。

至於當基底的蒸餾酒，因為能如前述般蒸餾成高酒精濃度的原液，所以原料的不同不太會影響成品的品質。因此，在美國地區，就算原料不是穀類，只要將中性蒸餾酒（酒精濃度在95度以上的蒸餾酒）以活性炭處理過後，將特色、香味、氣味、顏色都去除的酒，就當作是伏特加使用。

此外，歐盟對於伏特加則有這樣的定義：「將由農產物蒸餾出的乙醇原液，再用活性炭過濾，去除它的感官刺激特性（organoleptic characteristics）後，所製成的酒」。

俄羅斯伏特加

現在的俄羅斯伏特加有許多種類。有口味清澄中性者，也有略帶柔和甜味或帶香草香味的伏特加，也有利口酒型態的伏特加。出口的代表品牌有以下幾種：Stolichnaya（「首都產」的意思，酒精濃度40度）、Stolovaya（「餐桌用」的意思，酒精濃度50度）、Russkaya（「俄羅斯產」的意思，酒精濃度35度、40度）、Moskovskaya（「莫斯科產」的意思，酒精濃度40度）、Krepkaya（「強烈」的意思，酒精濃度56度）。

除了無色透明的一般類型伏特加外，其餘的伏特加都統稱為加味伏特加。最具代表性的有Limonnaya（用檸檬皮與糖分調製的酒）、Starka（用梨子或蘋果的嫩芽與白蘭地混合，再用木桶熟成的酒，Starka有「Old」的意思）、Zubrowka（以香氣濃郁的牧草Zubrowka草之萃取液調製而成的酒）。

此外，烏克蘭共和國生產的加味伏特加有Pertsovka（用紅辣椒與辣椒粉調製而成的酒）。

波蘭伏特加

在波蘭，稱伏特加為「WÓDKA」。於17世紀開始製造出口，成為該國的代表性蒸餾酒。代表性的品牌有「Wyborowa」。Wyborowa是「最高級」的意思，也就是說是波蘭品質第一的酒。原料是黑麥。波蘭是世界第二的黑麥生產國，有足夠的原料可以製酒，所以製造出的伏特加帶有淡淡的黑麥香。近來「Zytnia」這個品牌的波蘭伏特加已進口到歐美地區，極受歡迎。

芬蘭伏特加

有著美麗森林、湖泊的白晝之國‧芬蘭，其代表性的伏特加為Finlandia。以小麥為主原料，口味清淡順口，並有來自穀類的香味。

美國、加拿大的伏特加

美國、加拿大的伏特加，主要是以玉米為原料蒸餾出的酒精濃度95％以上之穀類蒸餾酒製成。由於原料本身並沒有香味，所以口味很清淡、中性。活性炭處理較徹底，所以製造出伏特加亦較清醇（Dry Type）。

美國的代表品牌有「Smirnoff」、「Popov」、「Kamchatka」等。

加拿大則有如透明水晶般高級的伏特加「Silent Sam」。

3　蘭姆酒（Rum）

蘭姆酒的歷史與語源

蘭姆酒是以甘蔗（Sugar cane）為原料製成的蒸餾酒。通常先將榨出的甘蔗汁熬煮，分離出砂糖的結晶，然後再用剩下的糖蜜為原料釀製。這種剩下的糖蜜就是「molasses」，所以蘭姆酒又有另外一個名稱，就是「Molasses Spirits」（糖蜜蒸餾酒）。但是每個地方的作法不同，有的地方會將甘蔗汁直接加水稀釋再製成酒，也算是蘭姆酒的姊妹酒。

蘭姆酒的發祥地是加勒比海的西印度群島。原料甘蔗是在哥倫布發現新

大陸的同時，由南歐移植到此地。這裡的氣候很適合種植甘蔗，於是西印度群島就成為世界第一的甘蔗生產地。

17世紀初，擁有蒸餾技術的英國人移民到西印度群島的巴貝多島（Barbados），開始利用此地盛產的甘蔗製造蒸餾酒，此為蘭姆酒的起源。另一方面，關於蘭姆酒的起源，還有這樣的說法。在16世紀初，西班牙探險家龐塞‧德萊昂（Ponce de Leon）渡海來到了波多黎各，他所帶領的探險隊隊員中有人會蒸餾技術，就利用當地的甘蔗製造蘭姆酒。不管是哪種說法，蘭姆酒應是誕生於西印度群島，最晚在17世紀時就已經開始製造。

蘭姆酒這個名稱，也同樣誕生於西印度群島。根據17世紀查理二世時代的英國殖民地記錄，有這樣的敘述：「初次飲用這種以甘蔗蒸餾而成之烈酒的當地土著們，皆因醉酒而“興奮”（rumbullion）」。如今rumbullion這個英文字已經不用了，不過卻保留了字根Rum（蘭姆），而成了該酒的名稱。以上乃是英語學者們的說法。

如今，法文的蘭姆酒稱為「Rhum」，西班牙文是「Ron」，葡萄牙文是「Rom」，可推測皆由前述的英文字「Rum」轉化而來。

後來，以牙買加島為中心，砂糖工業大為發達，連帶也使得以糖蜜為原料的蒸餾業非常興盛，蘭姆酒進入盛產期。

到了18世紀，隨著航海技術的進步與歐洲列強的殖民地政策實施，製酒業更加發達。首先由非洲運送黑奴來到西印度群島，命令他們種植甘蔗。再將製成的糖蜜裝貨於運送黑奴來的船上，運送到美國的新英格蘭州。於美國將糖蜜製成蘭姆酒後，再運回非洲。利用這些蘭姆酒來交換非洲黑奴。這就是殖民史上著名的「三角貿易」歷史。換言之，蘭姆酒是因為有著這一段悲慘的非洲黑奴買賣史，才成為世界知名的酒。

由這段歷史可以確認一件事，美國最早的蒸餾酒不是波本，也不是威士忌，而是使用由西印度群島進口的糖蜜製造的蘭姆酒。這對新大陸的人們來說，可是一項魅力十足的買賣。

　　1733年，英國政府為了禁止非英國殖民地所生產的糖蜜進口到美國，而科以高昂的稅金。這麼做的目的是想阻止價廉質優的法國殖民地所生產的糖蜜進口到美國。並在1764年訂立了「糖蜜法」，對於1733年以後交易非常旺盛的糖蜜走私給予嚴格的監控。這也是美國發生獨立戰爭的最大原因之一。

　　1807年頒布「糖蜜進口禁制令」，隔年又頒布「奴隸買賣廢止令」，美國本國停止蘭姆酒的製造，改而製造威士忌。

　　關於蘭姆酒歷史中，還有一點絕不能忘記的，就是蘭姆酒與英國海軍間的關係。一直以來，英國海軍制度都是用啤酒代替薪資付給水兵，但是因為海軍上將Edward Vernon深信粗製的蘭姆酒有預防壞血病的效果，決定每天午餐前給水兵半品脫（相當於284ml）的蘭姆酒，當作支付薪資。水兵們都很高興，以帶有「好傢伙」之意的「Old Rummy」稱呼上將，因此就叫這種酒為蘭姆酒，也有人說這就是蘭姆酒之名的由來。如今Rummy一詞的意思不是「好傢伙」，而是「醉漢」。

　　不過，因為午餐喝酒會妨礙下午的作業，1740年時，Vernon上將下令以四倍的水稀釋蘭姆酒，並分成兩次支付給水兵。對於這個新命令，水兵們深感不滿，就以上將常穿的縐巴巴的格羅格蘭姆呢（grogram，絹與羊毛混織的粗布料）斗篷來形容這種攙水的蘭姆酒，而戲稱這種給薪酒為「Grog」。從此就稱專賣便宜酒的酒吧為「Grog Shop」。雖然是加水稀釋過的酒，喝太多還是一樣會爛醉如泥，所以就有「groggy（喝到東倒西歪）」這個名詞誕生。拳擊用語的「groggy（被打的搖搖晃晃）」就是由此而來。

蘭姆酒的製造方法

　　按風味分類，蘭姆酒可分為清淡蘭姆（Light Rum）、濃蘭姆（Heavy Rum）及中性蘭姆（Medium Rum）三類。如果按色澤分類，可分為白色蘭姆酒、金色蘭姆酒和黑色蘭姆酒三類。

　　清淡蘭姆是用水稀釋糖蜜，再以純粹的培養酵母發酵，利用連續式蒸餾機蒸餾出高酒精濃度原液，但是最高酒精濃度度數會控制在95度以下。如果

濃度超過這個度數，就和中性蒸餾酒無二。接著再將蒸餾原液以水稀釋，放進貯酒槽或內面未燒烤過的橡木桶裡熟成，再以活性炭層過濾。口感柔和纖細。以橡木桶熟成的話，木桶顏色會附著於酒液裡，就變成金色蘭姆酒。

　　濃蘭姆是予以自然發酵，再以單式蒸餾機蒸餾。採收好糖蜜後，先放置2～3天，讓它變成酸味，再加入甘蔗渣（bagasse）或上一次的殘留蒸餾液（dunder）一起發酵。會發酵出獨特的香味，然後再以單式蒸餾機蒸餾。蒸餾出的新酒以內側燒烤過的橡木桶熟成3年以上。也有使用釀製波本威士忌用的橡木桶來熟成。經過熟成後的酒含有許多非酒精以外的副成分，風味濃郁且帶著深褐色，這就是濃蘭姆。

　　中性蘭姆的製法與濃蘭姆一樣，將已發酵的酒醪以連續式蒸餾機蒸餾製成，或是在同一個蒸餾所裡，將清淡蘭姆與濃蘭姆混調，製成中性蘭姆。保留蘭姆酒原有的風味與香氣，但是酒味不若濃蘭姆那麼強烈。

蘭姆酒的產地

　　19世紀後半期以後，引進連續式蒸餾機製造清淡蘭姆。開啟這個風潮的是當時在古巴擁有工廠的百家得（Bacardi）公司。後來這個製法還廣為流傳到西班牙的殖民地，現在波多黎各、巴哈馬、古巴、墨西哥等地都是清淡蘭姆的主要產地。

　　濃蘭姆是在英屬殖民地發展起來的。現今牙買加、圭亞那是主要產地。

　　中性蘭姆主要是於法屬殖民地製造。直至今日，法國的海外省馬提尼克島（Martinique）是主要產地，同屬法國屬地的瓜得魯普島（Guadeloupe）亦有製造。法系蘭姆酒大致可分為兩大類。一類是以甘蔗汁直接加水稀釋製造而成，標籤上會標記「agricole（農業生產品之意）」。另一類則是由榨汁中分離出砂糖的結晶，以剩下的糖蜜製成，在標籤上會標示「industriel」（工業生產品之意），以示區別。標籤上未標示agricole者，皆屬此類。這兩類蘭姆酒，如果是經過3年以上熟成者，標籤上會標示「vieux（老的意思）」。

其他的蘭姆酒

巴西的蘭姆酒為「Cachaca」，又名「Pinga」。甘蔗汁在未分離的混濁狀態下予以發酵，再以單式蒸餾機蒸餾。然後用木桶熟成，最後再用活性炭處理，製成無色透明的蘭姆酒，屬於副生產成分多的濃蘭姆。

東南亞地區有名為「Arrack」的蘭姆酒，使用糖蜜發酵，再予以蒸餾，帶有濃郁的香氣。

在西班牙、南美各地也會以甘蔗為原料製造蒸餾酒，在市面上有一種名為「Aguardiente de Caña」的酒販售，這也是一種屬於地方酒的蘭姆酒。

糖蜜是製造乙醇的原料，它的成本比穀物還便宜，而且也是工業用酒精的原料，故而廣泛地被使用著。在日本，將糖蜜蒸餾出酒精濃度為95度以上的中性蒸餾酒視為「原料用酒精」，乃是製造清酒或燒酒的原料。

4　龍舌蘭酒（Tequila）

龍舌蘭酒的歷史與語源

在世界知名的蒸餾酒中，個性最豐富多變，讓喝過的人留下羅曼蒂克印象的，應該就是墨西哥特產的龍舌蘭酒。

龍舌蘭酒與琴酒、伏特加、蘭姆酒並駕齊驅成為四大蒸餾酒之一且聞名於世，是1968年墨西哥奧運之後的事情。

龍舌蘭酒是以名為龍舌蘭的石蒜科多肉植物為原料，取其莖糖化、發酵、蒸餾之後製成。

在墨西哥，龍舌蘭被稱為「Maguey」，或按照植物學家林奈的命名稱之為「Agave」。龍舌蘭屬植物中，被當作酒的原料使用的種類大致可分為美洲龍舌蘭（Agave Americana）、暗綠龍舌蘭（Agave Atrovirens）、藍龍舌蘭（Agave Azul Tequilana）等三種品種。

將其中的美洲龍舌蘭和暗綠龍舌蘭的樹液發酵，可製成一種被稱為布爾凱（Pulque）的飲料飲用，或是再予以蒸餾製成一種稱做梅斯卡爾

（Mezcall、Mescal）的酒來飲用。從Toltecas、Aztecs（阿茲特克）文明時代開始，布爾凱酒就已經是當地土著經常飲用的酒，現在則是墨西哥市周邊中央高地地區的常飲酒。比布爾凱酒生產地海拔更低、溫度較高的地區是梅斯卡爾酒的生產區。Acapulco等墨西哥南部的太平洋沿岸一帶和墨西哥市以北的墨西哥中部為主要產地。

據說在16世紀時，移居到此地的西班牙人將蒸餾技術流傳到墨西哥。

相對於此，以Teauila之名出售的酒，乃是以藍龍舌蘭品種製成的龍舌蘭酒。在1902年時，植物學家威伯認定這個品種乃是龍舌蘭的品種之一，也是墨西哥第二大城市Guadalajara（瓜達拉哈拉）附近，Tequila鎮周邊的特產品種。另一說，在18世紀中期（西班牙統治時代），位於墨西哥西北方的Jalisco州Tequila村附近的亞馬奇坦村發生森林大火，被燒得焦黑的Maguey（龍舌蘭）就掉落到Tequila村。因為四周瀰漫著一股香氣，村民覺得很不可思議，就將其中一個壓碎，結果滲出巧克力色的汁液，沾了一點品嚐，一股高雅的甜味瀰漫整個口腔。這是因為森林大火的熱度將整株Maguey的成分變成糖分。西班牙人就用此物榨汁，再發酵、蒸餾，製成無色的蒸餾酒。

後來，為了獲得優良品質的Maguey，蒸餾酒商就將工廠遷移到Tequila村，這就是梅斯卡爾酒的起源地。龍舌蘭酒的近代蒸餾史是從1775年開始。而梅斯卡爾酒首度出口到國外是在1873年。自1902年威伯對龍舌蘭品種的確認之後，將這種以藍龍舌蘭品種製成的梅斯卡爾酒命名為Teauila（龍舌蘭酒），在世界各國販售。

龍舌蘭酒的製造方法

藍龍舌蘭（Agave Azul Tequilana）需要8～10年的生長期。因為它的葉子是青綠色，所以才有『azul（西班牙文，「藍色」的意思）』的名稱。發育完成後，將葉子削落，挖出直徑70～80cm、重30～40kg的球莖。形狀跟鳳梨果實一樣呈圓形，但是體積大了好幾十倍。由農地運來的球莖在工廠裡被切成一半以後，放進蒸氣鍋裡（以前是在石室裡以蒸氣燜蒸）。如此一

來，球莖裡所含的澱粉或菊糖等多糖類就會被分解出來（糖化）。再用滾軸予以壓碎、壓榨，再浸泡溫水，將剩餘的糖分完全擠榨出來。以前是用驢子推石臼榨汁，將榨出的汁與殘渣一起發酵。現在的作法則是分離出純糖汁，再移裝到貯酒槽裡發酵。

　　然後再以單式蒸餾機進行兩次的蒸餾，只取第二次蒸餾的中段部分，取得酒精濃度50～55度的原液（法律上規定，禁止蒸餾出酒精濃度在55度以上的原液）。和伏特加一樣，蒸餾液都必須利用活性炭層過濾，將雜味去除後，再移裝到不銹鋼貯酒槽或橡木桶裡。

　　移裝到不銹鋼貯酒槽裡的蒸餾液，經過短期貯藏後，再加水製成酒。帶有特殊的香氣，最具有龍舌蘭酒的特色。在當地稱這種酒為Tequila Blanco，在英語圈國家則稱之為White Tequila。

　　移裝到橡木桶的蒸餾液需要經過一段的時間熟成。熟成期2個月以上者，稱之為金色龍舌蘭，別名為Tequila Reposado，帶有淡淡黃色，散發出微微的橡木香氣。

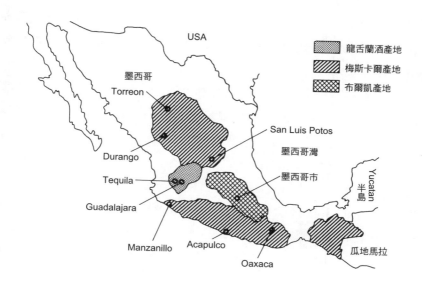

在橡木桶中熟成1年以上的稱為Tequila Añejo，因為有了橡木香，讓龍舌蘭酒獨特的強烈味道或尖銳的氣味都變淡了，口味非常柔和。

龍舌蘭酒的法律規定

根據墨西哥政府的規定，龍舌蘭酒只能使用藍龍舌蘭為原料。如果使用其他品種的龍舌蘭製酒的話，就不能以梅斯卡爾之名販售。不過，只要51％以上的酒精是來自藍龍舌蘭，其餘49％以下的酒精是來自砂糖也沒關係。因此，有以100％藍龍舌蘭為原料的製酒商，亦有以砂糖為副原料的製酒商。

此外，龍舌蘭酒（Tequila）的產地只限定於Jalisco州、Michoacan州、Nayarit州、Guanajuato州、Tamaulipas州。因此，與這些限定生產地相鄰的Zacatecas、Durango、San Luis Potosi各州以藍龍舌蘭製成的蒸餾酒，就以「Pinos」之名販售。

5 其他的蒸餾酒

Aquavit（阿瓜維特酒）

以馬鈴薯為主原料，加入麥芽經過糖化、發酵、蒸餾，再加入花草植物等增添香氣的蒸餾酒，為北歐各國的特產。在挪威稱為Aquavit，丹麥稱Akvavit，瑞典則是兩個稱呼並存。從前述可以知道這個名稱是由拉丁文Aqua vitae（生命之水）演變而來，可以說是具有最正統名稱的蒸餾酒。

關於Aquavit的最古老記錄，要追溯到1467～1476年間的斯德哥爾摩市的財政報告書。根據裡面的記載，當時的Aquavit是將由德國進口的葡萄酒蒸餾製成的酒，也就是所謂的白蘭地。今日在瑞典有一種酒名為Brännvin（加熱過的葡萄酒），就是Aquavit的一種。

到了16世紀，因為歐洲氣候寒冷化的關係，德國的葡萄酒產量變少，想取得Aquavit的原料非常困難，於是就將原料換成穀物代替。18世紀時，適合於寒地栽培的新大陸原產馬鈴薯遍及北歐，才再度使用馬鈴薯為原料製酒，一直沿用到今天。自古以來，居住在寒冷地帶的北歐人都喜歡飲用

Aquavit這種蒸餾酒來暖和身子。

關於Aquavit的製法如下，利用糖化酵素（Enzyme）來糖化主原料馬鈴薯的澱粉質，然後再發酵。另一個作法就是使用麥芽來進行糖化、發酵。前者釀製出的為100%馬鈴薯的Aquavit酒。

發酵以後，再利用連續式蒸餾機蒸餾出酒精濃度95％以上的中性蒸餾酒。然後再加水調整酒精度數，也可再加入藥草、香草類，再蒸餾一次。必須考慮原料的不同而變更製法，這一點與琴酒的製法很類似。

至於以何種原料來增添香氣，每個國家和每個廠商的作法都不同，不過幾乎所有的Aquavit都是以藏茴香來增添香氣。八角茴香、小茴香、小豆蔻、茴香、蒔蘿也是常用的香料。與琴酒相比，Aquavit的香氣主要來源是以花草植物為主，所以也有人稱它為花草蒸餾酒（Herb Spirits）。

通常Aquavit不用橡木桶來熟成，所以它是無色透明狀的液體。不過還是有人會利用橡木桶來熟成，製造出淡黃色或黃褐色的酒。在以橡木桶熟成的Aquavit中，有個名為Linie Aquavit（Linie是赤道的意思）的種類，就保留了18世紀的歷史傳統。當時是用帆船來載運貨品，為了壓低帆船的重心，所以裝著Aquavit的橡木桶就擺在下層船艙，往返澳洲之間送貨。通過赤道兩次帶回來的Aquavit呈現淡淡的琥珀色，風味也比用橡木桶熟成還高雅，因此很珍貴。現在的Linie Aquavit則依循著這個故事的啟示，延長橡木桶熟成時間，讓它擁有橡木桶的顏色與風味，並成為Aquavit酒類的商品名稱。

在北歐各國都將Aquavit擺冰箱冰到非常冰涼後，再直接飲用。當身體暖和起來了，食欲也會變好。也有人習慣喝啤酒時也混著喝Aquavit，目的是為了暖胃。

Korn（穀物白蘭地）

Korn是德國特產的蒸餾酒，特徵是無色透明，口感柔和順暢，以麥類等穀物為原料。德文稱穀物為Korn，因為是用Korn來蒸餾製酒，就以Kornbrnanntwein（意為「以穀物製成的白蘭地」）命名，後來簡稱為

Korn。

根據歐盟的規定，Korn就是「以小麥、大麥、燕麥、黑麥、蕎麥等其中的一種穀物為原料來發酵、蒸餾的酒。或是以小麥、大麥、燕麥、黑麥、蕎麥為原料製成的穀類蒸餾酒，並不添加香味」。

因為德國是歐盟加盟國，所以必須遵守這個規定。德國的國內法則針對酒精度數有所規制，一般的Korn是32度以上，Doppelkorn或Korn-Brannt則是規定在38度以上。德文的「Doppel」就是英文的「Double」的意思，在這裡的意思是「比一般酒的酒精濃度還高」。

Korn的商標標籤大多是以主原料名稱來標示，譬如Roggen（黑麥）、Weizen（小麥）、Getreide（混合穀物）等。

在德國，像Korn這類的蒸餾酒都以「Schnapps」來稱呼，在琴酒部分提過的Steinhager也是Schnapps的一種。總之，無色透明、酒精濃度高的蒸餾酒就以Schnapps來統稱。鄰國的荷蘭也採用同樣的作法，而在北歐的斯勘地納維亞諸國，也以Schnapps的名稱來稱呼Aquavit酒類，連有色的Aquavit都包含在內，所以並不只限於指稱無色蒸餾酒。

在匈牙利等東歐各國也有Schnapps這個名稱，也曾被用來稱呼蒸餾酒。

燒酎

燒酎是日本特產的蒸餾酒，利用酒精含有物來蒸餾製成，可以分為甲類和乙類兩種。就原料內容來看，屬於蒸餾酒，但在酒稅法上並不是以蒸餾酒身份來課稅。

甲類燒酎是以連續式蒸餾機蒸餾酒精含有物，酒精濃度在36度以下。因為使用精巧的連續式蒸餾機，所以蒸餾出的酒口味清爽。因此，為了節省成本，大多以糖蜜為原料製酒，不過也有人使用薯類或穀類為原料。將這些原料發酵、蒸餾，蒸餾出酒精濃度在85～97度的蒸餾液，然後再加水製成酒精濃度未滿36度的製品。

　　乙類燒酎是用連續式蒸餾機以外的蒸餾機來蒸餾酒精含有物，酒精濃度在45度以下。關於蒸餾機方面，其實是使用單式蒸餾機。這是道地的燒酎，九州南部和西南各島是主要產地。

　　從歷史來看，乙類燒酎可說是日本最早的蒸餾酒。它的製法是由東南亞經由海路途徑傳到沖繩，在15世紀後半期沖繩當地就已經開始蒸餾製酒了。

　　歷史上留下了這樣的記錄，在1559年（永祿2年）時，薩摩的大口村村民已經在喝燒酎了。當時喝的是用薩摩村生產的米製成的燒酎，在當時應該也廣泛為庶民所飲用。據說，1705年（寶永2年）從琉球帶到山川町的番薯是最早引種到薩摩的番薯。

　　之後，燒酎製法就在九州南部開始流傳開來，球磨地方和宮崎地方成為盛產地，不久在九州北部、中國、四國地方也都開始以酒渣為原料釀製渣釀燒酎。全部都是利用單式蒸餾機蒸餾而成，相當於現在的乙類燒酎。

　　日清戰爭後的明治28年（1895年）左右，由歐洲進口連續式蒸餾機。直到明治40年代以後，才開始製造相當於今日甲類燒酎的酒。當時，稱呼這個新酒為「新式燒酎」，而利用自古以來的單式蒸餾機製造的酒就稱為「舊式燒酎」。

　　於是新式燒酎就變成了現在的甲類燒酎，舊式燒酎就是現在的乙類燒酎。

　　乙類燒酎是以單式蒸餾機蒸餾製成，除了乙醇成分外，還含有其他許多成分，使用的原料會影響酒的風味，不同原料風味也就不同。不過總括來看，都屬於重口味。

　　依原料來分類的話，乙類燒酎可分為泡盛燒酎、醪釀燒酎（薯燒酎、米燒酎、麥燒酎、蕎麥燒酎、黑糖燒酎）、渣釀燒酎等三大類。

　　泡盛燒酎是沖繩的特產，以長滿黑麴菌的米麴來製酒。用甕盛裝，埋在土裡長時間熟成，也可稱為古酒，非常地珍貴。

　　醪釀燒酎就是在米麴醪裡加入薯類、米、麥、蕎麥、黑糖糖蜜等原料，

一起發酵、蒸餾製成的酒。有鹿兒島縣的薯類燒酎、熊本縣球磨地方的米燒酎（球磨燒酎）、壹岐的麥燒酎、宮崎縣的蕎麥燒酎、奄美大島特產的黑糖燒酎等。

渣釀燒酎就是在榨清酒所殘留的酒渣裡加入稻殼混合，擺在蒸籠上面蒸，回收酒渣裡的酒精成分。帶有一股夾雜著稻殼燒焦臭味的強烈香氣。有的地方稱它為早苗饗燒酎。

Okolehao

這是夏威夷的特產酒，是以水芋（當地人稱它為Ti）為原料製成的蒸餾酒。

Okolehao是波里尼西亞語，意思是「鐵之臀」。1790年左右，英國的蒸餾酒業者威廉史帝芬森到夏威夷旅遊時，發現當地盛產水芋，於是就嘗試以水芋為原料試做蒸餾酒。他將捕鯨船的鐵鍋當成臨時的蒸餾鍋使用，因為鍋子的造型就像豐滿的臀部，所以才取了這個名字吧。現在有些地方則簡稱為「Oke」。

將波里尼西亞、米克羅尼西亞等地盛產的水芋糖化、發酵後，再以連續式蒸餾機蒸餾，移裝到橡木桶裡熟成，製成成品。

夏威夷當地人多半是直接飲用，不過一般人都會加可樂或果汁稀釋後飲用。

Arrack、Arak（亞拉克酒）

亞拉克酒是東南亞到中東地區所生產的蒸餾酒的總稱。語源是來自阿拉伯語的araq（汁的意思），不過還有別的傳說。

剛開始是以棗椰子果實（椰棗）汁為原料，將棗椰子果實的汁液發酵、蒸餾製成。不過後來因為各種蒸餾技術不斷流傳進來，就嘗試以各種原料來製造看看，今日各地生產的亞拉克酒種類繁多，大致可分為以下幾種：

　　①以棗椰子果實的汁蒸餾製成（日本的椰棗燒酎屬之）

　　②將可可椰子或聶帕櫚的花莖切開，收集樹液蒸餾而成

③蒸餾糖蜜製成的酒（其實就是蘭姆酒，只是名稱不同罷了）

④以米（主要是糯米）為原料蒸餾製成的酒

⑤以糖蜜和糯米為原料蒸餾製成的酒

⑥以木薯為原料蒸餾製成的酒

白酒

中國傳統的蒸餾酒都稱為「白酒」，在日本指的就是蒸餾酒。釀造酒則統稱為「黃酒」。

中國製造的白酒，受到亞克拉酒的影響極大。在宋朝時，就已經知道在炎熱的南方，高酒精濃度的蒸餾酒的保存期限會比釀造酒長，因此蒸餾酒才會迅速普及。

代表種類有茅台酒、汾酒、五糧液。

白酒是以中國特產的麴來糖化穀物後，再予以發酵。將發酵後的酒醪移裝到蒸餾鍋裡，經過數次蒸餾製造出酒精濃度在65％左右的原酒。因為酒質濃厚、粗獷，必須再用甕等的陶器盛裝貯藏，等風味變得柔和後，才可以出貨販售。

依香氣分類，茅台酒屬於醬香型，是在貴州省茅台鎮生產的酒。原料是紅高粱、小麥等，近年來也有以米為原料製成的茅台酒。經過9個月的發酵、蒸餾期後，至少還需再貯藏熟成3年。

汾酒屬清香型，山西省汾陽縣杏花村生產的酒。將原料的高粱磨碎後，與大麴一起發酵兩次。蒸餾後還需貯藏熟成3年。

五糧液屬濃香型，四川省宜賓生產的酒。原料是高粱、玉米、糯米、粳米、蕎麥等五種穀類，所以才會命名為五糧液。是具有和洋酒很像的香氣的一種白酒。

高粱酒以天津生產的品質較好。品質一般的高粱酒在中國大陸則稱之為白乾兒。

VIII 利口酒（Liqueur）

利口酒就是在蒸餾酒加入果實、藥草、香草等香味成分，再添加砂糖或糖漿等的甜味調味料、著色料等製成的酒。就製法來看，屬於混合酒。混合酒的基酒部分，又可再區分為釀造酒和蒸餾酒。一般在歐美國家，並不將以釀造酒為基酒的混合酒歸類為利口酒。

關於利口酒的嚴格定義，各國都不同。據日本酒稅法認為利口酒是以酒類和糖類等原料製成的酒，不歸屬於其他酒類，萃取液成分在2度以上。

根據歐盟（EU）的規定，每１公升酒液中含有糖分在100g以上的酒精飲料，就視為利口酒，如果１公升酒液中的糖分含量在250g以上的話，則在原料名稱前再加上「crème de」來稱呼（不過，只有crème de cassis是指糖分在400g以上的利口酒）。

在美國則視使用砂糖含量在2.5％以上，以酒精、白蘭地、琴酒以外的蒸餾酒為原料，再加入果實、花、生藥、果汁或天然香料製成的酒精飲料為利口酒。如果是美國國內自己生產的利口酒，大都稱呼為「Cordial」。如果不是添加天然香料，而是使用合成香料的話，除了在酒瓶上標示cordial或liqueur之外，還必需在再加上artificial的標示才行。

1 利口酒的歷史與語源

古希臘聖醫Hippokrates（B.C.460～B.C.375年）用葡萄酒溶解藥草，製造出一種水藥，據說就是利口酒的由來。現在的利口酒創始人，也就是創造出以蒸餾酒為基底的混合酒的人，也就是白蘭地的創始祖・西班牙醫生兼煉金術士Arnaud de Villeneuve（1235～1312年）和Ramon Lull（1236～1316年）。他們在蒸餾酒裡加了檸檬、玫瑰、橙花、香料等成分，再萃取製酒。

利口酒可以說是中世紀時煉金術士發明了蒸餾酒的技術後，利用這個技術變化製造出的酒。

　　煉金術士以拉丁文的Aqua vitae（生命之水）來稱呼蒸餾酒，把它當成是為了維持生命的藥酒。不久後又在蒸餾時加入各種藥草或香草類，以研究如何製造出維持生命效果更佳的靈酒。

　　Arnaud de Villeneuve等人所製造的酒裡溶有植物的有效成分，因此就以拉丁文的Liquefacere（溶解）稱之。這個Liquefacere就是Liqueur（利口酒）的名稱之語源。

　　繼承煉金術士的利口酒製法是中世紀的修道院僧侶。他們利用早晚課的空檔，到附近的山野裡摘取藥草、香草，再放進酒精裡萃取出精華成分，製造出屬於具有各修道院特色的利口酒。尤其在法國，修道院製造利口酒的風氣特別旺盛，當時各派的利口酒如今亦在法國各地廣泛地被製造。

　　到了近代，隨著航海時代來臨，就利用美洲新大陸或亞洲生產的植物，尤其是辛香料或砂糖來製酒，讓利口酒的原料變得更多樣化。18世紀左右，因為醫學進步，喝蒸餾酒或利口酒來治病的風氣越來越淡。因此，帶有果香的甜美利口酒就取代了藥酒類的利口酒成為主流。最具代表性的就是17世紀末期在荷蘭製造，名為Curaçao（柑香酒）的柳橙風味利口酒。後來陸續研發出加了各種水果香味強調口感的利口酒，讓利口酒的世界更加多樣化。

　　在日本方面，直到豐臣秀吉時代才開始出現利口酒，推測在當時應該是稱為「利久酒」。利口酒首次出現在文獻中是1853年，也就是黑船來航的時候。文獻上的記錄是這樣的：「培里提督為了迎接美國船薩克斯哈耶那號抵達浦賀，準備了各種酒款待，其中就屬利口酒最受歡迎，喝到一滴不剩」。

　　19世紀後半期，英國研發的連續式蒸餾機廣為普及，已經能以高濃度酒精為基酒，製造出口味高雅的利口酒。到了現代，則因食品科學工業高度發達之故，製造出利口酒口味更加高雅，市面上出現更多種高品質的利口酒。

2　利口酒的分類與製法

　　現在世界各地生產的利口酒種類極多。分類法也很分歧，不過在本書中

則是以使用的芳香性原料來做大概的分類，詳情如下。

①藥草＆香料（Herb & spices）類

②水果（Fruits）類

③堅果、豆子、核果（Nuts、beans & kernels）類

④特殊（Specialties）類

每一種利口酒都是配合芳香性原料的性質萃取出香味製成的。

關於香味（Aromatizing）的萃取，有以下四個方法。

蒸餾法（Distillation）是將原料與基酒的蒸餾酒一起放入蒸餾鍋裡，蒸餾出酒精成分和植物原料的香氣成分。有時不是加酒精，是和水一起蒸餾。

浸漬法分為冷浸法和溫浸法兩種，冷浸法（Maceration、Infusion）是用基酒的蒸餾酒來浸泡原料，萃取成分與香味。浸漬時間長短會因原料性質而不同，有的只要幾天就可，有的則要好幾個月。溫浸法（Digestion）是將藥草等原料先以溫水浸泡幾天後，等溫度下降時再加蒸餾酒進去，然後再繼續浸泡到香味出來。

滲濾法（Percolation）的原理跟咖啡滲濾法同，以熱開水循環萃取香味。

其他還有在酒液裡添加天然或人工香精的方法。

在製造利口酒時，有採單一製法或併用製法。以草根樹皮為原料的藥草香料類由於成分裡富含精油成分（Essential Oil），必須以蒸餾法或併用浸漬法來萃取香氣。水果類中，像Curaçao之類以柑橘果皮為主原料者，因為富含大量的精油成分，採用的製法和藥草香料類一樣。莓果類則怕加熱會破壞果肉的天然敏感香味，採用浸漬法製造或是添加果汁製造。

萃取得到的香味萃取液則是依比例來單獨調製或合併調製。這就是所謂的香味萃取液調和工程（Dosing）。有時候也會再另外添加天然香料或精油（柳橙油或薄荷油）。每家公司對於處方內容都極為保密，歐洲一些有名的製酒廠除了社長外，只有少數人才知道處方內容。

接著就是調和工程（Blending），於蒸餾酒原液裡加入糖類、色素等，

調適口味。蒸餾酒原液可以是白蘭地、威士忌、蘭姆酒、伏特加、琴酒、櫻桃白蘭地（Kirschwasser）、中性蒸餾酒等。然後進入熟成階段（Aging），再調整香味、口味。在熟成期間會析出沉澱物。熟成結束後，予以過濾修整（Clarifying & Filtration），利用珪藻土或薄膜過濾機過濾出澄澈的液體，再裝瓶出貨。

3　利口酒的種類與各種類的代表

藥草＆香料類

茴香籽酒（Anisette）

以大茴香的種子（Aniseed）為主體，再加入藏茴香、豆蔻製成的酒。大多是無色透明、口味甘甜。代表品牌就是這個酒的創始人瑪莉布利查（Marie Brizard）女士在1775年於波爾多所成立的瑪莉・布利查公司生產的茴香籽酒。

茴香酒（Pastis）

苦艾酒（Absinthe）被禁止製造以後，就以茴香酒取代之。Pastis這個字是由法文中具有「模仿製造」的意思的單字「Sepastiser」演變而來。主要的香味原料是大茴香、八角茴香、甘草（licorice）。代表品牌就是法國的Ricard、希臘的Ouzo 12、土耳其的Raki。每一種都是透明酒，特色是加水稀釋後會變成白濁狀。這是因為在酒精安定狀態下溶解的油性成分，因為加水而形成一層膜，這層膜的光線漫射所致。性質類似的酒有Pernod，是一種不以甘草為原料的茴香酒。

修道院酒（Chartreuse）

1764年，在阿爾卑斯格勒諾布爾（Grenoble）附近的一間山中修道院La Grande Chartreuse開始製造這類酒。也就是所謂Monk's Liqueur（僧侶的利口酒）的代表品牌，但在第一次世界大戰後，民間企業也開始製造。將多種藥草浸泡在葡萄蒸餾酒裡，再予以蒸餾，以木桶熟成數年後，製作成商

品。關於藥草的配方都屬於不傳外人的獨家秘方，但由味覺來分析，大概可以知道使用了杜松、胡荽、小豆蔻、馬鞭草、玫瑰果、馬鬱蘭、肉豆蔻、花薄荷、丁香、薄荷等的香草料。製成的成品以口味辛辣、高酒精濃度的Green（法文稱為vert，酒精濃度55度）和口味較柔順，帶有蜂蜜口感的Yellow（法文稱為jaune，酒精濃度40度）為主。

本尼迪克特酒（Bénédictine）

由1510年法國北部諾曼地的Fecamp一間聖徒派（Bénédict）修道院的Dom Bernard Vincelli修道士所創製的酒。如今這家修道院依舊持續製造這種酒，自1863年起，就將做好的成品交由當地的私人企業來銷售。使用24種的藥草、香料類，據說其中有鎧草根、杜松、西洋山薄荷（Balm）、當歸根、肉桂、丁香、肉豆蔻、香草、檸檬皮、蜂蜜、斯里蘭卡紅茶等。顏色呈黃褐色，酒精度數40度。口味柔潤順口，帶甜味。商標上標示的D.O.M.乃是Deo Optimo Maximo（「供奉給至善至高的神」之意）的縮寫。

肯巴利酒（Campari）

屬於苦味的利口酒，顏色是鮮豔的正紅色，苦味與甜味融合得剛剛好。1860年在義大利北部的米蘭市由卡斯帕萊・肯巴利所創製的酒。剛開始稱它為「畢特爾・阿羅索・德蘭迪阿（荷蘭風味的苦酒）」，後來傳到兒子達比德・肯巴利這一代才以家姓當酒名。香料的主原料是苦味的柳橙皮，其他搭配原料有藏茴香、胡荽、龍膽草根。酒精度數是24度。

其他的苦味利口酒的代表性品牌如下：

- 苦味馬丁尼（Martini Bitter）　以苦味柳橙果皮為主，再搭配奎寧鹼（奎寧樹皮的萃取成分）等成分製成的酒。酒精度數是25度。
- 菲涅特布蘭卡（Fernet-Branca）　通常以阿爾卑斯地方的藥草萃取液為原料製成的藥就叫作「菲涅特」，把它做成順口易飲的酒。酒精度數是45度。
- 亞梅爾皮克（Amer Picon）　1837年法國軍人葛耶坦皮克在非洲

創製的酒。Amer有「苦」的意思，以柳橙皮、龍膽草根加砂糖製成的酒，酒精度數是21度。

- 史茲（Suze）　以龍膽草根為主原料製成，苦味與甜味融合得恰到好處，屬黃色的利口酒。酒精度數16度。
- 耶葛馬斯坦（Jägermeister）　原文是「獵師頭」的意思，1935年由德國馬斯特公司發售的酒。以大茴香、茴香等56種藥草、香料類、水果為原料製成的酒，酒精度數是35度。
- 溫達貝爾克（Underberg）　德國人福貝爾特·溫達貝爾克於1846年創製的藥酒，採用43個國家的40種以上的藥草、香料類為原料，萃取、熟成後製成的酒。1949年開始，以20ml裝的小瓶裝銷售。

葛里亞諾酒（Galliano）

為20世紀初義大利北部里渥諾地方一位叫做亞特羅伏卡里的人所創製的酒。將浸漬法和蒸餾法併用，萃取出40種以上的藥草和香料類的香味，調和之後再加入糖漿、著色料製成。大茴香、香草、藥草的香味極調合。顏色是透明的黃色，酒精度數35度。

聖布卡酒（Sambuca）

以埃魯達（Elder，屬接骨木的一種灌木，日本名為忍冬）花的萃取液為基體，再加入甘草、大茴香種子調製，屬於義大利特產的利口酒。酒名是由義大利文中象徵「接骨木莓」意思的單字聖布庫斯·尼古拉衍生而來。口味如茴香籽酒般清爽，無色透明，酒精度數約是40度左右。

此外，赫萊姆渥加＆聖茲公司製造了名為Opal Nera的黑色聖布卡酒。利用接骨木花、大茴香、甘草、檸檬皮為原料萃取原液，再以接骨木的黑色果實來著色。比原本的聖布卡酒還多了一股檸檬的清香，香中帶有甜味，酒精度數是40度。

多蘭布伊酒（Drambuie）

英國蘇格蘭生產的利口酒。以熟成15年以上的蘇格蘭高地麥芽威士忌為

主體的40種蘇格蘭威士忌酒,加入石楠花的萃取液、蜂蜜、藥草混製而成。酒名是由蓋爾語的dram buidheach(能使你心曠神怡的飲料)衍生而來。商標上標示著「查爾斯·愛德華王子的利口酒」,這是因為蘇格蘭斯圖亞特王朝的後代查爾斯·愛德華在1745年的英國王位繼承戰中戰敗,要從蘇格蘭逃亡外地時,將皇家製造利口酒獨家秘方送給了忠心耿耿的臣子馬奇諾家族,多蘭布伊酒就是依照這個處方製造的酒。一直以來都是馬奇諾家族獨家生產的酒,直到1906年才於愛丁堡市開始企業化生產。酒精度數40度。

薄荷利口酒(Peppermint)

薄荷利口酒、荷蘭薄荷利口酒等都是從薄荷葉中萃取出薄荷油,再加入糖漿、中性蒸餾酒一起混製而成的利口酒。不使用著色料,所以是無色透明的白色薄荷酒。加了著色料的就是綠色薄荷酒。

各國酒商都有生產、銷售這類酒,但最知名的乃是傑特薄荷酒(Pippermint Get)。法國的傑特兄弟所經營的公司於1859年生產的產品,將法國、英國、東歐、摩洛哥等國生產的薄荷與水一起蒸餾,萃取出薄荷油,再與中性蒸餾酒混製而成。

Get 27是綠色薄荷酒,酒精度數是21度,Get 31是白色薄荷酒,酒精度數是24度。

紫羅蘭利口酒(Violet)

帶有紫羅蘭花香與色澤的利口酒。將玫瑰、杏仁、胡荽、橙花水、香草、檸檬皮、柳橙皮及其他香料類與中性蒸餾酒調製而成的酒。

名稱為Parfait Amour(「完全的愛」之意)的利口酒,可視為與紫羅蘭利口酒為同一類型的酒。

綠茶利口酒(Green Tea)

日本所研發的利口酒,帶著濃郁的綠茶香。赫爾梅斯綠茶利口酒是精選宇治地區的優質綠茶,將其浸泡在中性蒸餾酒裡,再加上白蘭地和糖分製成。酒精度數25度。

茶類的利口酒中，還有以紅茶或烏龍茶為主原料製成的。

　　‧午茶利口酒（Tiffin Tea Liqueur）　德國安東利瑪斯密特公司的產品，以大吉嶺紅茶為原料製成，酒精度數24度。

水果類

柑香酒（Curaçao）

　　17世紀末期，將南美委內瑞拉海中的荷屬庫拉索島所生產的柳橙皮乾燥後，送回荷蘭，以其他香味為主原料製成的酒。以原料產地名庫拉索（Curaçao）為酒的命名。

　　依顏色來分類的話，除了無色透明的白色柑香酒外，還有藍色柑香酒、紅色柑香酒、綠色柑香酒、橙色柑香酒等。

　　白色柑香酒是將乾燥過的柳橙果皮以中性蒸餾酒或水浸泡，然後再蒸餾萃取出果皮油。再將這個無色液體與無色蒸餾酒、香料萃取液、糖漿、水混合製成，製造過程跟一般的過程無異。

　　白色柑香酒中，有一款酒名為Triple Sec的商品，其實內容物就跟白色柑香酒完全一樣。

　　Triple Sec是法文，意思是「3倍辣味」，在以前是由法國的科安特羅公司將自家的白色柑香酒的甜味予以降低，藉此和其他公司的甜味酒做區別，在發售時就以Triple Sec之名銷售，也是最早使用這個名稱的公司。後來科安特羅公司取消了這個名字，而換名為Cointreau。

　　現在世界各國製酒商所銷售的Triple Sec並不是辣味，由香味和甜味來看，跟白色柑香酒完全一樣。就如前面所述，科安特羅公司也是白色柑香酒的主要製造商。藍色柑香酒、紅色柑香酒、綠色柑香酒就是在白色柑香酒裡加入著色料製成的。

　　橙色柑香酒的作法有些微的不同。一般是將乾燥的柳橙皮以水泡軟後，蒸餾成原液，與用酒精浸泡後萃取出的液體混合，加入中性酒精或白蘭地，再移裝到木桶裡熟成。

因此，柳橙皮的顏色和橡木桶溶出的顏色就滲到液體裡，呈現淺橙色。味道也是柳橙皮與橡木桶溶解成分的口味，和其他柑香酒比，口味略重。

橙色柑香酒的代表品牌就是法國生產的Grand Marnier。繫上紅色絲帶者是加了熟成3～4年的干邑白蘭地，口味複雜而濃重。

有的廠商所生產的橙色柑香酒只以Orange一個字為名銷售，不過不管稱呼為何，全部都是以柳橙皮為主原料。

若從廣義來看，Mandarine利口酒也可以算是橙色柑香酒一族。這是以中國柳橙或丹吉爾紅橘的果皮為原料製成的酒，製造方法就跟橙色柑香酒一樣。代表品牌有比利時生產的Mandarine Napoleon，是以干邑白蘭地為基酒製成的，酒精度數是38度。

櫻桃利口酒（Cherry Liqueur）

利用浸漬法萃取出櫻桃果肉和果汁的香味與色澤製成的利口酒。在英國稱為櫻桃白蘭地（Cherry Brandy），美國稱為櫻桃香味白蘭地（Cherry Flavored Brandy），在法國則稱為Liqueur de cerise。

基本製法就是利用櫻桃白蘭地（Kirschwasser）或中性蒸餾酒來浸泡成熟的櫻桃，再加入肉桂、丁香來調整風味後，再過濾、熟成。

櫻桃利口酒的著名品牌就是丹麥生產的Heering Cherry Liqueur。

黑櫻桃利口酒（Maraschino）

利用義大利和斯洛伐尼亞國界邊境地帶所生產的馬拉斯加種櫻桃製成的無色透明利口酒。將櫻桃碾碎、發酵後，經過三次蒸餾再熟成，然後加上水、蒸餾酒、糖漿製成的酒。1821年，由熱那亞出身的義大利人傑洛拉摩‧魯克薩多開始銷售，而且非常成功。現在各國的製酒商也都有販售這類的酒。在法國則以Marasquin之名販售。

黑醋栗利口酒（Creme de Cassis）

將黑醋栗（英文名為Black currant、法文名為cassis）的果實碾碎，再浸泡於葡萄蒸餾酒或葡萄酒裡，加砂糖熟成後，過濾製成的酒。帶有濃郁果

香，酒精度數極低，抗氧化力弱，因此開瓶後需放冰箱保存，並盡早喝完。

代表品牌有法國魯節・拉葛特公司生產的黑醋栗利口酒（Crème de Cassis）。可以說是醋栗利口酒的始祖，口味清新自然、細膩可人。

其他的莓類利口酒

與黑醋栗利口酒相同製法製成的莓類利口酒有以下幾種：

- 木莓利口酒（Crème de Framboise）　以木莓（英文名是Raspberry、法文名是Framboise）為原料製成的利口酒。

- 黑莓利口酒（Crème de Mûre Sauvage）　以野生黑莓（英文名是Blackberry，法文名是Mure Sauvage）為原料製成的利口酒。

- 草莓利口酒（Crème de Fraise）　以草莓（英文名是Strawberry、法文名是Fraise）為原料製成的利口酒。跟日本的草莓利口酒是同一類。

- 香波爾德利口酒（Chambord Liqueur）　以黑木莓和蜂蜜、數種水果、藥草浸泡蒸餾酒製成的利口酒。酒精度數16.5度。

杏子白蘭地（Apricot Brandy）

用杏肉浸泡蒸餾酒，再加香料調整香味製成的利口酒。

桃子白蘭地（Peach Brandy）

將桃子果肉浸泡蒸餾酒製成的利口酒。

南方安逸（Southern Comfort）

美國Southern Comfort公司生產的酒，以中性蒸餾酒為基酒，加入櫻桃和數種水果調製成的酒。酒精度數是40度。

百香果利口酒（Passionfruit Liqueur）

在蒸餾酒裡溶入百香果風味的利口酒。著名品牌有Passoa、Alize等。

哈密瓜利口酒（Melon Liqueur）

第二次世界大戰後，日本研發的利口酒。以哈密瓜為原料，後來在荷蘭等國亦有生產製造。

蜜德里（Midori）

哈密瓜利口酒的代表品牌，於1978年在美國銷售，後來在日本以高級酒身分販售，酒精度數是23度。

香蕉利口酒（Banana Liqueur）

以新鮮成熟的香蕉為原料製成的利口酒。一直以來都是濃郁口味的透明黃色酒，最近則有口味較柔順的鮮綠色酒問世。代表品牌是荷蘭生產的Pisang Garoeda。

野莓琴酒（Sole Gin）

野莓（Sloeberry，李子的一種）果肉浸泡蒸餾酒製成的利口酒。起源來自英國家庭，他們用琴酒來浸漬野莓，當作保健酒飲用，從此就以Sloeberry Gin命名。

哈密瓜‧西瓜酒（Melon Watermelon）

瑪麗布魯薩斯公司生產的新型利口酒，原料是哈密瓜和西瓜，酒精度數是19.5度。

荔枝利口酒（Litchi Liqueur）

沛魯諾里克爾公司所研發的荔致利口酒名為Dita。細膩的荔枝香味是其特色，酒精度數是24度。在日本以外的地區，以Soho之名銷售。除了Dita外，還有Paraiso，酒精度數是24度。

椰子利口酒（Coconut Liqueur）

1980年修普萊茵公司發售的椰子風味利口酒名為Malibu。以牙買加的萊姆為原料，搭配椰子香料製成，酒精度數是24度。此外，還有法國生產的Cocomo，酒精度數是21度。

查理斯東佛里茲酒（Charleston Follies）

以芭樂、百香果、杏子、桃子、芒果等水果為原料製成的利口酒。瑪麗布魯薩爾公司的產品，酒精度數是20度。

堅果‧豆類‧核果類

可可利口酒（Cacao Liqueur）

以可可豆為香味的主原料，調製成帶有巧克力風味的利口酒。基本製法就是將煎焙過的可可豆與蒸餾酒一起蒸餾，再加上泡了香草莢的蒸餾酒液一起混合，再加糖漿製成的酒。

呈現無色透明狀的是白色可可利口酒。另一個製造方式是將可可豆煎焙後，以滲濾的方式萃取出有顏色的液體，再利用著色料來調色，這就是呈現深咖啡色的可可利口酒。

還能變化更多，在可可利口酒加入薄荷，就變成薄荷巧克力利口酒了。

咖啡利口酒（Coffee Liqueur）

利用蒸餾酒萃取煎焙過的咖啡豆，再加上香草糖漿製成利口酒。代表品牌是Kahlúa Coffee Liqueur（卡魯哇咖啡酒）。濃郁的咖啡香與香草香味調和得剛剛好，酒精度數是26度。

杏仁利口酒（Amaretto）

以義大利生產的杏仁香料製成的利口酒。一般不是使用杏仁製酒，而是使用杏子果核來製酒。再加上以水蒸餾萃取出的數種藥草液混調，再與蒸餾酒一起熟成。最後再加糖漿調味製成商品販售。

這類利口酒的開發始祖是義大利米蘭市北方薩羅諾鎮裡的伊梵薩羅諾公司，產品名為DISARONNO Amaretto。風味調和獨特，酒精度數是28度。

榛果利口酒（Liqueur de Noisette）

以榛果（榛木樹果）為主原料，加入香料類製成帶有堅果香的利口酒。代表品牌是義大利巴爾貝羅公司的Frangelico liqueur。野生的榛果與數種莓類和花卉的萃取液一起混製而成，口味複雜卻很協調，酒精度數是24度。

卡哈那皇家酒（Kahana Royale）

以夏威夷特產的馬卡迪尼亞果為原料製成的利口酒。味道很香，酒精度數是26度。

特殊類

奶油利口酒（Cream Liqueur）

富含脂肪和蛋白質的奶油與酒精可說是渾然一體的絕配，口味甘甜可口的利口酒。

- 貝利斯愛爾蘭原產奶油利口酒（Bailey's Original Irish Cream）
  1974年生產，奶油利口酒的始祖。以愛爾蘭威士忌為基酒，再搭配新鮮奶油製成，酒精度數是17度。
- 德卡巴草莓奶油利口酒（De Kuyper Strawberry Cream）
  帶有草莓風味的奶油利口酒，酒精度數是15度。
- 莫札特巧克力奶油利口酒（Mozart Chocolate Cream Liqueur）
  奧地利薩爾斯堡生產的酒，以果仁巧克力和奶油為主原料，再加上櫻桃酒來調適香味製造而成，酒精度數是17度。

亞多伏卡特酒（Advocaat）

荷蘭、德國等地製造的雞蛋利口酒，以白蘭地或蒸餾酒為基酒，加入蛋黃、糖分製造而成。Advocaat是荷蘭文「律師」的意思。喝了這個利口酒以後，舌頭會變得像律師的舌頭般圓融柔嫩，所以才取這個名字。代表品牌有Warninks Advocaat，乃是色澤美麗的黃色利口酒，酒精度數17度。

薑酒（Ginger Wine）

英國的特產酒，用葡萄酒浸泡薑根粉末，再予以熟成。代表品牌有Stone's Ginger Wine。以澳洲皇后州貝得里姆所生產的綠薑為原料，口味清爽怡人，酒精度數是13度。

安哥斯丘拉苦酒（Angostura Bitters）

苦味酒（Bitters）的一種。1824年，當時位於委內瑞拉奧利諾科河流域的安哥斯丘拉市（現在的Ciudad Boliver市）的一間陸軍醫院的軍醫Ciudad醫師所創製的，那時候是當作藥酒使用。現在則由特里達多島的安哥斯丘拉・比特茲公司所製造。以蘭姆酒為基酒，搭配龍膽草根萃取成分製成，具有強烈苦味的酒。酒精度數是44度。

IX 軟性飲料

飲料可依有無酒精成分，大致被分為兩類。含酒精成分就是一般所謂的酒，在分類上以Alcoholic drinks（酒精的飲料）或Hard drinks（硬性飲料）來稱呼。相對於此，不含酒精的飲料或含微量酒精的飲料就統稱為Non-alcoholic drinks（無酒精飲料）或Soft drinks（軟性飲料）。

1 人類與水分

水和食物一樣，乃是人類生存不可欠缺的物質。不過水和食物不同，它無法直接變成能量為身體所用，從維持生命作用的角度來看，它是扮演著配角的角色，所以人們並不會注意到它的重要性。不過，人類就算三星期不吃東西也不會死，但是如果一星期都沒喝水的話，保證死亡。對人類來說，水的重要性遠超出在食物之上。

細胞是人類組織的最小單位，它無法在水以外的基質環境中活動。在體內循環的水分負責運送由外在攝取到的營養素與氧氣到細胞裡，然後也要負責將細胞裡的老舊廢物運送出來，送到排泄口排出體外。

而且，人體內的水分必須經常維持在一定的份量才行。

人類的體重約有3分之2是由水分所構成。水分太多或太少，健康都會失調。尤其是體內的水分失衡了1～2%的話，人類會產生「口渴」的衝動，很想喝水或軟性飲料等等的液體。

一天該攝取多少份量的水因人而異。體重在60kg的成人，一天約需攝取2～2.5公升的水。其中約近40%的份量是由三餐中的味噌湯、湯汁、燉煮食物的水分、米飯裡的水分等攝取到的，其餘約有47%是由茶、咖啡、清涼飲料中攝取。剩下的超過10%則是體內自行製造。每個成人一天都必須喝下大量的水，而讓必要水分的攝取更加美味的角色就是軟性飲料。

2 軟性飲料的歷史

包含人類在內，世上所有的生命體都是由水中誕生，然後發育到今天。可以說是沒有水就沒有生命。

人類飲用的液體中，除了水以外，就以果汁的歷史最悠久。就如「酒類總論」中所述，葡萄的歷史遠比人類歷史還久遠。當人們吸到葡萄汁的那一瞬間，人類與水以外的飲料接觸史也就揭開了序幕。

除了果汁以外，很久以前的人也喝蜂蜜。在西班牙的亞拉尼亞洞窟的壁畫上就有描述採集蜂蜜情景的圖畫。推測應該是舊石器時代（距今約1萬～1萬5千年前）所畫的，不過當時的人並不是把蜂蜜當作調味料使用。應該是用水來稀釋蜂蜜，當作「美味的水」飲用。也可以推測，這個美味的蜂蜜水很快就會自然發酵，變成蜂蜜酒。

西元前6千年左右，巴比倫王國亦留下將檸檬汁稀釋飲用的記錄。

在原本水質很差的歐洲地區，很久以前就開始飲用天然礦泉水（Mineral Water），當時的人們認為這清淨美味的水是上天恩賜的財產。不管是西元前或西元後，有清淨美味的水湧出的地方就會開始有人聚集，還有傳言說，用這些水來洗滌因戰爭受傷的身體，可以治癒傷口。在羅馬時代的記錄裡，羅馬近郊的湧泉水有藥效作用，而且非常好喝，就用甕或壺來盛裝，而且非常珍惜地使用。後來才知道，這個泉水就是所謂的天然礦泉水。人們就在不知不覺中開始珍惜起含有碳酸氣的礦泉水。

以前，當人類開始飲用天然礦泉水時，也等於開始在飲用碳酸飲料了。1767年英國化學家約瑟夫・普里思特利（Joseph Priestley，1733～1804年）是最早使用碳酸氣成功製造出碳酸飲料的人。當時的容器並不是玻璃製的，而是陶製品，所以密閉保存的工作難度很高。後來於1843年，英國發明了檸檬水瓶（汽水瓶）。在日本，1853年（嘉永6年）為了迎接培里提督所率領的艦隊抵達浦賀，當時提供的飲料水中有部份是檸檬水（Lemonade），這種幕

府時代的官人所喝的飲料可說是最早的碳酸飲料。

檸檬水（Lemonade）就是檸檬飲料的意思，含有檸檬原汁。不久，利用檸檬皮萃取物為原料製成的透明飲料誕生，後來還有加了碳酸氣泡的飲料出現，但全部都統稱為檸檬水。日本人第一次喝到的檸檬水就是碳酸飲料。

歷經以上的年代，到了1892年，英國的威廉潘特（William Painter）發明了瓶蓋，這也是讓碳酸飲料大為盛行的轉機。

後來，清涼飲料水的工業化時代繁榮，製造出各式各樣的飲料出來。

喝茶的習慣應該是從中國隋朝開始的，也就是6世紀左右人們開始飲茶，不過也有傳說認為應該追溯到更早的西元350年開始就有喝茶的習慣。

有一說認為從6世紀開始人們開始喝咖啡，但是像現在這樣的喝法則是到了13世紀，由阿拉伯人開始流傳的。

由以上可知，有人類的歷史就有飲料的歷史，從王侯貴族到平民，生活之中都少不了飲料的點綴。軟性飲料不僅有止渴潤喉的作用，還是保健飲料（Healthy Drink）。調製雞尾酒時，軟性飲料可是重要的副材料，今後將會有更多樣化的軟性飲料上市。軟性飲料和酒一樣，都是文化的指針。

3 軟性飲料的分類

在日本稱軟性飲料為「清涼飲料」，酒精飲料和牛奶、乳製品飲料、乳酸菌飲料外的飲料全屬清涼飲料。碳酸飲料、果汁飲料、咖啡飲料、紅茶飲料、烏龍茶飲料、日本茶飲料、礦泉水、運動飲料的統稱是「清涼飲料」。

軟性飲料的製法各式各樣，因此分類的基準也就非常分歧，在日本也沒有一定的分類基準存在。

所以，本書就從廣義的角度來解釋軟性飲料，自行分為5大類。

①清涼飲料（礦泉水、碳酸飲料）

①果汁飲料

②嗜好飲料（咖啡、可可亞、紅茶、烏龍茶、綠茶、麥茶）

③乳製飲料（牛奶和乳製品）

④其他飲料（運動飲料、蔬菜飲料）

（1）清涼飲料

礦泉水（Mineral water）

礦泉水就是含有適量礦物質成分的水。礦物質成分主要是鈣、鎂、鈉、鉀等的無機鹽類，雨水或雪水滲透到地下，滯留時由岩縫滲透溶解於水裡。

據農林水產省的礦泉水品質表示規定標準，日本礦泉水分為以下四類：

①瓶裝水

可以飲用的水。自來水亦可。處理方法沒有限定。

②礦泉水

地層中有礦物質成分溶解的地下水。除經過過濾、沉澱、加熱殺菌等過程外，還需有臭氧殺菌、紫外線殺菌、礦物質成分調整、調和等過程。

③天然水

礦物質溶解成分少的地下水。只有過濾、沉澱、加熱殺菌處理，並沒有再做其他的處理。

④天然礦泉水

在地層中有礦物質成分溶解的地下水。只有過濾、沉澱、加熱殺菌處理，並沒有再做其他的處理。

天然礦泉水就是「有天然礦物質成分溶解，最接近天然水的水」。

「硬度」是表示礦泉水水質的指標之一，計算水中所含的礦物質裡頭，鈣和鎂的份量。計算公式是硬度＝（鈣量×2.5）＋（鎂量×4）。這時候鈣和鎂的份量是以mg／ℓ為單位。

WHO（World Health Organization，世界衛生組織）將飲料水的水質標準，依硬度分為以下四類：

①軟水（硬度0～60mg／ℓ）

②中軟水（硬度60～120mg／ℓ）

③硬水（硬度120～180mg／ℓ）

④最硬水（硬度180mg／ℓ以上）

由以上可知，軟水和硬水的分界線是硬度120mg／ℓ。日本厚生省則認為「美味的水的條件」是硬度在100mg／ℓ以下的軟水。

歐洲地區用玻璃瓶或寶特瓶裝的礦泉水，在各國都被視為是美味的水或無卡路里的健康清涼飲料，人們非常喜歡飲用。現在在美國地區對於這類水的需求也甚大。日本過去並沒有「買水喝」的習慣，不過，環境廳於昭和60年（1985年）3月發表了日本的「名水百選」，並在隔年5月，厚生省修正了礦泉水基準，以前不能進口到日本的礦泉水都可以買得到，人民對於「美味的水」亦更加重視。

礦泉水中，有的含有碳酸氣泡，有的並沒有。

不含碳酸氣泡的代表種類

仙人秘水（岩手縣）

硬度29mg／ℓ。水脈位於釜石市西部的大峰山地底。水源是地下600m。為沒有怪味的軟水，有過濾處理，口味柔順。

SUNTORY天然水・南阿爾卑斯（山梨縣）

硬度29.85mg／ℓ。由南阿爾卑斯甲斐駒山麓的花崗岩塊流出的軟水。礦物質成分含量均勻，口感清爽。

富士礦泉水（山梨縣）

硬度87.6mg／ℓ。在日本國內自古以來都被視為業務用水，鈉含量略多。用來稀釋麥芽威士忌酒，可讓麥芽風味更濃郁。

SUNTORY天然水・阿蘇（熊本縣）

硬度52.25mg／ℓ。阿蘇地區廣闊的原野所產生的豐富水資源。柔軟的礦物質成分喝起來口感很棒，相當清爽。

六甲美味水（兵庫縣）

硬度83.55mg／ℓ。製造日本酒的知名水「灘之宮水」也是來自六甲山系

的地下水。是在日本最早為一般家庭所飲用的水，銷售量第一名。礦物質成分均衡的中軟水。

維特爾（Vittel，法國）

硬度307.1mg／ℓ。水源在法國東部渥秋山脈山腳的維特爾村。從羅馬時代開始，這裡就是知名的礦泉保養地，屬於極硬的硬水。

愛維養（Evian，法國）

硬度291mg／ℓ。水源是位於瑞士國境蕾夢湖畔的卡夏泉。在法國銷售量第一名。雖是知名的美顏水，但是水質極硬。

富維克（Volvic，法國）

硬度60.75mg／ℓ。水源是法國中部歐貝紐山的謬伊多姆鎮。乃是法國生產的礦泉水中，非常珍貴的軟水。

梵維爾（Valvert，比利時）

硬度177mg／ℓ。阿爾登奴地方的耶塔爾森林是其水源地。鈣質含量較多，鎂與鈉的含量偏少，因為好喝又能攝取到鈣質，1993年在日本發售以後，銷售量急速上升。

高地的春天（Highland Spring，英國）

硬度183mg／ℓ。在蘇格蘭高地的布拉克福德鎮採收到的水。1980年起被當作威士忌調味水（母水）的礦泉水所使用，開始以瓶裝銷售。蘇格蘭的水質屬軟水。

含有碳酸氣泡的代表種類

沛綠雅（Perrier，法國）

硬度381.9mg／ℓ。水源是法國南部的威爾傑斯。鈣質含量相當高，但因為鎂含量極少，所以口味很清爽。在發泡性礦泉水中，它的銷量極佳，含有天然碳碳酸氣泡。

聖沛雷葛林諾（San Pellegrino，義大利）

硬度734mg／ℓ。富含大量的鈣、鎂、鈉，所以一直以來都因口味太奇

特而不為人所接受，因此才會添加碳酸氣泡，讓它比較好喝。這是義大利最有名的礦泉水。

蘭姆羅莎（Ramlösa，瑞典）

硬度11.48mg／ℓ。位於瑞典南部蘭姆羅莎村湧出的礦泉水。發泡性礦泉水中難得一見的珍貴軟水，無怪味，口感很棒。

阿波里那里斯（Apollinaris，德國）

硬度691.2mg／ℓ。由艾非爾火山深處湧現出來，富含礦物質成分的天然碳酸氣泡礦泉水。德國最有名的礦泉水，有促進消化的作用，運動後或肉體勞動後等大量發汗時補充礦物質的最佳選擇。

礦泉水不單只是當作飲料飲用而已，還可運用在烹飪調理上，也是製造日本茶、紅茶、咖啡、冰塊及稀釋酒類用的最佳材料，用途很廣。在酒吧裡為了讓加水稀釋的威士忌更好喝，對於礦泉水的硬度、口感都會非常挑剔。有時候還必須根據威士忌的品牌來選擇合適的礦泉水搭配。

碳酸飲料

碳酸飲料就是蘇打水、可樂、薑汁汽水（Ginger Ale）、蘋果西打（Cider）等含有碳酸氣泡（二氧化碳）的發泡性飲料的總稱。若以風味來分類，可分為兩大類，一個是像蘇打水般沒有香味的種類，另一類就是像可樂或薑汁汽水（Ginger Ale）般帶有甜味、酸味或香味的種類。

沒有香味的種類，可再分為含有天然碳酸氣泡的礦泉水和在良質水裡加入人工碳酸氣泡的種類。有香味的種類，則是在良質水裡壓入碳酸氣泡，再加了甜味料、酸味料、香料等。根據日本農林標準（Japanese Agriculture Standard、簡稱JAS），加入的香料種類包含如下：

①香料

②果汁或果泥

③植物的種子、根莖、樹皮、葉、花等或上述物之萃取物

④牛奶或乳製品

要不要接受JAS標準檢驗，全看廠商的意願。符合JAS標準的話，可在商品上標示JAS的記號。

蘇打水（Soda Water）

最早即有含碳酸氣泡的天然礦泉蘇打水（發泡性礦泉水），以及在良質水裡以人工加壓法加入碳酸氣泡的蘇打水。

日本產的蘇打水有兵庫縣西宮市的威爾金生・坦桑蘇打水，自明治23年（1948年）起開始企業化生產天然礦泉水，因而出名。坦桑就是威爾金生・坦桑的註冊商標，其他公司的製品不可以使用坦桑這個名字。

檸檬汽水（Lemonade）、蘋果西打（Cider）

日本的檸檬汽水和蘋果汽水就是在蘇打水裡，加入甜味料和酸味料、果實萃取液來調味的碳酸飲料。就本質看，兩者是一樣的，就外包裝不同。

檸檬汽水就是為了讓檸檬汁更容易入口，所以加了水予以稀釋，也就是所謂的檸檬水（Lemonade）。1868年（明治元年）有位名叫諾斯雷的英國人在橫濱開始製造檸檬水、薑汁汽水（Ginger Ale）等的碳酸飲料。從那時候開始，就稱檸檬水為檸檬汽水。

蘋果西打的前身是蘋果酒（Cidre），傳到日本以後做了改變。1899年（明治32年）時，橫濱的秋元巳之助使用蘋果香料，並初次使用瓶蓋，做出汽水類的高級品，以「金線蘋果西打」之名於市場販售。從此在日本，Cider就是指不含酒精成分的獨特碳酸飲料。

可樂（Cola）

可樂是來自美國的碳酸飲料，現在已經成為全球風靡的飲料。

可樂香味的主原料是非洲西部原產地的可樂樹（青桐科的植物）種子，大小跟核桃差不多的果實裡有好幾顆種子。將種子炒過，再碾成粗粒粉末，浸泡酒精以萃取香味。可樂含有咖啡因和可樂寧，咖啡因的含量是咖啡的2～3倍。關於香味方面，還會使用檸檬、萊姆、柳橙、豆蔻、肉桂、芫荽、胡荽、香草、杏仁、薑等，每家製造廠商都在這方面各顯神通。色澤從琥珀

色到深褐色都有，一般通常都是染成焦糖色。

可樂的創始人是美國喬治州亞特蘭大的藥劑師約翰・史坦恩・賓巴頓（John Stein Pemberton），於1886年研製成功。他利用南美或東印度原住民常含在嘴裡咬當作興奮劑的古柯（Coca）葉為原料，製造出除去古柯鹼的古柯萃取液，再加入可樂子香料與其他香料製成糖漿，以「French Wine Coca」之名販售。隔年將糖漿予以改良，以「Coca Cola」之名在藥局販售。藥局將此種糖漿加水或蘇打水賣給客人喝，而加了蘇打水的就成為今日知名的碳酸飲料可口可樂（Coca Cola）的始祖。

1892年，亞特蘭大的藥局老闆A.G.肯德拉先生從賓巴頓手中買到製作可口可樂的權利，成立了可口可樂公司。兩年後，也就是從1894年開始發售瓶裝的可口可樂。然後發展成今天的可口可樂。現在在全球，可樂的品牌很多，競爭最激烈的就是可口可樂公司和百事可樂公司，不管是在美國或美國以外的國家，都在搶銷售成績第一名的位子。

還有另外一種名叫瓜拉那（Guarana）的飲料，製法和可樂一樣，以巴西西北部亞馬遜河流域原產的瓜拉那（無患子科植物）果實中萃取的瓜拉那液，取代可樂子萃取液為原料製成的飲品。

薑汁汽水（Ginger Ale）

薑汁汽水就是加了薑的香料的碳酸飲料。Ale是英國的一種啤酒的名字，雖然名為Ginger Ale，但是卻完全不含酒精成分。

從非洲的桑吉巴或牙買加、日本所生產的薑中萃取出香料，再將這個香料加在碳酸水裡，然後再加上檸檬酸、紅辣椒、肉桂、丁香、檸檬等，再以砂糖、焦糖調成甜味與著色。因為加入了香料類成分，所以具有獨特的刺激風味。可以直接飲用，若要製成雞尾酒的話，與白蘭地亦非常協調。一半啤酒和一半薑汁汽水調和成的聖地卡夫（Shandygaff）、以伏特加為基酒調製成的莫斯科騾子（Moscow Mule）等都很有名。

還有一種叫作Ginger Beer的碳酸飲料，就是用水稀釋薑、酒石酸、砂

糖的混合液，再予以發酵製成的飲料。會像啤酒一樣冒出細微的泡泡，所以就取名為Ginger Beer，但是通常都沒有酒精成分，就跟Ginger Ale一樣。

沙士（Root Beer）

這是美國製造生產的碳酸飲料，原料是薔薇科的洋菝契根、黃樟樹根，再加上原產地為亞馬遜河的菝契花或當歸花萃取液，加入啤酒花的煮汁裡，一起發酵製成的飲料。Root是根的意思，就由原料名稱來命名。雖然加了Beer（啤酒）這個字，但是完全不含酒精成分。要開高速公路的人常拿它代替啤酒飲用以提神。

通寧水（Tonic Water）

來自英國的飲料，帶有淡淡的苦味，口感柔順的無色透明碳酸飲料。原本是在熱帶殖民地工作的英國人，為了預防中暑、食慾不振而選用通寧製成的保健飲料。因為口感柔順，不久就深受女性歡迎，當成餐前酒飲用。第二次世界大戰以後，與琴酒調配成琴湯尼（Gin Tonic），變成世界性的飲料。與白色烈酒也蠻對味的。

現在的通寧水製法是在蘇打水裡加檸檬、萊姆、柳橙等的果皮萃取液和糖分調製而成。其中以添加少量的通寧（通寧樹皮萃取液）的種類為名品。

以上就是碳酸飲料的代表種類。其他像除去酒精成分的啤酒、提神飲料等也屬於碳酸飲料。今後應該會更多種類的碳酸飲料上市。

為了讓含有碳酸氣泡的飲料更美味，最好冷藏於6～8°C。此外，開瓶時不宜劇烈搖晃。不能放在陽光直射和高溫的地方。

（2）果汁飲料

果汁飲料企業化的過程

果汁飲料的歷史相當悠久，但直到1869年才企業化生產，關鍵人就是美國的牙科醫師湯姆斯·威爾契（Thomas Welch）。他用瓶子裝葡萄汁，根據巴斯德原理，利用熱開水進行加熱殺菌製成成品，供教會飲用。到了1897年，繼承這項製造權利的人開始從事商業化生產。

後來果汁飲料的工業技術也變發達了，在美國的生產量更是大增。尤其在美國禁酒法實施的時代（1920～1933年），更是促使軟性飲料獲得前所未有的大進展。1920年時，蕃茄汁和柳橙汁都已經商業化生產，到了1930年代，葡萄柚汁、鳳梨汁也都出現在市場上，人們開始可以買到各種果汁飲料。到了今天，不只是美國，世界各國的飲料製造商都將各種水果予以果汁化或清涼飲料化，製造出多樣化的商品。

果汁飲料的標示

果汁飲料指得就是以水果為材料製成的飲料，完全不含酒精。

新鮮水果或果汁，不管是食用或飲用都非常美味，而且富含維生素與有機酸，對健康有益。但是，像檸檬或蔓越莓之類的水果若直接飲用則太酸了，因此必須加糖調味或加水稀釋，讓它更好喝。果汁飲料的成品會視用途而讓果汁含有量有各種變化，從100％純果汁到各種含量的果汁都有。

日本農林水產省為了與國際規格統合，將果汁飲料的標示做了全面性的變更。在1998年修正JAS（日本農林標準）和品質標示基準，將舊標準分為五大類的果汁飲料大致分為「果汁」和「加了果汁的飲料」兩大類，廢止了「天然果汁」的標示。

各種水果的糖度（果汁本身含有的糖類濃度）有一定的基準值，標示方式有如下之分類。

①果汁（相對於基準值糖度在100％以上）

　　ア.水果汁

　　　　・純果汁－直接用水果榨汁的飲料

　　　　・濃縮還原－將濃縮果汁還原的飲料

　　イ.加了果粒的水果汁

　　　　・在果汁裡加了柑橘類的果粒（橘子剝除薄皮後的果粒）或柑橘類以外的細果肉的飲料。

　　ウ.蔬果汁

此外，若加入蜂蜜或砂糖，通常必須在標示的品名欄和商品名後面或下面，再標示有加糖。

②加了果汁的飲料（10%以上、100%以下）

在品名欄裡必須具體明示果汁的使用比例。

果汁飲料的一般製法

選擇優質的水果，經過碾碎、榨汁、均化機處理後，讓果汁均一化，增加黏稠感。然後再進行清澄過濾的作業。不過只有這些步驟的話，果汁容易氧化，必須再真空脫氣處理，並以高溫瞬間殺菌法消滅微生物，終止酵素作用，才算完成。

（3）嗜好飲料

咖啡

咖啡原產地是衣索比亞，據說是在很古老時代就流傳到阿拉伯。咖啡樹屬於茜科常綠高木，將果核去除後，留下種子予以乾燥處理，就是咖啡豆。

直到9世紀左右，文獻上才有咖啡的相關記載。那份記載是阿拉伯的醫學學者拉薩斯（Rhazes，865～925年）所開立的處方箋，為咖啡一詞首度出現在文獻記錄中。剛開始是直接咬食生的咖啡豆。到了11世紀左右才將乾燥的咖啡豆予以碾碎、煎焙，當胃藥服用。到了13世紀，開始將咖啡豆炒熟後煮沸飲用。那股獨特的香味讓麥加、開羅等信仰伊斯蘭教的地方的人們瘋狂地愛上了咖啡。咖啡的語源來自阿拉伯文的Kahwah，原意是指「酒」。從此以後，在禁止喝酒的伊斯蘭教國家裡，咖啡就取代了酒的位置。

到了16世紀，咖啡廣泛流傳於阿拉伯周邊的國家，1551年在土耳其的肯斯坦奇諾布爾（現在的伊斯坦堡）成立世界第一家咖啡屋。17世紀初，咖啡流傳到歐洲，在倫敦、巴黎等地陸續有咖啡屋成立。17世紀後半期咖啡傳到了美國，隨著越來越多人開始喝咖啡，加上歐洲各國殖民地領土的擴張，西隆（現在的斯里蘭卡）、牙買加、西印度群島、中美洲、南美洲等地開始大量栽培咖啡豆，現在這些地方依舊是咖啡豆主要產地。

19世紀初，由煮沸後沒過濾就直接飲用的土耳其式，演變為今日不用過度煮沸，過濾後再飲用的模式。日本是於江戶時代初期（17世紀初）由荷蘭人將咖啡傳進國內的，但是那時候並沒有普及，直到明治文明開化時代以後才在民間廣為流傳。

咖啡樹的品種有25種，實用的優良品種有阿拉比卡、羅布斯坦、賴比瑞亞等三種。

阿拉比卡品種的原產地是衣索比亞，佔了全球產量的80％。栽培地的氣候和風土會影響它的香味。抗病蟲害的能力弱，所以都種植在高地。

羅布斯坦品種在剛果被發現，栽種在阿拉比卡品種不能栽種的低地區，因為它較不怕蟲害，印尼等地產量極多。幾乎都作為即溶咖啡的原料，主要是苦味，幾乎沒有酸味，口感很平實。為混合用咖啡的主要材料。

賴比瑞亞品種的原產地是非洲中西部的賴比瑞亞。耐病性強，不管是乾燥的土地或濕潤的低地，都可以發育得很好。品質屬於中等程度，產量少，主要是作為混合咖啡的原料。通常都被拿來當成阿拉比卡品種的接枝砧木。

混合咖啡豆時，絕對要用具有此款咖啡豆所欠缺性質的品種來混合，活用各種咖啡豆的特徵來調配出喜好的風味，這也是咖啡愛好者的樂趣之一。

此種咖啡豆也用來製作可以直接飲用的咖啡罐裝飲料。在日本，以內容量100g來換算生豆量的話，罐裝咖啡飲料大致可分為以下三類：

　　①含咖啡的清涼飲料＝換算之生豆量1～未達2.5g

　　②咖啡飲料＝換算之生豆量2.5～未達5g

　　③咖啡＝換算之生豆量5g以上

咖啡之所以會被全球人士所飲用，乃是因為咖啡中所含的咖啡因有興奮作用所致。味濃的咖啡能刺激大腦，趕走睡意，加了砂糖或奶精的咖啡則有消除疲勞的效果。

可可亞

將可可樹的種子炒過後磨碎，變成脫脂的可可亞或沒有脫脂的巧克力。

可可亞就是Cacao，語源來自古代墨西哥馬雅族的單字Xocoatl。從西元前開始在墨西哥就已經將巧克力當作「神的食物」飲用，西班牙人柯堤斯於16世紀初進攻墨西哥時，將巧克力當作貨幣使用。可可亞於16世紀末傳到歐洲，剛開始被當作藥物，後來變成消除疲勞的營養劑，最後就演變成了加砂糖飲用的甜味飲料。不過在當時只有貴族才能喝到，算是相當昂貴的飲料。

1828年左右，荷蘭人班赫田發明了除去可可豆脂肪成分的方法，讓它更容易用牛奶或熱水溶解。這就是現在的可可粉的始祖。

可可亞雖然脂肪成分變少了，但仍佔有22％，其他的成分方面，蛋白質為22％、糖質為37％，屬於高營養價值的飲品。

紅茶

據說茶的原產地是中國雲南或西藏的山岳地帶。紅茶是山茶科山茶屬的常年生常綠樹，早在周朝（西元前兩千年）時就有山茶的存在，也有傳說西元前的人類已經開始在喝茶了。剛開始是當作藥飲用。不久，中國式的綠茶傳到了東洋、歐洲，但是歐洲人喜歡發酵過的烏龍茶勝於綠茶，所以就在中國將烏龍茶再發酵，製成了紅茶。這種紅茶深受歐洲人士喜愛，尤其合英國人口味，不久英國就在印度生產紅茶。

雖然原料一樣，但是因為製造方法不同，大致可分為非發酵的綠茶、半發酵的烏龍茶、發酵過的紅茶等三類。世界上生產的茶中，有8成是紅茶。在國外講Tea（茶）時，指的就是紅茶。茶中所含的咖啡因、茶鹼會刺激大腦，有興奮、利尿、消除疲勞的效果。

烏龍茶

烏龍茶和綠茶、茉莉花茶一樣，自古以來就是中國人常喝的茶類之一。主產地是中國福建省，因為茶葉色澤像烏鴉般黑，形狀像龍般地蜷曲，所以才叫烏龍茶。

前面已提過，紅茶是發酵過的茶，烏龍茶則是半發酵的茶。主要製法就是讓陽光曬生葉，在曬的時候需要邊曬邊攪拌生葉，移到室內以後，每隔1

小時必須攪拌10分鐘左右，直到葉子周邊變成褐色，稍微發酵後散發出香味，再放進鍋裡炒。然後再萃取茶液，過濾、加熱殺菌後裝罐或裝在寶特瓶裡製成產品銷售。關於日本國內的生產量，1994年度是128.3萬千升，相當於一個人每年消耗10公升的量。

根據1994年度的生產量，關於日本茶的飲料資料如下，綠茶飲料是38.3萬千升、麥茶飲料是18.3萬千升，由此可見飲料市場大為擴增。

綠茶

日本從鎌倉時代開始，綠茶開始普及，人們開始把綠茶當茶飲用。可分為玉露、抹茶、煎茶、番茶等四類。茶的主產地是靜岡、九州南部、京都、三重、奈良、崎玉，以京都的宇治茶品質最佳。

茶樹種了6～7年後才可以採收，此後還可再採50年左右。綠茶的採收期一年裡可分好幾次。4～5月底採收的品質最好，稱為一番茶，可製成玉露或碾茶（抹茶原料）。採收了一番茶以後，再發芽長成的就是二番茶，採收期是6月下旬～7月上旬。三番茶採收期是9月中旬～下旬，四番茶是9月下旬～10月上旬。採收後的生葉用蒸氣蒸，再用粗揉機送熱風，一邊乾燥一邊揉捏。然後再用乾燥機充分乾燥後，精挑細製而成。現在的製茶工作幾乎都已經機械化了，人工的手揉茶等級最高，但是產量已是少之又少。

麥茶

麥茶是日本創始的茶飲，它的歷史據說起自3世紀。以大麥為原料，然後直接煎焙或蒸過再煎焙，亦或是先將大麥精白過後再煎焙等等。後來還開發出麥茶茶包、冷水用麥茶茶包，更帶動它的買氣。近年來寶特瓶裝的麥茶飲料也很受歡迎。

（4）乳類飲料

「乳」一般指的就是牛奶，乳類飲料就是牛奶的加工飲料的總稱。

根據厚生省令的規定，「乳」項中的飲用牛乳又可分為「牛乳」、「特別牛乳」、「部分脫脂乳」、「脫脂乳」、「加工乳」。這是根據乳脂肪成分或

乳酸的酸度、1 ml所含的細菌數來做區分，但認為都跟「牛乳」一樣，具有相同的營養價值。所有的製品全都要殺菌，然後再冷卻保存於10°C以下的環境裡。並規定在製品上必須標示種類別、殺菌溫度與時間、製造年月日、乳處理場所在地和乳處理業者姓名。如果是加工乳的話，則需要標示主要原料名稱和無脂乳固形成分、乳脂肪成分的重量百分比。部分脫脂乳的話，必須標示乳脂肪成分的重量百分比。

「乳製品」可分為「發酵乳」、「乳酸菌飲料」、「乳飲料」三類。

「發酵乳」的代表性食物就是優酪乳，將牛奶或無脂的固體乳以乳酸菌或酵母來發酵，製造成糊狀或液狀的食品。當然結凍後的乳品也包括在內。

「乳酸菌飲料」就是將牛奶等原料以乳酸菌或酵母來發酵，再進一步加工製成的飲料，或者是以上述發酵物為主要原料的飲料，但不包括發酵乳。

「乳飲料」的代表製品是咖啡牛奶或果汁牛奶，是以「生乳」、「牛乳」、「特別牛乳」以及以這些原料製造的食品為主原料的飲料，但不包括上述的發酵乳和乳酸菌飲料。

其他乳製品

奶油

奶油就是將生乳、牛乳或特別牛乳等非乳脂肪成分分離後，剩下的純乳脂肪製品，乳脂肪成分在18％以上。通常乳脂肪成分在18～25％的話，就是輕奶油（light cream），乳脂肪成分在45％左右的奶油就是重奶油（heavy cream）。最好依用途目的來分類使用。奶油的製法和牛奶一樣，必須在62～65°C加熱殺菌30分鐘或是以具有同等以上殺菌效果的方法來予以加熱殺菌。因為細菌容易入侵，必須留意製造年月日，並保存在10°C以下。

將牛乳的奶油成分分離，剩下的就是脫脂乳（skimmed milk），富含乳糖、蛋白質、礦物質，乃是脫脂奶粉、優酪乳、冰淇淋的主要原料。

無糖煉乳、加糖煉乳

將牛乳或特別牛乳濃縮後製成的煉乳，可以分為無糖煉乳（evaporated

milk）和加糖煉乳（condensed milk）兩大類。這兩類的乳脂肪成分、1g裡所含的細菌數或糖分含有率都有一定的規定。

冰淇淋

冰淇淋是以牛乳或乳製品為主原料，加上糖、乳化劑、安定劑、香料、著色料後，予以乳化、冷凍製成。在日本，將乳脂肪成分8%以上稱為冰淇淋（ice cream），乳脂肪成分在8%以下、3%以上稱為冰乳（ice milk）。

（5）其他飲料

運動飲料

近年來，除了競技類的運動之外，為了健康而運動的風氣也越來越興盛。一般而言，一位劇烈運動的選手，兩個小時約可流下2.5公升的汗水。避免運動後因缺水導致中暑或疲累，還有感冒發燒時需要大量補充水分，人們都會喝運動飲料。

美國佛羅里達大學的羅伯特凱達博士在進行研究時，發現在水裡加入鈉、鉀等礦物質和葡萄糖的話，就算在運動中，也可以讓身體迅速吸收。後來在1968年時，美國的史托里梵伽普公司就將運動飲料命名為「凱達水」，上市販售。現在的運動飲料可分為粉末型和罐裝或寶特瓶裝的液體型。除了有糖分外，還含有維生素B1、B2、C，據說消除疲勞的效果不錯。

蔬菜飲料

蕃茄汁

日本在昭和40年代～50年代前半期之間，吹起健康風氣與自然風氣，使得蕃茄汁的市場需求量大為擴增。

蕃茄汁的作法就是將蕃茄碾碎、榨汁、調味後，再予以高溫瞬間殺菌，用罐子或瓶子盛裝，最後再予以殺菌、冷卻、出貨。

蔬菜汁（加了蕃茄的蔬菜汁）

以蕃茄為底汁，再加入萵苣、芹菜等各種蔬菜混製而成的蔬菜汁。近年來添加了 β 胡蘿蔔素的胡蘿蔔汁也很受歡迎。

X 雞尾酒的副材料

1 藥草・香料類

藥草（Herb）就是西方國家自古以來當作藥物或芳香劑使用的藥用植物。主要的使用部位是根、莖、葉。

香料（Spice）就是辛香料，主要是從東方傳到西方，有各種香味與口味，可讓料理更加美味，還有增進食欲的效果。主要的使用部位是植物的葉、花蕾、果實等。

薄荷（Mint）

薄荷是紫蘇科植物，全世界有多種野生種。日本人很早以前就知道薄荷的存在，它的特色就是含在嘴裡會有清涼的感覺。

代表性種類有薄荷和綠薄荷。

薄荷（Peppermint）精油的主成分是薄荷腦、薄荷酮、薄荷酯、蒎烯、檸檬油，整株的薄荷都帶有刺激性與香味，香味清柔涼爽，主要是香水或化粧品、糖果、口香糖等的香料成分。也是薄荷利口酒的香味成分來源。

綠薄荷（Spearmint）的主成分是薄荷腦、香芹酮、檸檬油、薄荷酚，氣味甘甜，作為飲料或糕點類的香料。

調製雞尾酒時，則是分類使用。將薄荷碾碎，用於調製Mint Julep（薄荷冰酒）等。甜香的綠薄荷則大多是裝飾用。

薄荷是比較容易栽培的藥草類，有花盆或花壇，就可以自行在家栽種，讓家裡充滿淡淡的薄荷清香。

豆蔻（Nutmeg）

豆蔻的原產地是印尼摩魯卡群島，為肉豆蔻科的常綠高木。果實的結構由外而內依序為皮、果肉、種子，酷似梅子或桃子。市面上販售的豆蔻就是將種子仁（胚乳）乾燥後的製品，沒有碾碎就叫全豆蔻，碾碎的就叫碎豆

蔻。

　　西元前10世紀成立的婆羅門教聖典『吠陀』中有關於豆蔻的文獻記錄，乃是陶醉性飲料「索瑪」的原料。主成分是豆蔻酸脂、蒎烯、咖啡因，當作健胃、驅寒的藥物，精油可以外敷，治療慢性風濕症。烹調肉類或魚類時，它是最佳香料，也多使用於糕點製作、加工食品製作上。

　　市面上也有豆蔻粉販售，但因為香味容易流失，最好買全豆蔻，等到要用時再搗成粉即可，如此才能保持香味的鮮度。

肉桂（Cinnamon）

　　肉桂是楠科常綠高木，將外皮剝除，乾燥樹皮後販售的商品。在日本稱肉桂為「Nikkei」或「Nikki」，產地是斯里蘭卡、台灣、中國、日本等。香味奇特甘甜。最高級的產品是斯里蘭卡生產的。

　　肉桂精油的主成分是肉桂醛、丁子香酚、黃樟腦，具有健胃、發汗的效果，當作退燒劑使用。也是蛋糕、甜甜圈、餅乾等西洋糕點的原料或調味料，有人喝咖啡時會加點肉桂。

丁香（Clove）

　　在日本稱為「丁字」。將熱帶地區生產的丁香花花苞乾燥後販售，就是我們平常使用的香料。它的香氣是所有的香料類中最強的。原產地是摩魯卡群島，15世紀初進入航海時代以後，丁香和荳蔻都是歐洲列強想掌握生產權與銷售權的熱門辛香料植物。

　　精油主成分是丁子香酚，當作健胃藥物使用，牙醫亦將它當作消毒、止痛藥使用。常用於肉類料理以增添香味。咖哩、糕點、加工食品也常拿它當原料。在印尼則是將丁香與菸葉混在一起，製造出刺激性超強的香味香菸。

　　丁香在低溫狀態時無法散發出香氣，所以多半使用於熱飲。

辣椒（Red Pepper）

　　原產於墨西哥，結果最初階段是綠色，成熟後轉紅。辣味強、香味佳的種類有智利辣椒、鷹爪椒、指天椒、墨西哥青椒。較不辣，當作蔬菜食用的

是青椒。因氣候或風土不同，各地形成具有獨特色澤與香味的紅辣椒系列。

辣椒的辣味成分就是果皮所含的辣椒素（capsaicin），當作健胃藥物使用，有增進食欲、促進消化的效果。在日本則有一味唐辛子、七味唐辛子，平常都當作添香蔬菜使用。

胡椒（Pepper）

原產地是印度西部的馬拉巴爾海岸，有「香料之王」的美稱。在奈良時代傳到日本，現在乃是日本使用量最多的香料。

胡椒為常綠矮木，黑胡椒（Black Pepper）是將未成熟的果實乾燥，非常辣。白胡椒（White Pepper）是成熟的果皮去除後製成，香味高雅。

具有發汗、健胃的藥效，當作食欲增進劑等使用。它還有防腐效果，可用來保存肉類。胡椒亦是各種醬汁、咖哩的原料。用在飲料上是取其香味，而不是它的辣味。使用前最好用胡椒磨碎機將白胡椒再磨碎一點。

2 蔬菜類

蕃茄（Tomato）

原產地在秘魯、厄瓜多爾一帶，隨著印第安人的遷徙，傳播到了安地斯地區、中美洲、墨西哥等地。

蕃茄是茄科的一年生草本植物，但種植在熱帶地區就變成多年生植物。新鮮的果蒂呈現美麗的鮮綠色。當蒂變黑時，鮮度也就變差。蕃茄幾乎都是在綠色時就予以採收，然後再追熟、貯藏，不過如果是全熟的蕃茄，採收後就立刻榨成蕃茄汁，營養價值很高。

小黃瓜（Cucumber）

葫蘆科一年生蔓性草本植物，原產於喜馬拉雅南部山麓。有青草香味。

選購時宜挑選有帶突刺的較新鮮。在酒吧裡，小黃瓜是下酒菜的材料或是拿來當作雞尾酒攪拌匙的代用品。

芹菜（Celery）

芹科1～2年生草本植物，自古以來就被當作藥物、辛香料使用，直到17世紀才被當成食材使用。肉質清脆，有股清新的香氣。

最好是一次只買一株較新鮮。但如果一次買很多的話，就一株株分好，摘除葉子，用保鮮膜包著放冰箱冷藏，可保持鮮度。在酒吧裡都做成長棒狀，用來替代攪拌匙。

洋蔥（Onion）

洋蔥是百合科1～2年生草本植物，原產於中亞西南部，並無野生品種。洋蔥的栽培歷史很悠久，在埃及有建造金字塔的工人食用過洋蔥的記錄。

栽培的種類很多，雞尾酒用的是其中的小球種根蒜，又稱為珍珠洋蔥，主要被當成是辣味雞尾酒的裝飾。

3 水果類

柳橙（Orange）

以柳橙為代表的柑橘類都屬於橘科的常綠樹果實，全世界約有一百多種。原產地是印度的阿薩姆地方。早在古代就已在喜馬拉雅山地和中國的長江源流地方栽培。西元前4世紀，亞歷山大大帝遠征印度時帶回種子，才開始在歐洲地區栽種。傳播到歐洲的柑橘，因地中海沿岸的溫暖氣候而盛產。17世紀時遠渡到美國，南部各州和加州成為全世界最大產地。現在全世界的水果中，柑橘類產量僅次於葡萄而排名第二。

柳橙由原產地阿薩姆地方穿越喜馬拉雅山，來到了中國。然後變種為中國品種，於15世紀時由葡萄牙人帶回地中海一帶栽種。地中海品種又遠渡到佛羅里達州，以巴倫西亞柳橙之名而大為盛產。另外，遠渡到巴西的品種就變成了臍橙，不久也傳到了美國而聲名大噪。

柳橙大致可分為以巴倫西亞品種為首的一般柳橙類、果頂有肚臍的臍橙類，以及因富含花色素而果肉呈現滲血般色澤的血紅橙類。

世界各地栽培最多的品種就是巴倫西亞柳橙，不僅可以生食，而且最適

合加工製成果汁。臍橙風味佳，可說是生食的最高級品種。血紅橙深受義大利人和西班牙人喜愛，具有獨特風味。

進口到日本的柳橙，大部分都是美國生產，巴倫西亞柳橙是於3月底～11月進口，臍橙是11月～3月進口，血紅橙是2～3月進口。

柳橙的果皮要有彈性與光澤感，拿起來比較重的汁較多，也比較新鮮。冬天宜擺在陰涼場所，夏天最好用塑膠袋裝著，放冰箱保存。

美國所生產的柳橙，80％以上都被製成果汁。其中100％的天然果汁要將榨好的果汁過濾後，再密封殺菌。將過濾的果汁殺菌後，放進濃縮機裡，濃縮成糖度55％的程度，再放進-17℃以下的冷凍庫保存，這就是所謂的冷凍濃縮果汁（Frozen concentrate）。濃縮還原果汁就是用精製水將濃縮果汁恢復到濃縮前的100％純果汁，再添加天然香料，製成商品販售。

檸檬（Lemon）

原產地是印度，15世紀左右於地中海地區栽種，哥倫布發現新大陸時傳到了美國，後來加州成為全球最大的檸檬產地。

因為檸檬糖分少，酸味強，不太適合生食。但是果汁中富含維生素C，因此當飲料喝的話，非常清爽可口。在烹調的料理或西式糕點上加點檸檬汁的話，有提味的作用。一個檸檬約可榨出45ml的果汁。

日本國內栽種量少，主要產地是瀨戶內海，不過幾乎還是由美國進口。

檸檬的主要品種是加州所生產的尤蕾卡品種，果皮是美麗的檸檬黃色，形狀略呈長方形。果肉柔軟，很香很酸，果汁極多。

萊姆（Lime）

和檸檬一樣，原產地都是印度。航海時代對於因維生素C嚴重缺乏而恐會罹患壞血病的船員們來說，萊姆乃是他們的重要維生素C來源。即使到了今日，還用Lime Juicer（萊姆榨汁機）這句俚語來稱呼英國水兵或船員。

果皮是綠色，皮薄，比檸檬酸，苦味較重，但是很香。都是由加州或墨西哥進口，表面光亮深綠色萊姆為上等品。一個萊姆約可榨出30ml的果汁。

葡萄柚（Grapefruit）

因為果實結滿枝枒的樣子就像葡萄串一樣，所以才命名為葡萄柚。18世紀時，在西印度群島的巴巴多斯島上，由母本朱欒樹和父本甜橙雜交而成的突變種。當時稱之為「禁果（Forbidden Fruit）」，學名是「樂園柑橘（Cirtus paradisi）」。由西印度群島經過中南美洲，傳到了美國的佛羅里達州、加州。20世紀以後，加州成為葡萄柚的最大生產地，出口到世界各國。

進口到日本的黃色果肉葡萄柚幾乎都屬於馬休席德雷斯品種，果肉滑嫩順口，汁非常多。粉紅色果肉為萊德布拉修品種，糖分比前者略高。果肉為橙紅色的是星紅寶石品種，糖分多，也非常酸，口味濃郁。

關於葡萄柚進口到日本的時期如下所述，加州葡萄柚是6月～8月，墨西哥葡萄柚是9～10月，佛羅里達葡萄柚是11月～5月，空檔期會進口少量以色列生產的葡萄柚。品質最好的是佛羅里達州歐奇多群島所生產的品種，帶有特殊的洋蘭花香味，果汁很多，觸感滑嫩。在選購葡萄柚時，要選擇果皮光滑，果肉有彈性的比較新鮮，品質也比較好。

鳳梨（Pineapple）

鳳梨科（Ananas）植物，原產地是熱帶美洲。16世紀時，葡萄牙人在西印度群島發現了它的蹤影，便廣為流傳到世界各地。在歐洲都稱鳳梨為「Ananas」。這個語源是因鳳梨表面與龜甲很相似，而卡里布土著語的「Nanas（龜殼）」與葡萄牙語的接頭語「A」連接在一起的單字，就變成了「Ananas」。英文名為Pineapple，原意是形狀如松果的蘋果。

進口到日本的鳳梨大部分是菲律賓生產的，其他則有風味佳的夏威夷鳳梨或台灣鳳梨。一般都是重達1～1.5kg的黃色果肉的史慕斯凱恩品種。

當果皮的3分之1左右由綠色變為黃色，散發出強烈的甘甜香氣時，就表示可以食用了。再放熟一點的話，果肉會呈現白色甚至變成透明狀。

鳳梨汁裡富含具有分解蛋白質的酵素酶，吃果肉可幫助消化。但是未成熟的鳳梨含有大量的草酸鈣，食用時會有苦澀感。

木瓜（Papaya）

原產於熱帶美洲，屬番木葫蘆科水果。進口日本的木瓜幾乎都是夏威夷產的梭羅品種，一整年都可吃到鳳梨。10～1月會從斐濟進口少量的鳳梨。

梭羅品種中，紅橙色果肉的木瓜叫作Sunrise，口味清爽。木瓜要選擇飽滿，果皮無傷、無斑點的。果皮的顏色由綠色變成黃色，用手去握感覺柔軟的話，就可以食用了。完全成熟以後，擺在冰箱裡可保存一星期。

木瓜富含維生素A、C和可分解蛋白質的木瓜酵素，可以與肉一起料理，或者吃了肉類料理後，吃個木瓜亦可幫助消化。生食時幾乎沒有酸味，可淋點檸檬汁或萊姆汁，更加美味。

芒果（Mango）

原產地是印度，在當地稱芒果為「神聖的果樹」。栽培歷史悠久，早在4千年前～6千年前就已栽種了。

進口到日本的品種方面，2～7月是菲律賓生產的卡拉帕歐品種，名為沛里坎芒果，4～10月進口的是墨西哥生產的肯特品種，名為蘋果芒果。沛里坎芒果是黃色扁平狀，口味清淡。蘋果芒果很甜，纖維質很多。

芒果的特色是具有獨特的舌觸感與香味，通常都是縱切成三片食用。攪成泥狀食用，酸酸甜甜地也很美味。芒果富含維生素A、C和胡蘿蔔素。

選購時宜挑選果皮光滑且美麗的，避免挑選果皮有黑色斑點或傷痕的。買果皮顏色有點青綠的，再擺回家裡放熟比較好。完全成熟後，用塑膠袋裝著，放冰箱冷藏可保存一星期。

百香果（Passionfruit）

原產地是巴西。看到百香果美麗大花朵的西班牙人，覺得它的雌蕊形狀就像被吊在十字架上的耶穌，所以取名為「Passion Flower（受難花）」，因此它的果實就叫Passionfruit了。

紫色的百香果是紐西蘭生產的，於2～6月進口到日本。日本國產的百香果是黃色果皮、金黃色種子，生產地是八丈島、小笠原，於7～10月出貨販

售。因為紐西蘭產的百香果是提早採收，所以果皮都皺皺地，但是很甜。日本國產百香果很新鮮，果皮很有彈性與光澤。

可以生食，常將果肉榨成汁或做成果凍、冰淇淋。百香果酸酸香香，果汁量少。葡萄牙文叫做Maracuja，常和葡萄酒或果汁一起調配飲用。

奇異果（Kiwifruit）

原產於中國長江沿岸，屬木天蓼科水果。二十世紀初開始在紐西蘭栽種。形狀很像紐西蘭的國鳥「奇異鳥（Kiwi）」，所以才命名為奇異果。

日本於1964年開始由紐西蘭進口奇異果。大都屬於赫渥多品種，果實大，保存期長。5～12月進口紐西蘭的奇異果，11月～5月則吃日本國內生產的奇異果，所以一整年都可吃到奇異果。

奇異果的甜味柔和，與酸味融合得剛剛好。一天只要吃半顆奇異果，就等於攝取到了一天所需要的維生素C量。含有分解蛋白質的酵素酶，最適合在吃完許多肉類料理後食用。

選購時要選擇美麗的蛋型，整顆摸起來硬度平均的。用手輕握，有點柔軟時就可以吃了。

芭樂（Guava）

原產地是熱帶美洲，屬蒲桃科的水果。16世紀時，由西班牙人將它傳播到世界各地。現在在熱帶國家或亞熱帶國家中，芭樂是很普遍的水果。優良產地是加州、佛羅里達州、古巴、墨西哥、巴西、秘魯、夏威夷等地。在日本國內，鹿兒島縣南部、奄美大島、石垣島等地都有栽種。

將芭樂切片，淋上奶油，或用砂糖略醃過，都非常好吃。芭樂中的維生素C、β胡蘿蔔素、鉀含量是所有水果中最多的，可說是極佳的保健飲料。

椰子（Coconut Palm）

全世界熱帶地區都可看到椰子樹的蹤影，屬椰科的多年生高木，喜歡生長在海岸線地區。嫩果期的外皮是綠色，果汁帶有淡淡甜味與酸味，是很清爽的飲料。成熟後變成咖啡色，果凍狀的胚乳會變成固體層。將這個固體層

削下，製成椰子奶油或椰奶。從固體果肉中可以萃取椰子油，用途非常廣。

　　進口到日本的椰子為菲律賓生產的，一年四季都進口。想喝果汁或吃凍狀果肉的話，選擇外皮呈現鮮綠色的，然後拿起來搖晃看看，可以聽到裡面果汁搖動的聲音者最佳。

開心果（Pistachio）

　　開心果屬漆科，原產地是地中海沿岸的西亞地區。在羅馬時代就已經開始栽種了。現在的主產地是加州、亞利桑那州、德克薩斯州、印度、中近東地區。果仁的色澤越深綠，表示品質越好。

酪梨（Avocado）

　　原產於熱帶美洲，屬樟科。果皮酷似鱷魚皮，又稱為「鱷梨」。成熟時果皮由綠轉黑，果肉是帶綠的米黃色，口感像奶油別名「森林奶油」。是營養價值最高的水果。富含蛋白質、維生素A、C、E、不飽和脂肪酸的亞油酸，不含膽固醇。在美國是減肥水果。對於營養失調的現代人來說，是成人病或病後的最佳營養品。富含維生素E，有防止細胞和肌膚老化的效果。

　　幾乎都屬哈斯品種，2～8月進口加州產酪梨，9～1月進口墨西哥產。加州酪梨品質較優，冬天進口的墨西哥產酪梨有的果肉很黑，選購時宜小心。

　　當果皮由綠轉黑，用手握感覺軟軟的話，就可以食用。還未成熟的酪梨於室溫下保存，等到完全成熟後，再放冰箱保存。

　　食用時用刀子橫切入之後沿著種子劃一圈，再用雙手扭轉開，就可輕易取出種子。也可以用湯匙舀著吃，或是去皮後切成片狀，沾山葵泥醬油或沙拉淋醬都很美味。太熟的話，就攪成泥做成沙拉淋醬。

香蕉（Banana）

　　原產地是馬來西亞，最早的香蕉是結滿了黑黑粗粗的種子，後經突變成現在的無籽香蕉。之後就以分株方式栽種。現在的香蕉主產地是中南美洲，佔全世界總產量的50％。

　　進口到日本的香蕉80％是菲律賓產，也從台灣、厄瓜多爾、哥倫比亞等

地進口，四季都有。主要品種為黃色、稍微彎曲、尺寸均一的卡賓迪修種。紅皮、果肉飽滿的是摩拉多品種，大小像手掌般大小的是門肯巴那那品種。

　　香蕉營養價值高，富含鉀等礦物質。香蕉是腸胃不佳的成人的最佳治療食品，也是最適合嬰兒食用的離乳食物。

　　果皮出現黑色斑點者，不宜放久，但味道正甜。香蕉置於室溫下保存就可。不在意果皮顏色，只使用果肉部分的話，可在食用前將香蕉放冰箱冷藏，抑制熟成，就可以保存它的甘甜。不過香蕉皮可能會變成全黑的了。

蜜瓜（Melon）

　　原產地是非洲西部的沙漠地帶，和西瓜一樣都是葫蘆科植物，據說埃及豔后也喜歡吃。後來由非洲西部北上，經過中亞地區，傳播到蘇俄南部，往西則是經過希臘、羅馬，流傳到歐洲各地、美國大陸。這就是後來所謂的洋香瓜、哈內迪瓜等的西洋瓜種。

　　另一方面，往東則由阿富汗傳到中國，就是所謂的馬庫瓦瓜、哈密瓜等東洋瓜種。日本則是在彌生時代由中國傳入，當時傳入的品種是馬庫瓦瓜。

　　在日本屈指可數的水果中，洋香瓜有水果之王的封號。果皮有高雅細緻的紋路，帶有麝香般的芳香，外型端正，又香又甜，但單價也高。

　　以洋香瓜為代表的溫室瓜（亞魯斯品種）的栽培技術，屬日本最先進的，獲得全世界極高的評價。

　　其他的綠色瓜，像阿姆斯瓜、安第斯瓜也很受歡迎。近年來，紅色果肉的蜜瓜買氣很旺，最具代表的是北海道生產的夕張蜜瓜。果肉柔軟，帶有濃厚的甘甜味。白果肉的瓜種有白雪瓜、赫姆蘭瓜、哈內迪瓜、王子瓜等。

　　區分瓜的生熟時，是用拇指按一下落花的瓜頂部，變軟了就表示熟了。瓜越熟，香味越濃，用鼻子嗅一下也能分辨。或是用手指彈一彈，根據彈出的聲音辨別瓜的生熟。如果是類似高亢清澈的金屬聲，表示尚未成熟，成熟後聲音會比較低沉。不過，像洋香瓜等高級瓜最好在購買時詢問一下比較安心。要等完全成熟後才可以放冰箱保存。但若溫度太低會讓甜度降低。準備

食用之前的前4～5小時再擺冰箱冷藏即可。

西瓜（Watermelon）

西瓜屬葫蘆科一年生草本植物，原產地是非洲西部的沙漠地帶。它的原產地與傳播途徑幾乎跟蜜瓜一樣。在中國，是唐朝時由西域傳到中國的，所以才命名為「西瓜」。日本則是在江戶時代由民間逐漸向高階層社會普及。不管是古代或現在，西瓜都是平民百姓的水果。

日本人很喜歡吃西瓜，平均一個人一年可吃掉10kg的西瓜。代表的品種有天龍、金時等，都是又大又甜。

近年來大受歡迎的品種是紅色小玉西瓜，比大型西瓜還甜，而且因為個頭不大，很適合現代的小家庭。

西瓜富含果糖，冰涼以後食用會更甜美。

葡萄（Grape）

很久以前，葡萄就已經是人類的食物了，現在也是全世界產量最多的水果。當時是將約8成的葡萄用來釀酒，其餘則做成葡萄乾或生食用。但在日本卻相反，9成拿來生食，其餘才釀酒。

生食用的葡萄與釀酒用葡萄相比，較不酸，皮也很好剝，而且體積也較大。日本的代表品種有巨峰、皮歐涅、坎貝爾、奧林匹亞、甲斐路、知名的無籽葡萄德拉維爾品種、香味似麝香擁有高雅甜味的最高級麝香葡萄亞歷山大品種。最適合用來壓榨成果汁的品種是美國生產的康科德品種。

以莖為綠色，果粒飽滿、色澤鮮嫩的為佳。一串葡萄最甜的部分是肩部，越往下面越酸，試吃時就吃下面，若是甜的，保證整串葡萄都是甜的。

葡萄的糖分主要為葡萄糖和果糖，約佔12～18%，病人生病時都要注射葡萄糖，由此可知葡萄具有絕佳的消除疲勞、恢復體力的效果。

櫻桃（Cherry）

原產地是伊朗北部到高加索一帶，早在新石器時代就已經有栽種。現在的主要產地是荷蘭、法國、德國、比利時、美國、日本。

日本國產櫻桃體積較大，顏色鮮豔，極甜，帶有適度的酸味，以佐藤錦品種的產量最多。其他的品種有小顆粒的高砂種、大顆粒的拿破崙種、黃玉種、藏王錦種等。進口的美國櫻桃是紫紅色的果皮，帶有特殊香味。

購買時要選擇顏色鮮豔、結實，果柄新鮮的。

日本國產櫻桃幾乎都是生食，在歐美地區則幾乎予以加工生產，櫻桃是櫻桃酒、黑櫻桃甜酒、櫻桃白蘭地等洋酒製造原料。罐頭櫻桃是西式糕點的材料。去籽、著色、醃糖後的紅櫻桃或綠櫻桃，則作為雞尾酒的裝飾水果。

草莓（Strawberry）

原產地是南美洲，屬薔薇科植物，和蜜瓜、西瓜一樣，都是蔬菜的親戚。隨著美洲大陸被發現而傳到歐洲，現代的草莓始祖菠蘿草莓（Ananas Strawberry）是由荷蘭人栽培出來的。日本是在天保時代由荷蘭傳入，到了明治時代，生產出世界知名的福羽品種草莓。

草莓是生物工程技術研究成果最多的一種水果，不斷有新品種問世，新舊汰換極為迅速。日本的主要產地是櫪木縣（女峰品種）、福岡縣（豐之花品種）、埼玉縣、靜岡縣。

女峰品種果肉為深紅色。在其他代表品種中，有大小同嬰兒拳頭般的大型品種愛貝利，帶有一股獨特的香味。此外還有達那、芳玉、寶交等品種。

自然成熟並處於新鮮狀態的草莓，是蒂為青綠色，果皮有光澤，一直到蒂的附近都為紅色。保存方法就是先不要清洗，保留草莓蒂，用保鮮膜包著放進冰箱。食用時，連蒂一起用鹽水快速清洗。如果泡水時間超過30秒，維生素C就會流失。

草莓的維生素C含量是檸檬的2倍，攝取3～4顆草莓，等於攝取成人一天所需的維生素C量。最近有所謂的冷凍草莓，維生素C含有量不減。

蔓越莓（Cranberry）

原產地是美國北部、加拿大一帶的溪谷地區，屬於杜鵑科灌木。目前在美國安大略湖以東到維吉尼亞州是主要栽培區。高度為1公尺的小型灌木，

初夏時期開花，到了秋天果實成熟呈暗紅色。果實直徑8～15mm，很酸，略帶澀味。比較少生食，大都是加工製成蔓越莓汁，美國收穫感恩節時必吃的火雞料理都是沾蔓越莓醬汁。果實顏色如丹頂鶴（Crane）頭冠般鮮紅，所以才取名為Cranberry。

木莓（Raspberry，即覆盆子）

原產地為歐洲和亞洲，屬薔薇科灌木。日本名稱為「樹莓」，法文叫做「Framboise」，葉子內側有濃密的白毛，春天開出白色小花，初夏果實成熟，汁多味甜，帶些微酸味。顏色有紅、黃、紫及其中間色等各種，黑色的另稱為黑莓。木莓可直接生食，也可以做成果醬，亦是利口酒的原料。

藍莓（Blueberry）

美國沼地的野生灌木改良後品種。灌木高度1～3公尺，春天開出管狀淺桃色花朵。果實成串，直徑為1.5cm，7月下旬～9月成熟變成黑紫色。酸味誘人，可生食或製成果醬、派、冰品等，用途極廣。日本主產地是長野縣。

黑醋栗（Cassis）

原產地是歐洲，屬落葉灌木。Cassis是法文名，英文名為Black Currant。樹枝帶有特殊香味，5月會開花5～10次，果實在7月下旬～8月成熟，為黑色。果實的頭部有突刺，果肉較酸，不適合生食。乃是調製黑醋栗利口酒的原料，常用來做成果醬、果凍、果汁、糕點等。

蘋果（Apple）

原產地是高加索到西亞的寒冷地區。在瑞士，從史前時代人種湖棲民族遺跡中，發現了碳化的蘋果種子。隨著民族的遷徙，蘋果由東方傳到西方。蘋果與葡萄、柳橙並列世界三大水果。

在美國有句俗諺是這麼說的，「一天一顆蘋果，醫生遠離我」，蘋果富含維生素和礦物質，尤其是鉀成分較多，可促進體內鹽分排泄。其所含的纖維質有整腸效果，亦有抒解壓力、鎮靜焦慮情緒的作用。

19世紀末，由美國愛荷華州的紅玉種衍生的德里夏斯品種引發了蘋果革

命，日本主要品種的富士或陸奧品種也與其有親緣關係。其他品種有紅玉、津輕、星之王、金色吉那森、王林、小阿爾卑斯乙女、青蘋果的祝品種等。青森的蘋果產量佔日本總產量一半，其後為長野、山形、秋田、福島等。

以果皮有張力，果肉脆實，用手指彈一彈會發出清脆聲響的為佳。果核周邊最甜，所以要縱向切開，泡鹽水可防止變色。夏天要冷藏保存。可直接食用，亦可做成蘋果汁。在歐美地區，則拿來製成蘋果白蘭地或蘋果酒。

梨（Pear）

日本水果中，擁有最悠久歷史的就是梨，於彌生時代就已開始栽種。現在在日本國內，梨是僅次於橘子、蘋果，產量排名第三的水果。

梨大致可分為日本梨和西洋梨。日本梨本來有兩種，一種是呈紅銅色的紅梨，另一種是呈青磁色的青梨，全國各地都有栽種。明治26年（1893年）青梨品種的「20世紀梨」誕生，隔年27年（1894年）紅梨品種的「長十郎梨」誕生，從此以後這兩種就成為主要品種。現在生產量迅速增加的是紅梨與青梨一起配種生出的「幸水梨」，口感香甜滑潤，而且果汁量極多。

與西洋梨的滑嫩口感相比，日本梨的粗糙觸感被西方人諷刺為「Sand Pear（吃起來像在咬沙子的梨）」，長期為西方人所排斥，但是最近口感佳的「20世紀梨」的出口量卻突飛猛進。

西洋梨的品種有產量最多被加工製成罐頭的「巴特萊特」，有口味和香味都佳的「拉‧法蘭西」，有大型且口感滑順的「瑪格麗特瑪麗亞」，有果皮呈咖啡色的「大冠王」，有被稱為夢幻水果的「傑可米思梨」等。

梨富含鉀，對攝取過量鹽分的日本人來說，乃是最適合的水果。

以果皮堅實，有重量感的為佳。用塑膠袋裝著，冷藏保存即可。

日本梨可直接吃，或是做成甜點、水果盤食用。西洋梨大多被加工製成果子露、慕斯、果醬、果汁等，梨和乳酪也很對味。在卡蒙貝爾乳酪等柔滑乳酪上面，擺幾塊西洋梨切片，就是一道美味的開胃菜。

桃子（Peach）

桃子屬櫻科，原產地是中國的華北高原地區。由原產地漸漸往西傳到波斯灣而大為發展，古代的東方一帶地區都種植桃子。隨著亞歷山大大帝遠征，由希臘傳到了羅馬，不久就傳到地中海沿岸，到了17世紀傳到了美國。往西方傳播的桃子變成了果肉為黃色的黃桃。現在的黃桃最大生產地就是加州，製成黃桃罐頭銷售到世界各地。

明治時代由中國往東方傳到日本的天津水蜜桃或上海水蜜桃，最後演變成肉嫩多汁的日本白桃。現在日本桃子幾乎都是白桃變種。日本也有野生桃，從彌生時代的古墳裡就有桃子的種子，可見桃子的食用歷史相當悠久。

桃子的英文名是Peach，法文名是Pêche，其語源都是來自在波斯形成的桃子學名Persica。

日本國內買氣最旺的是白鳳和白桃。以左右對稱、形狀美、沒有壓傷的為佳。在識別生熟時，要將桃子底部朝上翻過來，只要落花的部位呈粉紅色，青色消失，就可以食用。桃子成熟後會散發出強烈香味，也能以此做為辨識標準。溫度太低甜味會變差，食用前的2～3小時再放進冰箱冰涼即可。

石榴（Pomegranate）

原產地是波斯，由古代波斯傳到了埃及，再北上由希臘傳遍歐洲。往東則經過印度，傳到了中國，於平安時代傳到了日本。起初在日本石榴並不是食物，而是被當作觀賞用的水果在栽培。主產地是地中海沿岸，美國的佛羅里達也有生產石榴。日本於每年10月～2月會從佛羅里達進口石榴。

成熟後果皮會裂開，可以看見紅色小顆粒果肉。歐美地區有重達400～500g的大型品種。可直接食用，或是撒在糕點或沙拉上。榨汁與柳橙或檸檬一起混調當果汁，也能做成果子露。加工後製成果醬，或加砂糖做成糖漿。

橄欖（Olive）

原產地是地中海沿岸，早在西元前兩千年就已經知道萃取橄欖油使用了。主要產地是西班牙、義大利、美國，日本的香川縣、廣島縣、岡山縣都有種植，尤以香川縣的小豆島橄欖最有名。

　　未成熟時為青綠色，成熟後轉黃完全成熟呈黑紫色。用鹽或醋醃漬，用罐頭或瓶子盛裝銷售，可製成食用油，榨出的油可用在化妝品、藥品、工業用品上。是雞尾酒必備副材料。有用鹽醃漬未熟橄欖做成青橄欖，有去籽後塞進紅椒、洋蔥、杏仁做成瓢橄欖，還有將成熟橄欖以鹽醃漬做成黑橄欖。

4　砂糖類

上白糖

　　日本獨特的砂糖，一般都稱為白砂糖。結晶很細，吸收性強，所以略顯濕潤。產量佔日本精製糖產量的一半。蔗糖的純度是97.2～97.8％，用途很廣。因為很柔軟，在美國又稱為軟白糖。

細砂糖

　　細砂糖的英文名是Granulated Sugar，是將白色粗粒砂糖碾碎製成的砂糖。糖度在99.8％以上，水分和灰分都少，屬於極精純的蔗糖結晶。因為結晶體太大，無法溶解於常溫或低溫液體。熱咖啡或紅茶、燉煮食物等的加熱料理才會使用它。不易溶解於冰咖啡或冰雞尾酒，必須先煮成糖漿再使用。因為純度很高，煮成的糖漿無怪味，乃是最佳的甜味調味料。因為結晶體很硬，在用於雞尾酒的凍雪裝飾（Snow Style）時，會有閃閃發光的效果。

上雙目（純白粗粒糖）

　　本質和細砂糖很像，純度與特質都一樣，但是上雙目細砂糖的純度更高，純度在99.8～99.96％之間，甜味中沒有其他雜味，可說是最理想的甜味調味料。這種糖也必須加熱後才能融解。

糖粉

　　將細砂糖或純白粗粒糖（純度99.9％的粗粒糖）乾燥後磨碎，篩濾出微細的結晶體就是糖粉。容易溶解於水中或酒中，乃是雞尾酒的最佳甜味調味料。此外，製造西式糕點時，它也是最佳甜味料或裝飾料（泡芙等用）。

方糖（Cube Sugar）

純度在99.7～99.8%的砂糖，在精製的上白糖中加入無色透明的濃稠糖液，再壓縮成方型，以慢火加熱乾燥製成。

5 糖漿類

糖漿的英文名是syrup，法文名是sirop。就是用水溶解砂糖後的糖液，或者在這種糖液中加入果汁、香精、著色料等製成的甜味液的總稱。

白糖漿（Sugar Syrup）

是只用水和砂糖製成的糖漿，為最基本的型態，又稱為Simple Syrup或Plain Syrup。

自家調製的標準作法就是用720ml的水（約為日本國產洋酒標準瓶一瓶份量）溶解1kg的細砂糖。可用攪拌機溶解，也能將砂糖和熱開水放進鍋裡加熱融解。採用後者時，千萬不能煮沸。以小火加熱，還要隨時攪拌，不能煮焦。如果用大火沸騰的話，砂糖會因為過熱而產生焦臭味，就不好吃了。

膠糖漿（Gum Syrup）

以前為了預防砂糖結晶沉澱，並使其具有粘著性，會在白糖漿裡加阿拉伯樹膠粉末，所以才稱為膠糖漿。現在市售的膠糖漿是用高純度的細砂糖為原料製成的優質白糖漿，並沒有加樹膠。

石榴糖漿（Grenadine Syrup）

在白糖漿裡加了石榴，變成帶有石榴風味的紅色糖漿，目前市面上販售的有兩種，一是只用香精和色素調製的無果汁石榴糖漿，另一是在白糖漿中添加石榴汁的石榴糖漿。最近在日本的酒吧，有越來越多店家將自己榨的石榴汁加到白糖漿中製作石榴糖漿。

加味糖漿（Flavored Syrup）

在白糖漿裡加入天然或人工香精，調製出各種水果香或草根樹皮香的各式糖漿總稱。可說是加味糖漿的代表，其他主要的加味糖漿有如下幾種：

‧楓糖糖漿　加拿大生產。熬煮砂糖加楓樹液製成的天然糖液。

・木莓糖漿　　帶有木莓風味的糖漿。

・草莓糖漿　　帶有草莓風味的糖漿。

・杏子糖漿　　　帶有杏子風味的糖漿。

・哈密瓜糖漿　帶有哈密瓜風味的糖漿。

其他還有香蕉糖漿、黑加侖子糖漿、薄荷糖漿、桃子糖漿、柳橙糖漿、咖啡糖漿、紅茶糖漿、杏仁糖漿等，市售的糖漿種類繁多。

這些糖漿的特色是，①顏色清澈，②只用香精製成，就算與怕酸的牛奶或奶油一起製成雞尾酒（牛奶和奶油是不能和含酸性的物質一起使用的），也較不易變混濁。

6　冰

為了讓酒或雞尾酒更好喝，冰（Ice）是不可欠缺的材料。

飲料的美味溫度是體溫±25～30℃為佳。因此調製適溫飲品是讓飲料變好喝的重要關鍵。

雞尾酒幾乎都是喝冷的，所以少不了冰。舉例來說，如果體溫是36℃的話，酒溫在6～11℃最好喝，一方面要充分冷卻，另一方面又不能使飲料由於加水過多而變稀，這樣，適量的使用硬冰則很重要。

理想的冰塊，是硬度夠而且呈高度透明狀。冰塊裡若有白氣泡的話，表示有空氣混濁，結冰力會變差。

現在已開發出各種優良機種的製冰機，可以自行製造出像製冰店的冰塊一樣硬度的冰。不過，水質對冰塊的味道影響很大。有些地區的自來水水質較粗糙，會有一股化學臭味，最好改用礦泉水來製作冰塊。不過使用礦泉水成本太高，問題仍然很多。考量成本的話，就用淨水器的水來製冰。

冰塊有各種形狀。調製雞尾酒時通常都會指定冰塊的大小。依大小順序排列的話，依序為大冰塊（Block of Ice）、中冰塊（Lump of Ice）、錐冰塊（Cracked Ice）、方冰塊（Cube Ice）、碎冰（Crushed Ice）、粉冰

（Chipped Ice）、刨冰（Shaved Ice）。

大冰塊（Block of Ice）

一般也稱冰磚，將3.75kg（一大塊）的冰塊切成三等份。一般是放入裝混合飲料的大缽中使用。

中冰塊（Lump of Ice）

就是所謂的冰塊，約拳頭般大小。用於冰鎮威士忌（on the rock）等所用的冰塊。

錐冰塊（Cracked Ice）

用冰錐割成直徑3～4cm左右的冰塊。在攪拌或搖動時所用。在切割冰塊時，盡量不要切出角來。

方冰塊（Cube Ice）

是指3cm左右大小的立方體冰塊。使用日本電機製造商生產的飲食店製冰機製造的冰塊就是這樣的形狀。

碎冰（Crushed Ice）

粉碎後的的顆粒冰，體積比方冰塊還小。最近也有製造碎冰的專用製冰機上市，如果沒有這個設備，可使用市售的碎冰機自己粉碎。也可用乾毛巾或厚塑膠袋包著大冰塊，利用冰錐的柄或木鎚來敲碎。

粉冰（Chipped Ice）

是粉末般的小顆粒冰，形狀跟碎冰差不多。

刨冰（Shaved Ice）

在日本，是用於做刨冰的被削切成很薄層的冰。也可以用毛巾等將碎冰包住，再用冰錐柄或木鎚敲碎。

雖然冰塊的大小各式各樣，但不管使用哪一種冰塊，重點就是要適量地使用硬冰才能調製出美味冰飲。

在提供飲料給客人時，加入的冰硬度和份量都要適中。其要領是當客人喝完放入冰的一杯飲料時，冰要殘留在杯底。

酒吧的設備（機器）器具

I 酒吧的設備

1 設備的種類

酒吧的主要重心就是提供客人酒和雞尾酒，以及一個舒適的空間。因此，店舖裝潢、商品及服務是否能吸引顧客，就變成最重要的三個關鍵。

只要有一個關鍵未達標準，恐怕就會導致經營不善，客人不願再上門。

〈經營不善的主因〉

　　　　店舖…外觀和內部裝潢斑駁老舊，機器、設備不全，空間佈置差

　　　　商品…菜單不夠吸引人，商品不好，進貨不佳，商品管理不完整

　　　　服務…待客態度差，人手不足，讓客人等太久

只要能克服以上因素，就能經營一間讓客人非常滿意的酒吧。

另一方面，也要提供讓員工覺得舒適便利的工作空間。由這兩個角度來討論該買哪些設備或機器。

酒吧的基本設備如下：

　　①照明設備

　　②音響設備

　　③吧台周邊設備

　　④廚房周邊設備

　　⑤給水、排水設備

　　⑥空調設備

　　⑦其他設備（收銀機、餐桌、餐椅、OA機器等）

在此將針對③吧台周邊設備和④廚房周邊設備做重點式說明。

2 設備籌集步驟

在籌集設備時，最好遵照以下的順序來做決定。

①解讀客層（來店動機＝解讀動機）

②決定菜單

③尋找能夠快速服務並按確定的菜單提供可口飲食的機器

④找出可以節省勞力的部分，選擇符合這些部分要求的設備

⑤選擇可降低運轉成本的設備

⑥設計便利無礙的動線，讓店員方便作業

⑦盡量選擇新式產品和售後服務佳的設備

　　準備開一間酒吧時，設計公司常常將吧台內部和廚房周邊的設計擺到後面考慮，而先從外部和內部裝潢等容易吸引顧客的方面開始設計。但更重要的問題是，要首先決定作為酒吧心臟部分的吧台和廚房的面積適於採用何種設備。如此才能達到最主要的目的，即發揮酒吧本來應有功能，把好的商品以最佳的狀態提供給顧客。

　　要詳細說明開店概念，不能一味地聽信推銷商對產品的推銷，要查看產品清單，仔細商討哪些是必須的，哪些是不必須的，認真地做出決定。

　　不只是機器，連吧台周邊、廚房周邊相關的排煙空間（可以作為排煙有效窗口的開口部）、設備容量是否充足（為增加電器設備而留有餘地）等的問題都要留意，尤其是在租用複合式商業大樓（出租辦公室＋出租商店的大樓）開店的話，這些問題更要多留意。

3　吧台周邊的設備

冷藏櫃（臥式冷凍冷藏櫃）

　　為長型臥式冷凍冷藏櫃。市售多為深600㎜×高800㎜。可擺在吧台下，把上面當作工作台，也可擺在背後酒架下，在上面放置酒架（如果是擺在背後酒架下面的話，冰箱的散熱恐會傳到酒架上，因此要慎選酒架的材質）。

　　如此就可以得到大面積的冷藏冷凍空間，用來冷卻杯子、啤酒、葡萄酒、碳酸飲料或乳類飲料等混合物，以及水果或冰品。如果採用全玻璃製冷

櫃的話，不僅拿取方便，也能產生向顧客宣傳酒吧提供商品的店內風貌的附加價值。這個冷藏櫃可說是酒吧吧台的必需設備。

隨用隨取型冷藏陳列櫃

一般賣酒的商店都有，正面鑲著玻璃（也有的是四面鑲玻璃的塔型櫃），用來冷卻啤酒、清涼飲料用的冷藏陳列櫃。設置在吧台內或店裡合適處，將整瓶葡萄酒、蒸餾酒一起擺在裡面展售，會增加誘導流行的效果。

近來由於葡萄酒在酒吧裡的重要性升高，有的店裡還設有葡萄酒專用的冷藏櫃，可說是值得考慮購買的機器設備。

葡萄酒保鮮裝置

為了防止葡萄酒氧化而將氮氣充進啟開的葡萄酒瓶內，從而可以使葡萄酒按杯出售的裝置。把氮氣液體裝置放在背面，從中引出一條氮氣軟管伸至開啟的葡萄酒瓶瓶頸處。在酒瓶內還插入一條供酒管，操作裝置外面的活塞，葡萄酒就會從該管流出。這是由於打開外部的活塞後，靠氮氣的壓力使酒流出。在裝置內部，通過溫度調節器使酒溫能調節到適於飲用的溫度。

考慮到葡萄酒作為酒吧商品的重要性不斷增加，此種裝置是必需的。但如果沒有一定量的葡萄酒種類同時列入菜單的話，有時會造成面積的浪費。

製冰機

酒吧與冰塊有著密不可分的關係。酒吧用冰塊有兩種方法，一是向製冰公司購買大塊的板冰塊（1片為16貫目＝60kg），再切割使用。另一種是利用酒吧內的自動製冰機製出方型冰塊。

如果是前者的情況，想將冰塊切割成適當大小的話，需要花費不少的體力，但是這種大板塊的冰結冰力很強，不容易溶於水。後者的情況因為冰塊形狀是定型的，無需切割技術並可節省人力。採用其中一種方法，還是基於使用目的而兩者都選用，這要根據酒吧的情況而定。

設置自動製冰機時，其選擇的要點如下：

①是空冷式還是水冷式（由運轉成本來考慮）

②製成的冰塊形狀

③營業尖峰時間的製冰能力

④售後服務狀況如何（遇週日或假日機器發生故障時，是否能馬上派員進行維修）

近年來，在雞尾酒或冷盤裡經常使用碎冰。碎冰可以利用冰錐將一般的冰塊或製冰機製成的方冰塊鑿碎製成，但在生意興隆的酒店裡，往往沒有多餘的人力來鑿碎冰。所以在碎冰用量高的店裡，最好在開店之初就買個自動碎冰塊製冰機（或刨冰機）。

冷飲供應機

這種裝置是在軟管端部的供給口處裝有數個按鈕，按下按鈕，就會有冰涼的水、蘇打水、碳酸飲料等流出。能夠快速提供5種或更多飲料。操作氣壓調整機的把桿調整氣壓強度。在大規模的店裡較能發揮此種裝置的功能。

玻璃杯冷卻機

這是一種將玻璃杯以－10℃的溫度冷卻，使玻璃杯表面形成霧霜的裝置。當冰櫃沒有冷卻玻璃杯的空間時，最好再買個這樣的機器。在提供雞尾酒時作為一種展現而使用此設備，會大大提高附加價值。

4　廚房周邊的設備

本來，酒吧是主要提供酒或雞尾酒的地方，但那種不同於下酒小菜的美味料理作為今後酒吧的一種商品，其重要性不斷地提高。

所以，如果只在吧台一角擺個微波爐是不敷使用的。今後，廚房設備也將是酒吧的展示重點之一，絕對要讓客人有賞心悅目的感覺。如同調製雞尾酒一樣，料理的製作也可以增加商品對顧客的誘惑力。

基本設備除了瓦斯爐，還有電子炸鍋、微波爐、對流烤箱、保溫器、保冷器等，應視廚房的空間與店內提供的菜色來選購。與酒杯清洗機一樣，從擺脫單純的體力勞動這一點出發，購入餐具清洗機的必要性也在增加。

II 酒吧器具

1 雞尾酒調製器具

　　為了迅速向顧客提供美味的雞尾酒和其他酒類，除了使用傳統的器具外，近年來開發的新型器具也該積極採用。

　　這些器具全是為了讓雞尾酒更加美味可口的高效率器具。當然，最重要的是保持清潔。

　　現代酒吧所需要的器具列舉如下：

調酒壺（Shaker）

　　專門用來調製難混合材料的器具，同時亦有加速冷卻的效果。素材為鎳銀合金或玻璃，也有很多是不銹鋼材質，這是相當實用的器具。有各種大小尺寸，以中型尺寸最方便使用。

　　調酒壺是由壺蓋（Top）、濾網（Strainer）、壺身（Body）三部分所組成。將材料和冰放進壺身裡，依序套上濾網、壺蓋，搖晃後，將壺蓋拿開，透過濾網將裡面的酒倒出來。

　　調酒壺的形狀，從造型的新穎性有各式各樣，其中一種大型的調酒壺被稱做波士頓型調酒器。這是由大型金屬杯和大型的玻璃杯二部分所組成，先將材料和冰塊放進玻璃杯裡，然後再蓋上金屬杯搖勻，再將用來過濾冰塊的濾網（後述）套上去，就可以倒酒出來。這類型的調酒壺幾乎只在美國地區才使用。不過，大型調酒壺很有表演效果，有些日本酒吧會使用這種調酒壺。

調酒杯（Mixing Glass）

　　別名酒吧杯（Bar Glass）。當要把酒類等易於混合的同質材料混合在一起時，或者要使調製的雞尾酒能充分發揮原有材料的味道以及具有鮮豔色彩時，可使用該種調酒杯。使用這種調製器具的目的，與其說是用於搖動，不

如說是更強調保持酒和配料的原味。

　　調酒杯的材質是厚玻璃，內側底部呈圓形。放入大冰塊和材料後，沿著杯子內緣用吧匙（後述）攪拌，再套上濾網，將調好的酒倒入杯裡提供給顧客。

　　在美國會使用波士頓型調酒器的大型金屬杯或大型玻璃杯來代替使用，視個人喜好選用。

吧匙（Bar Spoon）

　　混合材料時使用的器具，造型是長柄的湯匙，中央部分呈螺旋狀扭繞。攪拌起來動作很順，使用調酒杯調製雞尾酒時，吧匙是必備的最佳拍檔。

　　吧匙的另一端做成叉子狀，可用來拿取瓶子裡的櫻桃或將檸檬片擺在杯子裡，用途極廣。

　　將吧匙放入杯裡或取出時，匙背都要朝上，注意不要碰撞到冰塊。

　　吧匙的大小就跟茶匙一樣，在雞尾酒書的調製方法內容中若寫著「茶匙（tsp.＝Tea Spoon的簡寫）幾匙」時，就可以用這個吧匙代替茶匙來計量。

濾網（Strainer）

　　在鏟型的扁平不銹鋼板上，裝一個螺旋狀鐵絲，這就是調酒用的濾網。

　　將濾網套在調酒杯的邊緣，目的是預防調酒杯裡的冰塊或水果籽掉進酒杯裡。Strain就是「過濾」的意思。

　　這種濾網的作用，是從冰和雞尾酒的混合物中，單將雞尾酒過濾出來，所以才這樣稱呼它。

　　它的功用雖和調酒壺用濾網（Shaker Strainer）一樣，但單講Strainer時，指的是這種濾網。

量酒器（Measure Cup）

　　金屬製的杯子，用來測量酒類或果汁的份量。一般都是容量30ml和45ml的兩個背對背黏合的量杯，乃是酒吧裡常用的器具。其他還有容量15ml和30ml、30ml和60ml的組合，不過並不常用。

有些日本人會稱量酒器為Jigger Cup，這是錯誤的日式英文，道地的英文並不是這個名稱。

軸式調酒機（Spindle Mixer）

這是美國人所開發的電動式調酒器。將材料和冰塊放進大的金屬杯裡，再裝在軸式調酒機上，小型螺旋槳會自動且迅速地在杯裡轉動，很快就將材料和冰塊混拌均勻。倒酒於玻璃杯裡時，記得先將濾網套在金屬杯上。

採用軸式調酒機調酒會比使用調酒壺還省時，但是使用螺旋槳來攪動的話，會造成許多細小的浮冰，這是較難解決的問題。在調製有六成稠度的新鮮冰淇淋等冷飲時也可以使用該裝置。

使用軸式調酒機應注意的問題是冰塊的大小。只有冰塊為1.5立方公分大小的規則形狀下，才能使用此裝置。

攪拌機（Blender）

日本稱它為Mixer，但在美國並不稱Mixer，而是叫做Blender。雞尾酒調製食譜書裡寫的Mixer，是指軸式調酒機（Spindle Mixer），千萬別搞混了。使用攪拌機的話，在書裡會以Blend標示。

加冰雞尾酒是由美國開始流行的，現在不僅日本風行，而且還普及到全球。為了調製加冰雞尾酒，這種攪拌機乃是必備器具。雖然聲音有點吵，但卻是酒吧必備的器具之一。

2 其他器具・備用品

榨汁器（Squeezer）

將柑橘類的檸檬、柳橙、萊姆、葡萄柚等的新鮮水果榨汁時用到的器具。正中間有個螺旋狀的突起，將切成一半的水果切面頂在突起處，用力扭壓便可榨出果汁。有玻璃製、塑膠製、陶製等，不過大型又有重量感的玻璃製榨汁器較好用。也有可以裝在吧台上的大型壓縮式榨汁器。

不管使用哪一種製品，其要領是不能轉動水果或用力過猛，要在整體上

均衡施壓，避免將無用的果皮油和果肉也絞入果汁中。

拔塞鑽（Corkscrew）

市面上的拔塞鑽有各種造型，不過職業級調酒師在客人面前最好使用以槓桿原理做成的槓桿型拔塞鑽為最理想。不過，如果不想出力的話，可使用兩用拔塞鑽中的一種牽引式拔塞鑽。

香檳瓶塞（Champagne Stopper）

香檳酒（發泡性葡萄酒）開瓶後，為了預防碳酸氣體跑掉，就是利用這個香檳瓶塞將瓶口密栓。有了這個器具，酒吧就可以單杯販賣香檳酒等發泡性酒類，像是皇家吉爾之類的香檳雞尾酒，也可以單杯販賣了。

葡萄酒瓶塞（Wine Stopper）

葡萄酒用的替代瓶塞，又可稱為Vacuum vin。拔掉軟木塞後，葡萄酒一遇到空氣就會開始氧化。為了避免酒液與空氣接觸而氧化，因此就發明了這種瓶塞，讓瓶中常保真空狀態。但是長時間使用的話，瓶塞的橡膠臭味會轉移到酒液裡，所以最多只使用1～2天。

開瓶器（Opener）

啤酒或碳酸飲料的專用開瓶器。

開罐器（Can Opener）

罐頭的開罐器。罐裝果汁或水果、小菜罐頭等的開罐器具。常跟上述的開瓶器組裝在一起，不過在開酒瓶時，開罐器那一邊很容易會傷到手，最好還是使用個別分開者較好。

攪拌棒（Muddler）

攪拌雞尾酒或攪碎雞尾酒裡的砂糖、水果果肉時會用到的棒狀器具。有木製、玻璃製、塑膠製、金屬製等各種材質。喝冷飲時，可依個人喜好來做選擇，但如果是喝熱飲的話，最好避免選擇木製或塑膠製，以免產生怪味。

碎冰錐（Ice Pick）

調製雞尾酒絕對不可或缺的必備器具，用來鑿碎冰塊。錐的部分就像是

一根箭，也有的造型是雙箭式或三箭式。錐的長度不一，有長也有短，但因為碎冰錐是利用把手的重量來碎冰，所以選擇長柄單箭式的比較好用。

碎冰時，握著錐端部分，距離前端2cm，大拇指貼著把手邊緣，當作支撐。

把手部分的突起物可以讓有稜有角的冰塊表面更加平滑。

冰桶（Ice Pail）

也可以叫作Ice Backet。用來裝小冰塊的器具，裡面附了一個收集冰融化後的蓄水室，使用方便。有金屬製、陶製、玻璃製、塑膠製等，可配合店裡的裝潢格調來做選擇。有一種帶有保溫瓶式桶蓋的冰桶，可以隔絕空氣，讓冰塊較不易融化。

冰夾（Ice Tongs）

也有人說成Ice Tong，但還是比較常使用複數形Tongs，Tongs的說法才正確。冰夾就是夾冰塊的器具，為了方便夾冰塊，所以前端呈鋸齒狀。宜選擇不鏽鋼材質，彈簧復原力強的牢固款式。

冰鏟（Ice Shovel）

舀冰的鏟子。有專門鏟碎冰和方冰塊用的稍大尺寸，也有鏟碎冰用的小鏟。最好兩種都配備。

碎冰器（Ice Crusher）

專門用來製造碎冰的機器，有手動式和電動式。沒有設置自動刨冰機的店裡，需要選配其中的一種。

酒杯座（Glass Holder）

套在無把平底杯下的金屬製手把。若以無把平底杯裝盛熱飲，杯體變熱將無法托拿，把這種杯座套在杯子下面，就可避免直接以手接觸杯面了。

雞尾酒水果叉（Cocktail Pin）

這是用來刺取裝飾雞尾酒的橄欖或櫻桃的器具，為牙籤狀的叉子，方便刺取食用。就形狀與設計來考量，選擇金屬製比較好。但是尖端很銳利，有

危險性，因為要放進嘴裡食用，還是選塑膠製比較好。

吸管（Straw）

正式說法為Drinking Straw。乃是飲用碎冰調製而成的雞尾酒必備器具。材質各式各樣，配合玻璃杯大小和雞尾酒的格調來做選擇搭配。

細吸管不適合拿來喝雞尾酒，比較適合攪拌雞尾酒，這種吸管稱為String Straw。

注酒嘴（Pourer）

是將其插在打開瓶蓋的瓶口裡使用的一種附加瓶嘴，可以控制流出的液體量，非常便利。每天打烊後，要將注酒嘴拆下，套上原來的瓶蓋。使用前要記得清洗，經常保持乾淨。

苦味酒酒壺（Bitters' Bottle）

用來盛裝苦味酒的玻璃壺。大多是小型構造，底部像洋蔥形狀，上面附了一個金屬瓶口。

酒杯擦拭巾（Glass Towel）

用來擦拭玻璃杯的毛巾。材質絕對要選擇混麻布料，否則無法將玻璃杯擦得晶亮。擦拭巾的寬度至少70cm。

現在有許多新素材問世，各有其長短利弊。

長柄匙（Long Spoon）

長柄的湯匙，這是喝熱飲時用的，一般都是金屬材質。

杯墊（Coaster）

墊在玻璃杯下面的墊子。因為玻璃杯會有水滴滴下來，最好選擇吸水性強的杯墊。

其他

如果有以下器具會更方便，例如水果刀（Petit Knife）、牛刀、水壺（Jug）、葡萄酒冷卻器（Wine Cooler）等。

Ⅲ　酒吧的玻璃杯學

1　玻璃的歷史

玻璃的起源要推算到西元前24世紀以前，在靠近地中海亞魯雷的那曼河畔，人們利用蘇打結晶製造焚火的爐灶時，偶然製成了玻璃。

後來到了西元前16世紀左右，在埃及和美索不達米亞地區，利用一種叫作核玻璃的黏土做成模型，外側再鑲上玻璃，等玻璃冷卻變硬後，將內側的黏土敲碎，就變成了玻璃器皿（玻璃杯），這就是玻璃杯的創始經過。當時的玻璃杯幾乎都被視為高昂的裝飾品，色澤呈現不透明狀。

直到西元前1世紀左右，以地中海地區為中心，發明了一種羅馬玻璃的「吹玻璃」技術，玻璃杯才從裝飾品變成日常用品。這個技術就是在長約1m的鐵管前端纏上玻璃，然後像吹汽球般用嘴吹氣，吹出各種形狀的玻璃器皿，把玻璃器皿的生產技術大大向前推進了一步。

3～5世紀左右，名為蘇珊玻璃的雕花玻璃（玻璃刻花的始祖）登場，此時已能製造圓形花紋的雕花器皿。日本正倉院收藏的白琉璃碗就是典型的代表。

到了7世紀，被稱為伊斯蘭玻璃——就是在蘇珊玻璃上進行彩繪等加工的玻璃問市了。

現在的無色透明玻璃，材質中使用蘇打、碳酸鉀、氧化鉛等材料的玻璃，最初出現在10～13世紀左右，是一種使用蘇打石灰製造的威尼斯裝飾性玻璃。這種玻璃受到伊斯蘭玻璃的影響，採用華麗的裝飾技巧與高度的玻璃工藝技術。

17世紀時，在波西米亞地方製造出以碳酸鉀為原料的高級無色透明玻璃。後來在1673年時，在英國有人再添加氧化鉛而製造出會散發美麗光彩的水晶玻璃，造型優美的細高腳玻璃杯就變得很普及，成為餐桌上常用的玻璃

杯。

到了20世紀，美國玻璃工業開始發達，發明了一種名為三明治玻璃的壓玻璃技術，成為與羅馬時代以來就盛行的吹玻璃技術共存的時代。

另一方面，19世紀末的歐洲工藝美術界掀起新藝術運動，陸續誕生了艾蜜兒葛雷、雷里克、維尼尼等現在全球知名的玻璃工藝品牌。

現在進口到日本的知名玻璃器皿品牌有法國的聖路易（Saint-Louis）、巴卡拉（Baccarat）、雷里克（Lalique）、達姆（Daum）、克麗斯特達克（Cristal d'Arques）；德國的帕爾（Peill）、特雷吉安塔（Theresienthal）、羅聖塔（Rosenthal）；愛爾蘭的渥塔福特（Waterford）；瑞典的伊塔拉（Iittala）、克斯坦波達（Kosta Boda）、歐雷福斯（Orrefors）；葡萄牙的亞特蘭堤斯（Atlantis）等等。

在設計方面，這些產品存在著如下的關係：

品牌設計的分類（Products Identity）

2　玻璃杯的材質

作為提高雞尾酒商品價值的配角，玻璃杯的作用在不斷提高。如果著眼於高層次酒吧服務，今後不僅要精選玻璃杯的設計款，對於材質方面也要斤斤計較才行。

在玻璃的歷史一節中已經提過，玻璃的材質大致可分為蘇打石灰、碳酸碳酸鉀、氧化鉛這三大類。

蘇打石灰玻璃（Soda Lime Glass）

以珪砂、碳酸鈉（蘇打灰）、碳酸鈣（石灰石）製成的玻璃。歷史最久遠，泛指一般的玻璃。一旦氧化，玻璃會帶點綠色，注入此種玻璃杯裡的酒液顏色會受到影響。

波西米亞水晶玻璃

以珪砂、碳酸鈣（石灰石）、碳酸鉀為原料製成。化學耐久性比蘇打石灰玻璃佳，不易變色，有點透明的感覺。

水晶玻璃

使用最高純度的原料做成的玻璃，透明度很夠。因為成分富含氧化鉛（鉛丹），很有重量感。主成分除了氧化鉛以外，還有珪砂、鉀。以這些原料做成的玻璃折射率大，如果加以雕裁的話，光芒非常耀眼迷人。用手指彈一下，會發出獨特的清澈金屬音。不過耐熱性和堅固性不佳。

國際上將氧化鉛含有率達24%以上的統稱為水晶玻璃杯，在日本也是沿用這個標準。

日本國產的玻璃中，有所謂的半水晶玻璃，其氧化鉛含有率是8～12%。

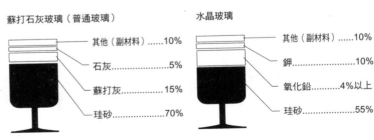

（百分比表示標準數值）

蘇打石灰玻璃（普通玻璃）　　　水晶玻璃

其他（副材料）......10%　　　　其他（副材料）......10%
石灰.................5%　　　　鉀.................10%
蘇打灰.............15%　　　　氧化鉛.........4%以上
珪砂.................70%　　　　珪砂.................55%

3　玻璃杯的類型與選擇方法

玻璃杯的類型

威士忌酒杯（Whisky Glass）

又稱為Shot Glass。Shot是「一杯」的意思。也就是出售單杯威士忌酒時使用的玻璃杯。又可稱為Straight Glass，意思就是直接飲用威士忌時所用。

依大小可分為Single（30ml）和Double（60ml）兩種。

有很多設計款式，最好多買幾種，配合客人喜好或調製的酒的形象來搭配使用。

搖滾酒杯（Rock Glass）

正式名稱為Old Fashioned Glass（古典傳統玻璃杯），也就是現在的平底杯（Tumbler）始祖，自古以來就被當成酒器在使用，所以才會稱它為古典傳統玻璃杯。

因為杯口口徑大，可以放大塊的冰塊，喝冰鎮（On-the-rocks style）威士忌或雞尾酒時經常使用。使用此種酒杯才能夠將切成圓柱狀的冰放入酒杯中欣賞。

在美國或日本都稱它為Rock Glass，本書沿用這個名稱，在雞尾酒調製方法中也採這個名稱來標示。容量為180ml～300ml。

平底杯（Tumbler）

就是一般所謂的杯子（Cup），高球雞尾酒、琴湯尼、軟性飲料都是用這種杯子盛裝飲用，可說是酒吧的必備品之一。因為使用頻率很高，所以數量宜多準備幾個。

容量種類多，從180～300ml都有，國際標準容量為240ml（8盎斯）。

卡林杯（Collins Glass）

圓筒型的高身玻璃杯，又可稱為Chimney Glass（煙囪型玻璃杯）或

Tall Glass（高身玻璃杯）。專門用來盛裝以卡林命名的雞尾酒或發泡性雞尾酒。標準容量為300～360ml。

有把啤酒杯（Jug）

有大型的啤酒杯和小型的葡萄酒杯。有時候小型的有把玻璃杯還可用來盛裝冰咖啡或大壺混合飲料。

還有一種有把的玻璃杯叫作Mug，外型和有把啤酒杯很像，材質為金屬或陶器。

利口酒杯（Liqueur Glass）

用來直接飲用利口酒的玻璃杯，也可以用來直接飲用威士忌或蒸餾酒。容量一般為30ml。為了突顯利口酒美麗的顏色，最好選擇無色透明的款式。

餐後飲料也多使用這種杯子，本來使用的是名為Pony Glass的酒杯，形狀也比現在的利口酒杯還細長一點。

白蘭地酒杯（Brandy Glass）

杯身圓胖、杯口較窄，狀似汽球的大型玻璃杯。容量多為180～300ml。

直接飲用白蘭地時，就用這種玻璃杯盛裝，品飲銘釀葡萄酒或芳香的藥草類利口酒時，也是用這種玻璃杯盛裝。

白蘭地酒杯的杯口較窄，目的是為了阻止香味跑掉，所以又有個別名叫做Snifter（聞香玻璃杯）。

雞尾酒杯（Cocktail Glass）

屬於淺飲雞尾酒專用的玻璃杯。形狀是倒三角形，下面附杯腳。也有圓形的，就像飛碟型香檳杯。最好視盛裝的雞尾酒風格來選擇使用。

標準容量為90ml，最適合用來盛裝以60ml的材料調製成的雞尾酒。

雪莉酒杯（Sherry Glass）

品嚐西班牙生產的福第法得雪莉酒時，就會用到這個玻璃杯。比利口酒杯還大一圈，容量為75ml。設計簡單，喝威士忌時也可以使用它，用途很廣。

香檳杯（Champagne Glass）

香檳酒、發泡性葡萄酒、香檳類雞尾酒使用的玻璃杯，可分為寬口飛碟型和高身細長笛型兩種。

飛碟型是派對乾杯時用的玻璃杯。因為是寬杯口，氣泡容易流失，不適合用餐時使用。標準容量為120ml，適合喝雞尾酒或吃甜點時使用。長笛型的杯口較窄，氣泡不易流失，可以邊喝邊欣賞氣泡上竄的有趣景象。

葡萄酒杯（Wine Glass）

根據各國或各地風俗的不同與葡萄酒的類型（顏色、氣味）差異，葡萄酒杯有各種造型與大小。

不管是哪一類型，都具有長久的使用歷史，值得珍藏，但是實際上想要每一類型都收集齊全很難。一般而言，酒吧的葡萄酒杯只要滿足以下幾項條件即可。

　①為了能欣賞葡萄酒美麗的色澤，使用無花色的無色透明玻璃杯。

　②玻璃杯上部朝內側呈現弧形角度，狀如鬱金香。

　③杯口口徑在6cm以上。

　④容量在200ml以上。

　⑤考慮嘴唇接觸杯緣的觸感，所以要選擇輕薄型。

在滿足以上條件的玻璃杯裡，倒入1／2～2／3的葡萄酒提供給顧客，便堪稱理想。

酸味酒酒杯（Sour Glass）

飲用酸味雞尾酒（沙瓦）時使用的玻璃杯，標準容量是120ml。在日本或美國一般都使用有杯腳的玻璃杯，但也有平底的。

高腳杯（Goblet）

就是平底杯裝上杯腳的造型，喝啤酒、軟性飲料、加了很多冰塊的雞尾酒所用的玻璃杯。標準容量是300ml，最近也有容量稍大的。

啤酒杯（Beer Glass）

玻璃杯的形狀	給酒吧的印象	給顧客的印象
高杯	不穩定 容易壞 容易倒 具有優雅感	漂亮、美麗 時髦 緊張感 高級感 如何拿才好？
矮杯	穩定感 牢固 粗糙	具有溫暖感 可愛 穩定感 笨拙
大酒杯	有滿足感	
小酒杯	看起來酒量很少	
重酒杯	舉杯不便	
輕酒杯	感覺很廉價	

　　啤酒專用玻璃杯，又可稱為Pilsner Glass。除了有把啤酒杯外，所有的玻璃杯中，就以這款玻璃杯最能突顯啤酒美麗的色澤、香味與氣泡、風味。

玻璃杯的選擇方法

　　酒吧經營者在選購玻璃杯時，首先會面臨該從店舖立場來做選擇或從客人立場來做選擇的問題。

　　舉個例來說，光是倒三角形的雞尾酒杯，就有以下的差異。

　　有雕花設計的話，當然比較豪華。沒有雕花設計，就顯得簡單大方。

　　總之，各式各樣玻璃杯（例如雞尾酒玻璃杯）中也會因設計型款的不同而有差異，所以不要硬性規定這種雞尾酒就該使用哪種玻璃杯，當客人點酒後，視調酒師的品味與當時的氣氛，從店裡的杯櫃中選出最合適的玻璃杯。

　　因此，就某種程度而言，需要買齊較多種類的玻璃杯，而且設計風格最好多樣化一點。

　　選購玻璃杯時要考慮的重點如下：

　　　①從具有高級感、高品質的角度考慮，是否選擇名牌酒杯、古董酒杯為佳？

②不拘泥於品牌，是否選擇具有新創意的酒杯為佳？

③符合顧客喜好的、具有自然主義色彩的酒杯是否更佳？

④是選擇手工製品還是機器製品？

4　酒吧的玻璃杯T.P.O.

衣服有所謂的端莊或休閒之分，玻璃杯也有端莊款和休閒款的區別。

簡單來說，附杯腳的玻璃杯屬端莊型，平底玻璃杯就是休閒型。

這與西洋酒器發展史有著密切關係。西元前人們飲用啤酒或葡萄酒所用的酒杯，一定和現在所用的玻璃杯不一樣。

從考古學家的挖掘來看，當時的人們是用家畜的頭角來當作酒器。後來隨著時代的演進，以青銅或黏土製成的酒器也問世了，不過因為酒器的始祖素材是家畜動物的頭角，因此往後發展的酒器也沿襲了當時的形狀，乃是杯口窄、杯身高的設計模式。

後來仿動物角的設計而發明出有杯腳的款式，這樣玻璃杯比較不容易傾倒，不過製作過程蠻費工的，於是就被視為酒器中的高級品，變成祭神用或高階層人士專用的酒器。

另一方面，將角的下面磨平、附底座的酒器，因為製作過程簡單，可以量產，就成為庶民們廣為使用的大眾酒器。

由過去流傳下來的酒器文化，對於今日的酒杯設計有著極大的影響。如果是在高格調的場所就使用高腳杯，如果是在輕鬆熱鬧的場所，就使用輕便的平底玻璃杯。

總之，酒吧的玻璃杯T.P.O.基本標準就是，如果是氣氛高貴端莊的酒吧，就應該使用附杯腳的玻璃杯。如果是氣氛輕鬆自在的酒吧，宜以平底型玻璃杯為主。

然後，再根據酒精度數的強弱、風味的濃郁淡薄來選擇玻璃杯的大小。

不過，最近對於玻璃杯的分類使用要求越來越寬鬆了，幾乎都是視調酒

師的品味來做選擇，玻璃杯的選擇也講究創意和工夫。

5 玻璃杯的清洗和擦拭

　　用沾了中性清潔劑的海綿將玻璃杯洗乾淨後，用乾淨的熱水沖洗，然後將玻璃杯倒放以瀝乾水分。趁玻璃杯還微溫時，使用麻布或棉麻混紡素材的玻璃杯專用擦拭巾將玻璃杯擦乾。

　　即使是用玻璃杯洗淨機洗玻璃杯，若使其自然乾燥的話都會有水珠的痕跡殘留，所以絕對要用布擦乾。

　　收放擦好的玻璃杯時，專業的調酒師會將杯口朝上擺放，這是由於玻璃杯的設計原本就不是要讓杯口朝下的。玻璃杯收納櫃也是酒吧對外宣傳的形象之一，因此要正確收納。

　　關於玻璃杯的擦拭技巧，請參閱以下的說明：

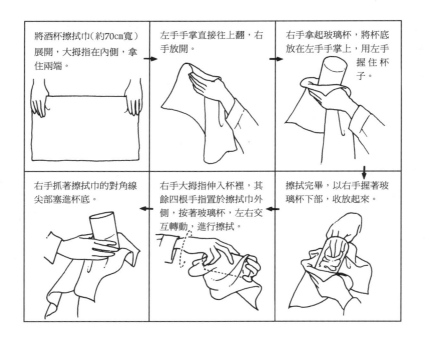

將酒杯擦拭巾（約70cm寬）展開，大拇指在內側，拿住兩端。

左手手掌直接往上翻，右手放開。

右手拿起玻璃杯，將杯底放在左手手掌上，用左手握住杯子。

右手抓著擦拭巾的對角線尖部塞進杯底。

右手大拇指伸入杯裡，其餘四根手指置於擦拭巾外側，按著玻璃杯，左右交互轉動，進行擦拭。

擦拭完畢，以右手握著玻璃杯下部，收放起來。

雞尾酒的基本技術

I 雞尾酒的定義與語源

1 雞尾酒的定義

喝酒有兩種方式。一種是直接飲用，就是所謂的純飲（Straight）。這是在美國誕生的名詞，現在也稱為Straight Up。這種喝法可以品嚐到酒的原味。以這種方式喝的飲料就叫做純飲飲料（Straight Drinks）。

而在純飲飲料裡加入冰塊的冰鎮飲用方法，英文稱為On-the-rocks或Over Rocks、Over Ice。

相對於這種飲用方式，使用冰塊和器具，或在酒杯裡加了其他東西與酒一起混調飲用，這種飲品就叫作混合飲料（Mixed Drinks）。

翻開手邊的辭典，對於雞尾酒的定義是這樣的：「將數種洋酒、水果、藥草混調而成的飲料」。總之，是在某種酒裡加了別的酒混合或加了其他東西，從而創造出新的飲料風味。

也就是說，「酒＋某物（something）」＝「雞尾酒」，也可以說「混合飲料（Mixed drinks）＝雞尾酒」。

雞尾酒英文稱作Cocktail。可依創作者、調製者、飲用者的創意或喜好變化出各種組合。雞尾酒的特色就在於變化無限。

2 雞尾酒的語源

關於Cocktail這個字是如何衍生的，並沒有定論。有人說來自英國，也有人說來自美國、法國、墨西哥等，說法不一，至今未有定論。

因為眾說紛云，在此引用世界性組織‧國際調酒師協會（International Bartenders Association，簡稱為I.B.A.）在教科書上的記載說明。

從前在墨西哥尤加坦半島上，有個名叫坎沛裘的港都，有一天有艘英國船入港。登陸船員們到了酒吧，看見吧台裡的少年用一支削皮削得很乾淨的

樹枝，調製出非常美味的混合飲料，給當地的人喝。

當時的英國人只喝純酒（Straight），那幅場景對他們來說是非常罕見。於是有位船員就問那位少年，「那是什麼東西？」船員本來是打算詢問飲料名稱，但是少年誤以為他要問樹枝的事，就回答「這是Cola de gallo。」Cola de gallo是西班牙文，意思是「公雞的尾巴」。少年將形狀很像公雞尾巴的樹枝以此暱稱之。將Cola de gallo直譯成英文，就變成了Tail of cock。因此從那時候起，就稱混合飲料為Tail of cock，後來就演變為Cocktail（雞尾酒）了。

其他有關雞尾酒的傳說如下：

①雞尾說

美國獨立戰爭進行得如火如荼之際，在紐約市北方有個名為耶姆斯福德的地方，屬於英國的殖民地。有間名為『四角軒』的酒吧，經營者是位美麗的女性，名叫貝蒂弗拉蘭葛，她很支持獨立軍的士兵們，常用酒招待他們。

有一天她偷偷潛入反獨立的大地主家裡，偷走了一隻有著美麗尾巴的公雞，做成烤雞招待士兵們吃。士兵們邊吃著小菜邊喝酒，正準備再來一杯時，回頭看酒吧後面，發現在混合酒的酒瓶上插著一根公雞的尾巴。於是士兵們就知道那是他們現在吃的烤雞的尾巴，就大叫「Cocktail（雞尾巴）萬歲」，每次要點這道混合酒時，就以Cocktail之名來稱呼。

據說這就是「Cocktail」的由來。

②馬尾說（Docktail）

在英國約克夏地方，會將雜種馬的尾巴割下來，藉此與純種馬做區別。這種切掉尾巴的馬的英文發音很近似Cocktail，從而得到此名。

這種說法是將混合飲料比喻為雜種馬，但幾乎沒有人認同這個說法。

③蛋酒說（Coquetier）

1795年，加勒比海西斯帕紐拉島的聖多明哥地方發生反動暴亂事件，當時逃到美國的安特瓦奴・阿梅蒂・培蕭在紐奧良開了一間藥房。他的主力商

品有兩個，一個是培蕭苦味藥，這種藥也放入雞尾酒中。另一個商品就是以蘭姆酒為基酒的蛋酒。

在當時的紐奧良住著很多的法國人，就用法文的Coquetier來稱呼這種蛋酒。

這種蛋酒原本是治療病人所用的酒，但是也深受一般人的喜愛，不知從何時開始，就將類似這個蛋酒的混合飲料稱為「像Coquetier的飲料」也就是「Cocktail」了。

就這樣，關於雞尾酒的語源一直無法下定論。不過在1748年倫敦出版的小冊子『The Squire Recipes』中，出現了「Cocktail」這個字。所以，可以確定從那時開始有了這一正式名稱。

II 雞尾酒的歷史與變遷

1 雞尾酒的歷史

前面已提過，如果是「雞尾酒＝酒＋something」的話，那麼雞尾酒的歷史就該追溯到古國馬帝國時代。

庫賽傑（Que Sais-je）文庫出版的『味的美學（Robert J.Courtine著，黑木義典譯／白水社出刊）』中有提到古羅馬人會在葡萄酒裡加東西飲用，書中寫道：「這種混合方式對葡萄酒只有壞的影響。最好的葡萄酒是酒精濃度很高，口味很濃的。由酒壺移裝到杯子時，一定要過濾沉澱物，並加水稀釋才行。即使是酒量最強的人也要加水稀釋飲用。只有異常的人或有痴呆的人才會直接飲用未稀釋的葡萄酒，這些人就像現在那些常喝酒精的人一樣，是要受到譴責的…」。在當時的羅馬，將葡萄酒稀釋後再飲用，已成為一般市民的慣例。還有人會加石膏、黏土、石灰、大理石粉、海水、松香、樹脂混合飲用。

在古埃及時代，也在啤酒裡加入蜂蜜或薑汁飲用，稱之為Zythum、Calmi、Korma等。

像這種在葡萄酒或啤酒裡再加入其他東西調製的酒，就是雞尾酒的原始前身，只不過當時並不叫雞尾酒。

到了西元640年左右，在中國的唐朝流行在葡萄酒裡加馬奶製成乳酸飲料飲用。可以說是現在加了優酪乳調配的雞尾酒的始祖。

而在中世紀的歐洲（12～17世紀），因為冬季極寒，冬季就流行起將飲料加熱後飲用的方式。

14世紀開始，中歐地區的葡萄酒產量過多也是原因之一（到17世紀時產量又開始減少，於是在冬天就用馬鈴薯來製造蒸餾酒——Aquavit（生命之水）正式登場），就將藥草和葡萄酒都放進大鍋子裡（當時砂糖還是貴重

品），再將火燒過的劍放進鍋裡將酒加熱飲用。

這就是法國的Vin chaud，德國稱為Glühwein，北歐叫Glögg的飲料始祖。

現在雞尾酒書中所記載的Mild Wine（溫葡萄酒）或Mild Beer（溫啤酒）可以說是指這種中世紀時代留下來的雞尾酒。

不過熱飲料應該並不是突然在中世紀冒出來的，恐怕是從更遠古的時代自然地沿續下來。

蒸餾酒也是誕生在中世紀，只用啤酒或葡萄酒來調製混合飲料的世界也跟著擴大起來。

1630年左右，印度人發明的賓治（Punch）雞尾酒傳到了英國，然後因此流傳下來，廣為全球人士喜愛。

以印度的蒸餾酒亞拉克酒為基酒，再加入砂糖、萊姆、香料、水，將這五項材料放進大容器裡混調，然後分別倒入酒器中飲用的一種酒。英文的Punch一詞乃是由梵語（近代印度語），意思為「五」的Panji一詞演變而來。

在歷史上產生過重大影響的賓治酒（Punch），曾有一個耐人尋味的故事。1694年11月26日，英國海軍地中海艦隊的愛德華拉薩爾司令官（以後晉升為元帥）邀請將軍、上校們到他位於西班牙南部巴倫西亞的亞里坎堤村的家聚餐。他在院子裡挖了一個大洞，用了250加侖的蘭姆酒、225加侖的馬拉加麝香葡萄酒、20加侖的萊姆果汁、2500個榨出的檸檬汁、1300磅砂糖、5磅豆蔻、500加侖的水，製造了賓治酒。

後來為他製造的酒取名為Knockout Punch。到了17世紀後半期，住在東印度的東印度公司的英國人開始喝起Punch酒，後來還將這款酒帶回英國，成為一般家庭愛喝的酒。

1720年左右，在英國誕生了Negus酒，1740年又產生了Grog酒。

1815年，在美國製造出以紅葡萄酒為基酒的Mint Julep酒（1861年以波

本威士忌為基酒的混合酒在文獻中出現），1830年，英國海軍調製出Gin & Bitters酒。

1855年出版的英國作家薩卡雷的小說『紐克姆的一家』中有這樣一段話：「上校，要喝白蘭地雞尾酒嗎？」由此可知，在當時雞尾酒已經在歐洲社交圈盛行了。

但是當時的白蘭地雞尾酒和現在酒吧裡賣的白蘭地雞尾酒並不一樣。因為現在的白蘭地雞尾酒是加了很多冰塊冷卻之後才飲用的酒。

總之，對生活在現代的我們來說，如果認為雞尾酒就是「利用冰塊、器具調製成的混合性冷飲」的話，那麼，雞尾酒的出現只能等到19世紀後半期人工製冰機問世以後了。

2　雞尾酒的流行與變遷

由古羅馬人開啟的雞尾酒歷史中，中世紀時因為歐洲氣候寒化的關係，流行喝熱雞尾酒，直到19世紀後半才有冷雞尾酒（冰涼雞尾酒）誕生。

1870年代初期，慕尼黑工業大學的卡爾汎林達（Cral von Linde，1842～1934年）教授在氨氣高壓冷卻機的研究方面取得了進展。1879年他成為林達製冰機製造公司的社長，並研發出人工製冰機。在製冰機出現之前，住在河邊或湖邊的人在冬天才有冰塊可用，另外就是部分有錢人因家裡有冰室，才可以將結冰期的冰塊保存在冰室裡，其他人根本沒有機會用到冰，可是人工製冰機出現後，一年四季都有冰塊可用。

接著，又出現了藉由搖動和攪拌來調製雞尾酒的技術，人們開始調製廣為人知的Sidecar（側車）或Manhattan（曼哈頓）等的冰涼雞尾酒。現在這些知名的雞尾酒歷史只不過才一百年而已。

但是在這100年間，雞尾酒歷經了各種變化。

文學史上所謂的「世紀末」的19世紀末期，巴黎的人們不喝雞尾酒，而是喝苦艾酒（Absinthe）。而在美國都會區開始有馬丁尼、曼哈頓之類的高

酒精度數雞尾酒出現。

　　當時的雞尾酒還不是大眾飲料，都是上流社會而且是男性們在喝。而且喝的時間是晚餐前，將雞尾酒當成餐前酒，所以大多數的酒精度數都很高。

　　因為當時的果汁尚未企業化生產（1869年，威爾契葡萄汁首次商品化問世），所以大家就把純以酒類調製的馬丁尼稱為雞尾酒之王，曼哈頓稱為雞尾酒之后。現在因為各式各樣的雞尾酒基酒與材料都可輕易獲得，所以雞尾酒之王和雞尾酒之后隨著時代變遷而替換也不足為奇。

　　19世紀末到20世紀初，是美國雞尾酒的開花時期。

　　20世紀初的美國，不管從歷史或文化來看都很年輕，加上是多民族所組成的國家，飲酒文化並沒有因襲傳統，而是積極地發明出新的飲品與新的飲用方式。

　　在第一次世界大戰時，這樣的風潮與行為就被駐派歐洲的美國軍人引進，美式酒吧或美式雞尾酒陸續登場，促使雞尾酒更加普及。

　　換句話說，現代雞尾酒是在美國誕生的，再由美國人隨著第一次世界大戰傳播到世界各地。

　　後來美國頒布禁酒令（1920～1933年），讓雞尾酒在歐洲更加流行。這個禁酒令讓雞尾酒世界一分為二。

　　第一個趨勢就是，在禁酒令實施期間，美國各都市陸續有地下非法營業的酒場（Speakeasy）開張，避開官廳的耳目，偷偷享用雞尾酒的風潮大肆吹起。因為會在家裡偷偷喝酒，製造出外觀類似書櫃的雞尾酒台架（家庭酒吧），同時也吹起了收集藝術裝飾型酒吧器具（冰桶、調酒壺、蘇打水虹吸管、攪拌棒等）和玻璃酒杯的風氣。

　　另一個趨勢就是，對禁酒令心懷不滿並具有正義感的調酒師們就離開了美國，遠赴歐洲求職，在歐洲地區傳播美式的飲酒文化。1920年代的歐洲，在倫敦有夜間俱樂部誕生，年輕人開始晚歸，都待在俱樂部裡聽爵士樂、喝酒，1889年開幕的薩波伊飯店（Savoy Hotel）裡也成立了美式酒吧，從中

午就開始營業，讓大家可以更盡興地享用雞尾酒。出版了號稱是雞尾酒書籍聖經的『The Savoy Cocktail Book』（1930年出版）的哈里克拉德科也生活在這一時代。

除此之外，在飲酒文化中發生的明顯變化是女性顧客的出現。在這之前，酒吧是男性獨屬的世界，但從這個時候開始，男女客人的勢力範圍也開始起了變化。

漸漸地，雞尾酒潮流就這樣一分為二。一是自由奔放的美式雞尾酒，一是一邊吸收美式飲酒文化一邊又保持歐洲傳統的歐式雞尾酒。

當時的雞尾酒基酒以威士忌、白蘭地、琴酒為主，雞尾酒的調製方法也以攪拌或搖動為主。從味道來說，不是把材料本身的味道放在首位，幾乎都是渾然一體、完全被調製成另外一種味道的雞尾酒。從飲用方式上說，佔壓倒性多數的是在雞尾酒杯中調製的淺飲雞尾酒。

第二次世界大戰結束後，歐洲風格的勢力，尤其是法國風格和義大利風格開始在雞尾酒世界中發揮其影響力。首先登場的是，1945年的基爾（Kir，這款雞尾酒在被稱為「動盪的60年代」的1960年代很流行）、馬加（Macca）、馬拉加之霧（Maraga Mist）等以葡萄酒或利口酒為基酒的雞尾酒或義大利的貝里尼（Bellini）、黃金天鵝絨（Gold Velvet）等以發泡性葡萄酒或啤酒為基酒的雞尾酒，雖然都是清淡口味，但都非常甘甜。

另一方面在美國於1950年代左右，開始利用攪拌機調製冷凍雞尾酒飲料或以帶有濃厚原味的波本威士忌、龍舌蘭酒為基酒來調製雞尾酒，還有迎合清淡口味嗜好的，像伏特加通寧水、清涼葡萄酒等口感柔順、低酒精濃度的雞尾酒。

這類的雞尾酒有Sea Breeze、Cape Codder等現在所謂的「伏特加＋果汁」之類的雞尾酒前身。

到了1980年代，美國吹起塑身、健康減肥風潮，原以為人們從此會對酒疏遠，但卻與人們的預想相反，出現了新的熱潮。利口酒東山再起，加入果

人工製冰機出現後的雞尾酒變遷情形

年代	雞尾酒名稱		基酒的變化	調製方法	雞尾酒的形象	酒精濃度
19世紀末	Martini Manhattan Gin Fizz Gimlet Gin Rickey Daiquiri	(？) (1876) (1888) (1896) (1896) (1902)	Whisky Gin	Stir （Shake）	完全保持酒的 特性的類型	約 25～30%
第一次世界大戰與禁酒法時代	Pink Lady Singapore Sidecar White Lady Bloody Mary Bacardi	(1912) (1915) (？) (1919) (1921) (1933)	Brandy Gin	Shake （Stir）	色彩鮮豔的 新雞尾酒 世界	約 20～30%
第二次世界大戰後	Moscow Mule Kir Bellini Margarita 藍色珊瑚礁 Bull Shot 雪國 Blue Lagoon Sky Diving	(1941) (1945) (1948) (1949) (1950) (1953) (1958) (1960) (1967)	Gin Vodka Rum Wine	Shake Build	稍具華麗感的 雞尾酒	約 10～25%
1980年代以後	Frozen Peach Green Eyes Black Rain	(1980) (1983) (1990)	Vodka Rum Tequila Wine	Blend Build	口味輕淡、健康，讓 人一看便心花怒放的 雞尾酒	約 8～20%

汁或蘇打水稀釋或是將幾種利口酒混製調成Shotter等等的雞尾酒，這類的新飲酒方式或新類型的利口酒陸續出籠，開拓新的飲酒階層。

在日本，明治初期吹起歐風，雞尾酒早就流傳進來了。在鹿鳴館時代，元老們就已經都在喝雞尾酒了。

東京的平民百姓是在大正元年（1912年）左右知道「雞尾酒」這個名詞，當時的下町也開始出現酒吧。

昭和年代初期，日本幾乎沒有生產國產洋酒，進口酒亦有數量限制，所以雞尾酒種類有限，只有住在都會區的時尚人士才能品飲到雞尾酒，當時的雞尾酒代表是以琴酒為基酒的馬丁尼。

直到第二次世界大戰結束後，日本才真正吹起雞尾酒流行風潮。昭和24年（1949年）酒吧再度陸續成立，日本人自創的「藍色珊瑚礁」成為點酒率第一名的雞尾酒，加上戰後民風開放，還出現所謂的托里斯酒吧，讓大家可以用低價位輕鬆喝到洋酒，隨著「藍色珊瑚礁」的人氣飆漲，雞尾酒迷也越來越多。

到了昭和40年代（1965年），女性喝酒的風潮越來越盛，雞尾酒變得更受歡迎。到了昭和50年代（1975年），受到海外旅行風潮的影響，吹起熱帶雞尾酒風潮，昭和60年代（1985年），咖啡吧或道地的酒吧為雞尾酒奠定了正式的地位，吸引更多客層。一直以來，大家都一面倒地喝加了冰塊的威士忌，就在這時吹起了新風潮，將雞尾酒引向陽光明媚的新天地。雞尾酒也從自我陶醉的一種飲品，發展成為讓日常生活更添樂趣的小輔助工具。

可是現在不管是日本或歐美地區，雞尾酒文化吹起「回歸傳統」的風潮，追求簡單就是最好（Simple is best）的路線。不論在倫敦、紐約、東京，Dry Martini、Gin Tonic Vodka Tonic、Campari & Soda、Bloody Mary、Screw Driver依舊保持人氣不墜的地位。這顯示出其經過長久流行和變遷後的穩定性。

Ⅲ 雞尾酒的4種調製法

　　將雞尾酒調製法歸納整理，大致可分為以下四種方式：

　　Build（直接注入）…將材料直接倒入酒杯，原封不動供應顧客。

　　Shake（搖動）…將材料和冰塊放進調酒壺裡，用力搖動使其混合。

　　Stir（攪拌）…將材料和冰塊放進調酒杯裡，再用吧匙攪拌。

　　Blend（混合）…將材料和冰塊放進攪拌機（混合機）裡，利用機器的力量將材料均勻混合。

　　不管採用哪個方法調製雞尾酒，前置作業都很重要，例如該如何處理酒瓶，該如何使用量酒器，如何倒酒等，都要學會。

1 酒瓶與量酒器的處理方法

　　拿酒瓶時，到底是該握著貼了標籤的正面或是從後面握酒瓶，還是從側邊握酒瓶才正確，即使是專家級的調酒師也各有不同的意見。因為調酒師的手有時候會濕濕地，如果從正面握酒瓶，恐怕會把標籤弄濕、弄髒。而且最近的酒瓶並不是全部都是圓形酒瓶，有時就算用整隻手握酒瓶也很難拿穩。最理想的還是從側邊拿酒瓶，而且是握著酒瓶下方倒酒，這樣既不會弄髒標籤，而且也能讓客人清楚地看到你倒了什麼酒。

　　接著就是開啟瓶蓋的方法。瓶蓋幾乎都是金屬製的螺紋瓶蓋，像這樣的瓶蓋如果要從上面開的話，非得旋轉4～5次才行。不過如果是右撇子的調酒師，可以右手握酒瓶，左手握住瓶蓋，首先將右手朝左旋轉至內側，左手向右也旋轉至內側，在這一位置上，兩手從兩側握住酒瓶及瓶蓋。

　　接著將雙手往外側旋轉開瓶的話，只需轉一圈，最多轉一圈半，就可迅速且輕鬆將瓶蓋打開。

　　左手的大拇指和食指的根部輕輕夾著已經開啟的瓶蓋，然後以握著酒瓶的右手倒酒。如果將打開的瓶蓋擺在吧台或工作台上，不僅會影響作業，而

且會讓客人覺得工作不夠俐落。

　　蓋上瓶蓋時，要將夾在左手大拇指和食指根部的瓶蓋扣在瓶口上，再以左手大拇指側向轉動，最後以大拇指和食指將螺紋旋緊。

　　像利口酒之類，香精成分多的酒類，如果殘液在酒瓶口上，瓶蓋蓋上後，瓶口會與瓶蓋黏在一起打不開。因此倒完這類酒後，一定要養成用乾淨的毛巾將殘液擦拭乾淨的習慣。

　　其次是量酒器的拿法。以食指和中指握量酒器是最理想的方法。就如前面所述，以大拇指和食指握瓶蓋時，除了大拇指，其他手指都沒有派上用場，但食指指尖可以自由活動。握量酒器時，食指指尖靠在量酒器一側，中指則放在量酒器的另一側。

　　不管是將量酒器倒著放或倒酒於量酒器裡測量份量後再倒入容器裡，利用這兩根手指就可以輕鬆地操作。此時無名指和小指與食指同方向，輕輕靠著量酒器。

　　量酒器和酒瓶、容器的位置如下圖所示，動線要拉短，才不會讓酒溢出來，給人的感覺也較俐落。

容器

2　雞尾酒的酒精度數概算法

　　酒杯裡的雞尾酒容量一般都是採用分數表記法來標示。倒在酒杯的酒量為1（在此的酒量是指1杯）的話，一半份量就以1／2標示。通常在日本所用的雞尾酒酒杯容量為90ml。適量的倒酒量為70ml。如果使用冰塊的話，因為冰塊會融化，融化的量即使是很熟練的調酒師也要達到10ml左右。如果減

去這個量，90ml的雞尾酒杯的必須倒酒量就訂為60ml比較保險。它的1／2就是30ml，1／3就是20ml，1／4就是15ml，以此來換算適當的倒酒量。

計算一杯雞尾酒的酒精度數時，與使用的酒杯容量沒有關係，將所用的材料整體量視為1，再將各項材料的使用量予以分數化，再乘以材料的酒精度數。然後全部加總的數字就是雞尾酒的酒精度數。

最近發現，酒精度數與喝酒人的心理關係密切，對調酒師來說，確實了解做給客人喝的雞尾酒酒精度數為多少，乃是必學的常識。

<例>

Sidecar（側車）　　30％（度）

（酒精度數）

白蘭地	$1／2×40％＝20％$
白色柑香酒	$1／4×40％＝10％$
檸檬汁	$1／4×0％＝0％$
	30％

Gin Fizz（琴費斯）　　13.3％（度）

（酒精度數）

Dry Gin	45ml（45／135）$×40％＝13.3％$
檸檬汁	20ml（20／135）$×0％＝0％$
砂糖	10ml（10／135）$×0％＝0％$
蘇打水	60ml（60／135）$×0％＝0％$
	13.3％

※冰塊融化量不計算在內。

3　雞尾酒的類型

廣義來看雞尾酒，也就算是所謂的混合飲料，數目約有三千或五千種，正確數字無法估算。這麼多種類的雞尾酒大致可分為淺飲（餐前）雞尾酒

①ml對照表

單位 國家	液體盎司 Fluid Ounce	量杯)3/2盎司 （Jigger）	及耳 Gill	品脫 Pint	（瓶） （Bottle）	夸脫 Quart	加侖 Gallon
美國	1/20 Pint 29.56 ml	45 ml	在美國 不常 使用到	1/2 Quart 473 ml	1/5 Gallon 4/5 Quart Fifth（5等分）	1/4 Gallon 946 ml	3,785 ml （U.S.Gallon）
英國	1/16 Pint 28.4 ml	60 ml	1/4 Pint 142 ml	1/2 Quart 568 ml	（1/6 Gallon Sixth （6等分）	1/4 Gallon 1,136 ml	4,546 ml （Imperial Gallon
日本	Single 30 ml				720 ml ～ 750 ml	（1ℓ）	

②酒瓶的容積

英國加侖 Imperial Gallon	4,546 ml	
U.S.半加侖 U.S. Half Gallon	1,890	
英國夸脫 Imperial Quart	1,136	
通用夸脫 Regular Quart	760	US方式是將757ml四捨五入 英國標記為26 2/3 F1OZ
半瓶 Half Bottle	380	（中瓶）
1/4瓶 Quarter Bottle	190	（小瓶）
微型瓶 Miniature Bottle	48	757×1/16=47.3 ml

（Short Drinks）和高杯酒飲料（Long Drinks）兩大類。

再依這兩大類來分類，可以分類出以下各類：

（樹狀圖文字）

```
┌─ 淺飲（餐前）雞尾酒（Short Drinks）
│
└─ 高杯酒飲料（Long Drinks）──┬─ 冷飲（Cold Drinks）
                              │    （別名：夏季飲料、Summer Drinks）
                              │
                              └─ 熱飲（Hot Drinks）
                                   （別名：冬季飲料、Winter Drinks）
```

蛋酒（Eggnog）

將酒、牛奶、蛋、砂糖倒進平底杯裡，然後攪勻飲用，有熱飲和冷飲兩種。原本是美國南部人士在喝的聖誕節飲料，現在已風行世界各國，而且一年四季都飲用。

雞尾酒（Cocktail）

就狹義來看，是以各種酒為基酒，再加入利口酒或果汁、糖漿，利用調酒壺或調酒杯來冷卻，再倒入雞尾酒杯裡或香檳杯裡飲用的酒。廣義層面來看，就是指所謂的混合性飲料。

派對酒（Cup）

這是派對飲料之一。將作為基酒的葡萄酒倒於酒壺裡，再加入白蘭地或利口酒、蘇打水、水果等調製而成的酒，用平底杯提供給客人飲用。

一般在慶祝儀式、庭園宴會、夜宴等場合飲用。

冷飲（Cooler）

可分為不含酒精成分和含酒精成分兩種。後者就是以蒸餾酒或葡萄酒為基酒，再加入柑橘類的果汁，以碳酸飲料稀釋後飲用。

卡林酒（Collins）

來自英國的高杯酒飲料，跟Fizz很像，特色就是一杯的份量很多。Collins這個名字是由創製這款酒的人的名字John Collins衍生而來。

冰杜松子酒檸檬水（Cobbler）

在裝滿碎冰的大型平底杯裡，先倒入基酒的葡萄酒或蒸餾酒，然後再擺上水果和吸管，感覺很清涼的飲料。利用吧匙攪拌到玻璃杯表面像降了一層

霜時為最佳狀態。

酸味雞尾酒（Sour，沙瓦）

於蒸餾酒中加入酸味和甜味製成的雞尾酒。酸味威士忌、酸味白蘭地都很有名。美式酸味雞尾酒原則上不加蘇打水。Sour就是「酸」的意思。

桑加里（Sangaree）

倒紅葡萄酒於中型平底杯或大型葡萄酒杯裡，再加入甜味酒，以水或熱水稀釋，喝時再撒點豆蔻。Sangaree是由西班牙語的Sangre（血的意思）演變而來，一般都是以紅葡萄酒為基酒，最近也有以雪莉酒或波特酒、威士忌、白蘭地為基酒來調製。

傑雷普薄荷酒（Julep）

1815年，英國的法蘭迪里克・馬里奧特（Frederick Maryatt）船長在美國南部農園以庫拉萊特酒（法國產的一種葡萄酒）或馬德拉酒（一種白葡萄酒）為基酒，調製成帶有濃郁薄荷香的飲料。

現在的主流就是以波本威士忌為基酒。斯馬修（Smash）是傑雷普的小型版。

碎冰雞尾酒（Swizzle）

又稱為Swizzle Stick，乃是馬德拉酒的一種，加碎冰混製的飲品，很適合夏天飲用。

佐姆酒（Zoom）

以蜂蜜為原料，最適合作為睡前酒的淺飲品。可用白蘭地為基酒，或是自行挑選喜歡的蒸餾酒為基酒。Zoom唸起來就像蜜蜂展翅時的聲音，俗諺的意思是「人氣高漲」。

斯林格（Sling）

倒蒸餾酒於平底杯裡，加入甜味料調味，再以水或熱水稀釋調製而成。跟冷飲的Toddy很像，Toddy是加了檸檬片，並未用水稀釋。Sling的語源來自德語的Schlingen（喝下去的意思）。

蝶西酒（Daisy）

　　蒸餾酒裡加酸味料和甜味料、蘇打水，使用大型玻璃杯飲用。屬於酸味雞尾酒，最近也有使用碎冰、水果並附帶吸管提供給客人。Daisy是「雛菊」的意思，俗諺裡又有「美好的東西」的意思。Gin Daisy就是「琴酒類美好飲品」的意思。

托德酒（Toddy）

　　於大型平底杯或搖滾酒杯裡加入砂糖，以少量的水溶解後，再加入喜好的蒸餾酒，以水或熱水稀釋飲用。熱飲時可加肉桂、丁香、豆蔻或檸檬片。

高球雞尾酒（Highball）

　　所有的酒都可以當做基酒，再以碳酸清涼飲料稀釋，這是最流行的Long Drink類型。在日本一般都是用蘇打水稀釋威士忌調製。

　　關於它的語源有各種說法，高爾夫球場的傳說較廣為流傳。在英國的高爾夫球場，愛喝威士忌的人士輪到自己打球時，會用身邊的球棍開威士忌，然後一飲而盡，感覺暢快無比。

　　有時候在喝酒時會有高球飛過來，所以就取名為Highball。

巴克酒（Buck）

　　在蒸餾酒裡加了檸檬果肉或果汁、薑汁汽水，調製而成的創意酒。代表款是Gin Buck。Buck的酒名有Stag（公鹿）的意思，意思就是「有踢的感覺的飲料」。

賓治酒（Punch）

　　以葡萄酒、蒸餾酒為基酒，再加水果或果汁調製而成。非常風行的家庭派對飲品。

費斯酒（Fizz）

　　主要以琴酒為基酒，再加檸檬汁、砂糖、蘇打水調製而成的Long Drink。之所以取名為Fizz，因為蘇打水中的碳酸氣體離開水時會發出嘶嘶的聲音，Fizz就是嘶嘶聲音的擬聲語。

菲克斯（Fix）

酸味雞尾酒之一。調製方法與原料跟蝶西酒（Daisy）差不多，只不過蝶西是使用木莓糖漿或石榴糖漿，而菲克斯是採用鳳梨糖漿，這是兩者的不同點。Fix有「修理、修復」的意思。

普士咖啡（Pousse-Café）

這是利用比重的不同將好幾種利口酒或蒸餾酒層次清晰地混合在一起的分層型雞尾酒。調製時的重點就是要確認所用的酒類的香精成分與酒精度數，先加入比重較重的材料，利用吧匙的背面來倒入。就算是同類型的利口酒，製造商不同的話，比重也會有些微的差異，這一點請多注意。

冰鎮雞尾酒（Frappé）

Frappé是法文，意思是「冷卻過的東西」。一般作法就是在雞尾酒杯裡或飛碟型香檳杯裡放入碎冰，再倒上喜歡口味的利口酒，插上兩支吸管飲用。也有人是使用調酒壺來調製。

弗利浦（Flip）

跟蛋酒很類似，但是Flip不加牛奶，而是以葡萄酒或蒸餾酒為基酒，再加入蛋和砂糖調製，倒在酸味酒酒杯裡，撒點豆蔻飲用。也有熱的弗利浦。

馬之頸（Horse's Neck）

將檸檬皮弄成螺旋狀繞在卡林杯邊緣，再以喜歡口味的蒸餾酒和薑汁汽水稀釋調製。一般都是以白蘭地為基酒。在不使用酒精類調製時，則稱為Plain Horse's Neck（原味馬之頸）。

煙霧（Mist）

與Frappé同類型的雞尾酒，不過Mist是用古典傳統酒杯（搖滾酒杯）調製，在酒杯外面呈現美麗霧狀時提供給顧客。

里奇（Rickey）

於蒸餾酒裡加了萊姆果肉和蘇打水調製而成。可視個人口味，使用攪拌棒將果肉擠碎飲用。19世紀末，位於美國華盛頓D.C.的一間名叫『Shoe

『Maker』的餐廳所發明的夏季飲品。就以第一位飲用的客人的名字傑姆里奇（Jim Rickey）來命名。

4　雞尾酒的調製步驟

調製一杯雞尾酒時，如果要使用冰塊的話，記住要先將冰塊擺進去。

不管是冰鎮雞尾酒或加水稀釋的雞尾酒，都必須先將冰塊擺進去。

使用調酒壺或調酒杯也是一樣要先放冰塊，然後加少量的水輕輕攪拌一下，再用濾網瀝掉水。這麼做的話，可以冷卻器具，又能去掉冰塊的稜角，雞尾酒才不會變成水水的。

接著就照雞尾酒調製配方中所記載的順序將材料放入。通常一開始是加基酒，然後再加副材料的酒，最後再加非酒類的其他副材料。

記誦調製法時，先記基酒的放入順序，然後再記材料的放入順序。不要倒著記，免得搞混了。

下面，按照順序介紹一下雞尾酒的調製技法。

5　Build（直接注入）

Build（直接注入）這一個動詞，可以理解為「直接在杯中調製」。不需要使用任何器具，乃是最簡單的方法。

這個技法有兩大重點。第一個重點是使用威士忌蘇打水之類含有碳酸氣體的副材料來稀釋調製的話，首先放三個冰塊於平底杯裡，再用量酒器倒入45ml的威士忌於酒杯裡。接著倒入冷卻過的蘇打水至8分滿。此時若蘇打水為常溫，會讓冰塊的負擔變大，融化的水就會過多，所以要先將蘇打水冷卻。另外，最重要就是使用吧匙輕輕攪拌一兩下就要停手。攪拌過度的話，碳酸氣體會跑掉，變成水水的。

第二個重點是使用香精成分高的利口酒為基酒調製的場合。因為比重關係，酒會沉澱在杯底，必須使用吧匙輕輕攪拌兩下，讓酒液上下均一。

不管是哪種情況，攪拌時一律只攪拌兩下就要停手。

6　Stir（攪拌）

Stir這個動詞有「混合」「攪拌」的意思。雞尾酒調製配方裡若出現這個單字的話，是指將冰和材料一起放進調酒杯裡，再用吧匙攪拌均勻。

依照順序來做的話，先放冰塊和少量的水於調酒杯裡，輕輕攪拌後用濾網瀝水。這麼做可冷卻器具，並去除冰塊的稜角。

然後再依順序加入各種材料，以吧匙畫圓攪拌材料和冰。吧匙的握法是將右手手掌朝上，以中指和無名指輕輕夾住吧匙中間的螺旋狀部分，再將大拇指和食指輕靠在吧匙上方。

大拇指和食指不出力，利用中指指腹和無名指指背依順時針方向轉動吧匙。利用冰的慣性，發揮手腕的彈動力，持續以中指和無名指轉動吧匙。

在使用吧匙的時候，要始終使吧匙背部朝上放入調酒杯中。攪拌時，吧匙先端要觸到杯底，只要使吧匙不倒下輕輕地扶住即可，旋轉始終是靠中指和無名指的力量。只有這麼做才能平順地轉動。

轉動15～16下之後，攪拌的動作就結束了。如同將吧匙放入杯中時一樣，將吧匙背部朝上，像畫弧形般將吧匙取出。

接著套上濾網，將調酒杯的注入口朝左轉，濾網柄朝著另一邊套上。

食指靠在濾網突起部分，剩下的四根手指緊握調酒杯，倒酒於杯裡。

7　Shake（搖動）

Shake的意思是「搖動」，雞尾酒調製配方上出現這個單字的話，就是「搖動調酒壺調製雞尾酒」的意思。

將調酒壺倒放於吧台或工作台上，上面的壺蓋最好先套上濾網。

搖動的順序最初是跟攪拌（Stir）一樣，先將冰塊和少量的水放入調酒壺裡，輕輕攪拌後瀝水。冰塊的份量差不多放8～9分滿。

接著加入材料，套上濾網，蓋上壺蓋。此時若把濾網和壺蓋整體扣在壺身上的話，搖動後調酒壺的內外會產生壓差，壺蓋就會脫落，因此絕對要照順序，一個一個地扣上。

關於搖動方法，是以右撇子的人為基準。右手大拇指放在壺蓋上，無名指和小指夾住壺身。左手大拇指按在濾網肩部，中指和無名指的第一關節扶著壺底。

右手的食指和中指、左手的食指和小指則輕輕抱著壺身。然後握著調酒壺，將調酒壺由身體正面拿到靠近左側肩和乳頭之間的位置上。然後在胸前按照斜上→胸前→斜下→胸前的順序，很有節奏性地重複做7～8次。這種搖動方式被稱為二段式搖動。在雞尾酒調製人的動作中，是最有活力的搖動方式。

其他還有一段式搖動法和三段式搖動法，不管是哪種方法，只要照規定的次數來搖動，會感覺有一股涼氣傳到指尖，待調酒壺表面像結了一層霜一樣變白，就表示搖動完畢。

不過如果使用奶油、砂糖、蛋等副材料的話，因為這些副材料不易溶解，搖動次數要加倍，同時力道也要加強，才能均勻混合。

搖動結束後，拿掉壺蓋，右手食指按於濾網肩部，別讓濾網偏移，並倒酒於酒杯裡。此時要倒到調酒壺裡一滴不剩。

倒好後將調酒壺裡的冰塊丟掉，用水洗淨，擺回原來的收納場所。如果使用高脂材料或氣味較濃的茴香酒、薄荷酒的話，宜使用中性洗潔劑和熱水清洗，別讓調酒壺殘留氣味。

8　Blend（混合）

Blend是「混合」的意思。然而雞尾酒調製配方上出現這個字時，在美國是指利用混合機來混合，在日本則是利用電動攪拌機來混合。將材料和碎冰放進機器裡，製成冰沙狀的冰凍雞尾酒時就需要這個技法來調製。還有，

要將草莓或香蕉打成泥狀時，也需要這個技法。

　　一般來說是要依照順序將材料放進杯子裡，但是在Blend的情況下，可以先將碎冰放進去。如果使用水果為材料，就先放水果，再放碎冰，這樣可以預防水果氧化變色。

　　攪拌機開動一段時間後，即關掉開關，等機器完全停止轉動，再將杯子拆下。如果是冰凍雞尾酒的話，杯子裡會有硬果泥出現，必須使用吧匙攪拌一下。

9　雞尾酒的飲用溫度

　　飲料和食品都會因溫度不同而影響口味，尤其是作為嗜好品的酒（雞尾酒），更應注意它的飲用溫度。

　　每個人喜歡的溫度不同，不過一般來說飲品溫度在體溫＋或－25～30度的範圍內最為美味。不管是熱飲或冷飲，都該知道它的美味溫度範圍是多少。

美味溫度帶

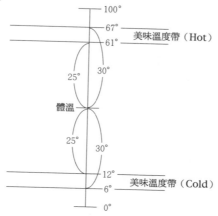

10 其他的雞尾酒調製用語

凍雪式（Snow Style）

　　於酒杯邊緣撒糖或鹽，營造出凍雪的感覺，在日本就是指「利用糖（鹽）調製的凍雪式雞尾酒」。將檸檬片（或萊姆片）切口擺在完全乾燥的杯緣，繞一圈，再倒放於盛有糖（或鹽）的平盤裡，就變成凍雪形狀。

擰擠（Twist）

　　用指尖擰擠檸檬片等。檸檬皮表面的油性成分會讓雞尾酒風味更濃郁。在美國標記為twist of lemon。

抖（Dash）

　　指振抖一次苦味酒酒壺所滴出的酒量。振抖一次約可滴出5〜6滴。

滴（Drop）

　　從苦味酒酒壺落下的1滴份量。在調整雞尾酒口味時經常使用。

指（Finger）

　　將手指放在薄薄的8盎斯份量的平底杯下部，當液體注入杯中只達到一指深的時候，就是相當於單指的量（約30ml），若達到二指深時就為雙指的量。這就是單指、雙指的含意。

漂浮（Float）

　　利用比重，不讓材料混在一起的調酒技法。

　　共有以下三種作法：

　　　①讓某一種酒浮在另外一種酒之上。

　　　②讓奶油浮在酒或雞尾酒之上。

　　　③讓酒漂浮在軟性飲料之上等等。

IV　裝飾的知識與方法

1　裝飾物的製作

　　一般把裝飾雞尾酒的水果等物稱為裝飾物或附屬品。在美國等國家也有人稱為食物妝點（Garnish）。

　　不管稱呼如何，妝點雞尾酒的裝飾物乃是重要的配角，人們在欣賞它的香味的同時，還可以欣賞其色彩。

　　原則上按照雞尾酒書的指示來裝飾即可。有一些雞尾酒就算材料配合比例一樣，會因為有無裝飾物，而改變雞尾酒的名稱。

　　新手只要照著書上指示去做就對了。

　　關於雞尾酒的裝飾物也有基本法則須遵守：

　　　①辣味雞尾酒適合以橄欖裝飾，甜味雞尾酒適合以櫻桃裝飾。

　　　②以柳橙汁為材料的雞尾酒就用柳橙片裝飾，材料與裝飾材料力求協調，能突出雞尾酒原有的口味。

　　　③配合酒杯來決定裝飾物的形狀與大小。考慮成本問題，盡量避免製作上的浪費。

　　不要等客人點酒了再來準備裝飾物，最好在開店前就預估一天的用量，然後準備齊全。用容器裝著，覆上保鮮膜，放進冰櫃冷藏。華麗風格的雞尾酒（例如熱帶風情雞尾酒）所用的裝飾物水果最好噴點帶有香味的酒液（如蘭姆酒），不僅能讓色澤更美，當客人拿起酒杯時聞到那股香味，更讓人心曠神怡，也能提升這杯雞尾酒的價值。

2 裝飾物的實際操作

　　該如何裝飾，端看調酒師的品味如何。但作為基本的方式，有如下的種類。

裝飾物的裝飾法

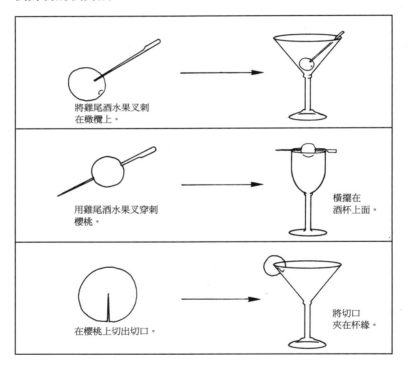

將雞尾酒水果叉刺在橄欖上。

用雞尾酒水果叉穿刺櫻桃。

橫擺在酒杯上面。

在櫻桃上切出切口。

將切口夾在杯緣。

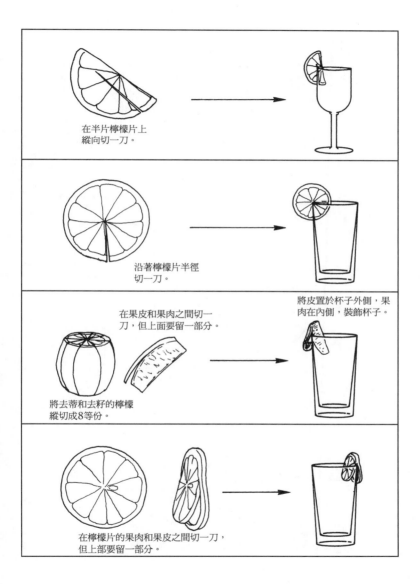

在半片檸檬片上
縱向切一刀。

沿著檸檬片半徑
切一刀。

在果皮和果肉之間切一
刀，但上面要留一部分。

將皮置於杯子外側，果
肉在內側，裝飾杯子。

將去蒂和去籽的檸檬
縱切成8等份。

在檸檬片的果肉和果皮之間切一刀，
但上部要留一部分。

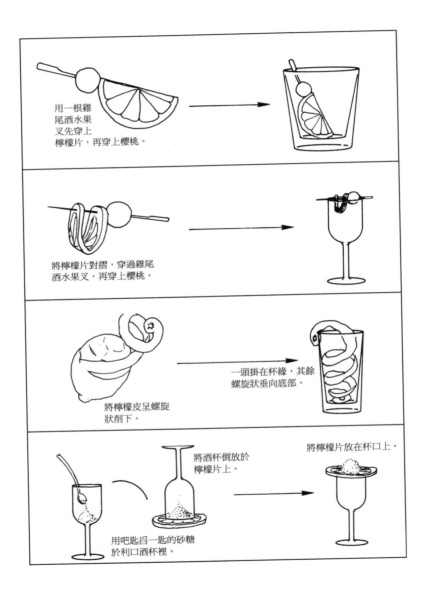

用一根雞尾酒水果叉先穿上檸檬片，再穿上櫻桃。

將檸檬片對摺，穿過雞尾酒水果叉，再穿上櫻桃。

將檸檬皮呈螺旋狀削下。

一頭掛在杯緣，其餘螺旋狀垂向底部。

將酒杯倒放於檸檬片上。

用吧匙舀一匙的砂糖於利口酒杯裡。

將檸檬片放在杯口上。

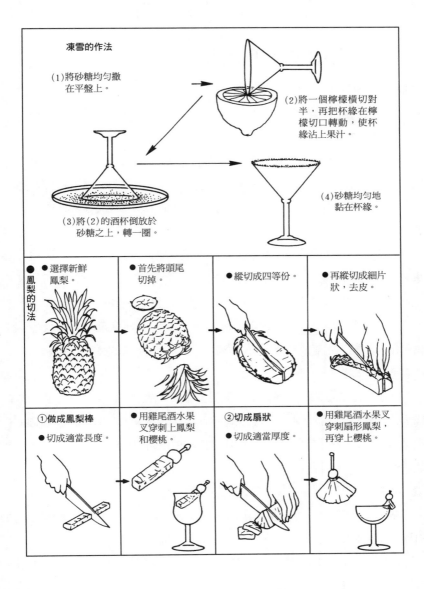

凍雪的作法

(1)將砂糖均勻撒在平盤上。

(2)將一個檸檬橫切對半，再把杯緣在檸檬切口轉動，使杯緣沾上果汁。

(3)將(2)的酒杯倒放於砂糖之上，轉一圈。

(4)砂糖均勻地黏在杯緣。

●鳳梨的切法

●選擇新鮮鳳梨

●首先將頭尾切掉。

●縱切成四等份。

●再縱切成細片狀，去皮。

①做成鳳梨棒

●切成適當長度。

●用雞尾酒水果叉穿刺上鳳梨和櫻桃。

②切成扇狀

●切成適當厚度。

●用雞尾酒水果叉穿刺扇形鳳梨，再穿上櫻桃。

V　創意雞尾酒的構思與雞尾酒競賽

1　創意雞尾酒的創作

熟練基本配方

在酒吧學那個章節已經提過，作為一名職業級調酒師，掌握標準配方，乃是開展創意雞尾酒的第一步。

雞尾酒的種類是無以計數的。這些雞尾酒都可說是標準型，歷經歷史的磨練而留下來，在將這些配方確實變成自己的美味佳酒並提供給顧客的時候，在一杯雞尾酒中所蘊藏的魅力就會光芒四射，讓客人獲得滿足感。

創作之始

調製創意雞尾酒的重要觀念，就是「基本配方是重要的，但不要被其所束縛」。換言之，在調製混合飲料的方法上，酒的組合等是有原則的，但又不是絕對的，歸根究柢，可以說調製者對雞尾酒創作的姿態是最重要的。

創意雞尾酒的調製步驟跟開店一樣，絕對要按部就班。能夠照著步驟做，創意雞尾酒才能成為讓所有人喜愛，可以世代流傳的標準型雞尾酒。

（1）概念的確立

所謂創意雞尾酒絕對不是胡亂調製，需要明確定下在這一杯雞尾酒中要傾訴什麼思想。因此，必須考慮是做給什麼樣的客人喝，用何種狀態提供、提供何種形式的雞尾酒，而且，以什麼樣的價格（包括成本率）來售出。當然季節性的考量也很重要。

（2）命名

命名決定了一切。客人在點酒時，一定是由雞尾酒名稱來想像雞尾酒的模樣。如果形象和實際內容不同，就會令人掃興。

調製創意雞尾酒必須先決定名稱，再決定符合名稱形象所要使用的酒類、型態、口味等。如果倒著順序來做的話，就會變成是四不像的命名了。

　　歐美的雞尾酒（基本上都是標準型雞尾酒）中，很多作品的內容與它的名稱幾乎扯不上關係。這是因為歐美人士在評價雞尾酒時，不是重視調製的過程，而是重視最後的結果所致。可是在日本，認為調製過程也是創意雞尾酒的重要因素之一，可以說作品誕生的背景是命名的關鍵所在。

（3）口味的探究

　　如果口味不佳，這種創意雞尾酒就沒有前途，也無法普及。呈現在客人面前的那杯雞尾酒，口味是最重要的因素，名稱、使用的酒類、價格、雞尾酒的型態等等不過是口味的附屬條件罷了。口味的好壞才是決定創意雞尾酒成功與否的關鍵。因此，如果對於標準型雞尾酒的標準配方不是很透徹理解的話，絕對無法創作出好的作品。

　　除此之外，關於使用的酒類或副材料這一方面的知識也要很了解才行，要有一顆研究上進的心，充分了解每種酒與副材料的味道，並想像將這些材料予以組合會調製出哪種口味的雞尾酒。

（4）顏色的研究

　　口味是創意雞尾酒的根本，不過，當客人接過酒杯時，他對這杯酒的最初印象卻是來自視覺美感。就算名稱多美，定價多便宜，客人覺得顏色不美的話，在他還沒喝下之前，就已經對這杯酒的口味扣分了。

　　日本人對於色彩的敏銳度比歐美人還纖細敏感，偏好淺色，不愛原色。就舉藍色柑香酒為例，雖然都是藍色，但日本人較喜歡粉藍或淺藍。為了調製出美麗的顏色，要了解各種副材料混拌在一起後會呈現出哪樣的色澤。

　　遵循著上述的步驟打好根基，然後再發揮大膽的想像力，嘗試挑戰調製出屬於你的創意雞尾酒。這既是自己的一種鑽研精神，同時也會對開設一間對顧客來說具有魅力的酒吧做出貢獻。

2　為參加雞尾酒競賽做好準備

　　在某地、由某人調製的創意雞尾酒若要出名，有兩個途徑。

第一個就如前面所述，在某間酒吧由某位調酒師調製的創意雞尾酒透過口耳相傳的方式，廣為普及。古時候的馬丁尼、側車或現代的鹹狗、黑雨等就是典型代表。這種普及途徑很紮實，但要成為流傳久遠的標準型雞尾酒，需要長時間的磨練。

第二個途徑就是參加雞尾酒競賽，於公眾場合發表自己的作品，然後得獎就能夠被世人認同。雞尾酒競賽雖是大型場合，傳播力很強，但並不見得推出的作品就能永遠受人喜愛。有的得獎後就沒沒無名，有的則是可以成為標準型雞尾酒，世世代代為人飲用。

不管採取哪種途徑，重點就是要有創造的精神，不斷開發新的雞尾酒。

雞尾酒競賽的歷史，目前還沒有定論。大概是從20世紀初到美國禁酒法頒布的1930年代之間，在歐洲開始舉辦的。

由於禁酒法的實施而失去工作的美國調酒師來到歐洲，與歐洲調酒師們互相切磋琢磨，造就了歐洲雞尾酒的「黃金時代」，同時在歐洲成立了調酒師組織，開始企畫各種雞尾酒競賽活動。

雞尾酒競賽（Cocktail Competition）就是雞尾酒調製技術比賽大會的意思。日本的雞尾酒競賽可分為由調酒師協會主辦（製酒商幾乎都會贊助）和廠商自己主辦等兩種。協會主辦的比賽規定只有會員才能參加，因此，在此準備談一談參加製酒廠商主辦的競賽時的一些注意事項。

首先，當你想參加雞尾酒競賽的那一刻開始，勝負的較量就已經開始了。這種較量的意義要超越正式比賽，是必須要取勝的。為此，介紹幾個需注意的要點。

從報名到取得出賽權

（1）確實掌握競賽的宗旨

如果是廠商主辦的比賽，評分重點是雞尾酒的未來性，而不是調酒師的調製技術。廠商希望你用他們生產的酒來調製出受歡迎的雞尾酒，這樣他們製造的商品就可以長期大量地暢銷，所以不要以專家的調調（配方）來調

酒，而是要從飲用者（消費者）的觀點來調酒，調製出讓消費者青睞的創意雞尾酒。

（2）決定名稱

不管參加哪一類型的比賽，都會有主題。這既有命題商品，也有自由選擇的商品，但無論是哪一種，首先要順應主題的考量命名，創造出容易發音又好記的響亮名稱。

（3）決定顏色

要在由名稱所能聯想到的色彩中選擇。

（4）決定口味（商品的組合）

為了調製出已經決定的色彩，必須考慮基酒該與哪些材料組合。這時候並不是要呈現出使用的酒類原色，而是要將各種不同材料組合，調配出你所希望的顏色（當然美味是前提），這樣才能獲得讚賞，讓評審認為你很有創意，配方內容的感人力度也會提高。

最後再檢查所用的全部材料，包括酒在內是不是舉辦廠商的商品。尤其是果汁類，不同廠商所製造的口味都有些微的差異。

（5）決定酒杯

所有步驟都準備齊全了，但如果倒入酒杯之後，和原先的命名形象完全不一樣，那就功虧一匱了。因此酒杯的選擇也是重要課題之一。

其他還有許多細節需留意，例如有無裝飾物，份量的問題等。但要比這些更為重要的問題，是站在文件審查人員的立場上，用工整的筆跡，並且沒有錯字和漏字地填寫報名用文件，對這一點也應做出最大的努力。

如果幸運地文件審查通過，最後審查（出賽權）也過關，再來就要一決勝負了。比賽當天的注意事項很多，但最重要就是出場時的精神狀態和集中性。比賽乃是人（評審）在評價人（創作者）的一個過程，能不能贏得評審青睞，你的努力能不能開花結果，一切就在那短短的5分鐘內定生死。只要平常有努力，加上好運與實力，你所調製的雞尾酒就能獲得競賽的獎賞。

雞尾酒調製配方157

COCKTAIL RECIPES 157

A

ADONIS（阿德尼斯）

材　料　辣味雪莉酒 ···2/3

　　　　甜味苦艾酒 ···1/3

　　　　柳橙苦味酒 ···數滴

作　法　●攪拌之後，注入雞尾酒杯。

〔Memo〕●ADONIS出自希臘神話，為愛芙洛蒂（維納斯）所寵愛的
　　　　　美少年之名。1884年，同名音樂劇在紐約上演。由於這個
　　　　　緣故，這款酒誕生於紐約。

　　　　●辛辣苦艾酒取代甜味苦艾酒，就成為BAMBOO（竹子）。
　　　　　竹子的口感較辛辣，而阿德尼斯則是一款擁有阿涅莫涅
　　　　　（希臘語的阿德尼斯／金盞花）的紅花般色彩、略帶甜味
　　　　　的雞尾酒。

AFFINITY（親密關係）

材　料　威士忌 ···1/2

　　　　辛辣苦艾酒 ···1/4

　　　　甜味苦艾酒 ···1/4

　　　　藥草類苦味酒 ···2抖

作　法　●攪拌之後，注入雞尾酒杯。撒上磨碎的檸檬皮。

〔Memo〕●正如AFFINITY在字典裡的意思「密切關係、姻親關係」
　　　　　一樣，使用英國、法國、義大利3國的酒，表現出3國之間
　　　　　的親密關係。

A

ALASKA（阿拉斯加）

材　料　辣味琴酒 ···3/4

修道院酒（黃色）···1/4

作　法　●搖勻之後，注入雞尾酒杯。

〔Memo〕●亦有攪拌式調法，不過就阿拉斯加的印象而言，還是搖晃的方式較為適切。

這是倫敦THE SAVOY HOTEL的哈里・格拉德克氏的作品。據說這是他在美國的酒吧工作時，所創作出來的酒。

●若改用綠色修道院酒，就成為GREEN ALASKA（碧綠阿拉斯加）。在美國又稱為EMERALD ISLE（綠寶石島）。在為數眾多的雞尾酒款中，算是酒精濃度較強的雞尾酒。

ALEXANDER（亞歷珊德）

材　料　白蘭地 ··1/2

可可酒 ··1/4

鮮奶油 ··1/4

作　法　●充分搖晃之後，注入雞尾酒杯。

〔Memo〕●這是為了呈獻給英王愛德華7世的王妃亞歷珊德所調製的雞尾酒。柔滑細緻的絕佳口感，是符合女性喜好的No.1雞尾酒。

●就變化而言，若將白蘭地基酒改為琴酒，就成為PRINCESS MARY（瑪麗王妃）。換成伏特加，則變成BARBARA（芭芭拉）。而使用蘭姆酒，則成為PANAMA（巴拿馬）。

AMERICANO（美國人）

材　料　肯巴利酒……………………………………………………30ml

　　　　　甜味苦艾酒…………………………………………………30ml

　　　　　蘇打水……………………………………………………適量

作　法　●在裝有冰塊的平底杯中倒入肯巴利酒及甜味苦艾酒，再注滿冰涼的蘇打水，輕輕攪拌。

　　　　　再用檸檬皮或柳橙皮作為裝飾。

〔Memo〕　●「美國人」的義大利文就是AMERICANO。

　　　　　●這款雞尾酒自第二次世界大戰結束後便開始流行，不過一直到1920年才引進日本，主要是餐前開胃酒。

ANGEL'S KISS（天使之吻）

材　料　可可酒……………………………………………………3/4

　　　　　鮮奶油……………………………………………………1/4

作　法　●在利口酒杯中注入可可酒，緩緩地從上方倒入鮮奶油，使其漂浮在酒液上方。以水果叉或牙籤串起紅櫻桃，置於杯緣作裝飾。

〔Memo〕　●這是日本的一般作法，不過在美國等地，以相同配方調製而成的酒則稱為ANGEL'S TIP。

A

AROUND THE WORLD（環遊世界）

材　料 辣味琴酒 ··2/3
　　　　　綠色薄荷酒 ···1/6
　　　　　鳳梨汁 ···1/6

作　法 ●搖勻之後，注入雞尾酒杯。以綠櫻桃作裝飾。

〔Memo〕●AROUND THE WORLD 為環繞世界一周之意。據說為
　　　　　美國調酒師的作品。

B

B-52（轟炸機）

材　料 卡魯哇咖啡酒 ··20ml
　　　　　貝利斯愛爾蘭奶油利口酒 ··20ml
　　　　　橙色柑香酒 ···20ml

作　法 ●使用威士忌酒杯或小型酒杯，將材料依序倒入。

〔Memo〕●在美國的雞尾酒界，將1980年代以後登場、以龍舌蘭或伏
　　　　　特加等作為利口酒、具有趣味名稱的雞尾酒群稱為射手
　　　　　（SHOOTER）。其中以B-52最具代表性。
　　　　　以威士忌酒杯之類的小型玻璃杯盛裝，調配出略帶甜味的
　　　　　口感，一飲而盡。

B BACARDI COCKTAIL（白卡帝雞尾酒）

材　料　白卡帝蘭姆酒（白色）·······································3/4

　　　　萊姆汁···1/4

　　　　石榴糖漿··1 tsp

作　法　●搖勻之後，注入雞尾酒杯。

〔Memo〕●這款雞尾酒是1933年，由蘭姆酒製造商白卡帝（Bacardi）
公司為宣傳自家的蘭姆酒所發表的作品。「白卡帝雞尾酒
必須使用白卡帝公司的蘭姆酒」的規定，因獲得紐約法院
的裁定而聞名。

BALALAIKA（俄羅斯吉他）

材　料　伏特加··1/2

　　　　白色柑香酒···1/4

　　　　檸檬汁···1/4

作　法　●搖勻之後，注入雞尾酒杯。

〔Memo〕●這是SIDECAR（側車）、WHITE LADY（白色佳人）的
伏特加版。在1965年修訂的Savoy Cocktail Book中，首度
登場。

　　　　●BALALAIKA在俄羅斯是一種宛如吉他的三角形弦樂器。

B

BAMBOO（竹子）

材　料　辣味雪莉酒 ……………………………………………………2/3
辛辣苦艾酒 ………………………………………………………1/3
柳橙苦味酒………………………………………………………1抖

作　法　●攪拌之後，注入雞尾酒杯。

〔Memo〕●在明治20年代，由來自舊金山、在橫濱Grand Hotel擔任
酒吧經理的路易斯・艾賓格氏所創作。
這是ADONIS雞尾酒的改良版。

●在竹子的配方中，加進磨碎的檸檬皮，就成為AMOUR
（愛戀）雞尾酒。

●將辛辣苦艾酒換成甜味苦艾酒，就變成ADONIS。不過，
從辣味雪莉酒的風味及現代潮流來看，還是以BAMBOO
的配方較能充分展現雪莉酒的風味。

BANANA BIRD（香蕉鳥）

材　料　波本威士忌…………………………………………………30ml
鮮奶油…………………………………………………………30ml
香蕉利口酒……………………………………………………2 tsp
白色柑香酒……………………………………………………2 tsp

作　法　●經過充分搖晃之後，注入放進冰塊的酸酒杯或小型平底
杯。以切片香蕉作裝飾。

〔Memo〕●個性強烈的香蕉利口酒，其獨特香氣與華麗而具刺激性的
波本威士忌相當對味。

B

B & B

材　料　本尼迪克特酒 ·······························1/2

　　　　白蘭地 ··································1/2

作　法　●在利口酒杯或威士忌酒杯中，依上記的順序緩緩注入。

〔Memo〕●B&B的名稱是取自Bénédictine及Brandy兩種材料的第一
　　　　個字母。

　　　　●以彩虹酒的形式製作，因此較適合作為餐後酒或睡前酒。

BELLINI（貝里尼）

材　料　義大利氣泡酒（或香檳）·······················2/3

　　　　水蜜桃果汁 ······························1/3

　　　　石榴糖漿 ·······························1抖

作　法　●在細長香檳杯（或高腳杯）中，倒入冰涼的水蜜桃果汁及
　　　　石榴糖漿，攪拌均勻。從上方注滿香檳，再輕輕地攪拌。

〔Memo〕●這款酒是在1948年，當貝里尼（1430～1516年）的畫展在
　　　　義大利的威尼斯舉辦時，由熱愛貝里尼畫作的當地哈理滋
　　　　酒吧經營者喬瑟彼·奇普理阿尼（Giuseppe Cipriani）氏
　　　　所創作。

B BETWEEN THE SHEETS（床第之間）

材　料　白蘭地 ……………………………………………………………… 1/3

　　　　白色蘭姆酒 …………………………………………………………… 1/3

　　　　白色柑香酒 …………………………………………………………… 1/3

　　　　檸檬汁 ………………………………………………………………… 1 tsp

作　法　●搖勻之後，注入雞尾酒杯。

〔Memo〕●Between the Sheets「上床就寢」的意思。這只是一款單純的睡前酒呢？還是充滿性暗示的SEXY酒款？

BIG APPLE（大蘋果）

材　料　伏特加 ……………………………………………………………… 45ml

　　　　蘋果汁 ………………………………………………………………… 適量

作　法　●注入裝有冰塊的平底杯中，輕輕攪拌。

〔Memo〕●Big Apple為大都會紐約市的暱稱。

　　　　●美國的蘋果汁大多為清澈透明的果汁，而在日本則有透明與不透明兩種。使用哪一種都無所謂。

B **BLACK RAIN**（黑雨）

材 料　香檳（或氣泡葡萄酒）⋯⋯⋯⋯⋯⋯⋯⋯⋯⋯⋯⋯9/10
　　　　黑色聖布卡酒⋯⋯⋯⋯⋯⋯⋯⋯⋯⋯⋯⋯⋯⋯⋯⋯1/10

作 法　●在細長香檳杯中注入冰鎮過的材料，輕輕攪拌。

〔Memo〕●這款雞尾酒的名稱源自於已故演員松田優作與麥克‧道格
　　　　拉斯及高倉健共同演出的電影「黑雨」。

　　　　●1990年年底，由澳洲雪梨的Hyatt Kingsgate Hotel的酒吧
　　　　經理哈伯‧梅森氏所創作。

　　　　●黑色聖布卡酒是1988年在義大利推出的新款利口酒。利用
　　　　接骨木果實的萃取液，將聖布卡酒染黑製成。屬於藥草和
　　　　香料類利口酒，同時帶有柑橘類的風味。

BLACK RUSSIAN（黑色俄羅斯）

材 料　伏特加⋯⋯⋯⋯⋯⋯⋯⋯⋯⋯⋯⋯⋯⋯⋯⋯⋯⋯40ml
　　　　卡魯哇咖啡酒⋯⋯⋯⋯⋯⋯⋯⋯⋯⋯⋯⋯⋯⋯⋯⋯20ml

作 法　●注入裝有冰塊的搖滾酒杯，輕輕攪拌。

〔Memo〕●這是在1950年代，由任職於比利時『Metropole』飯店的
　　　　糾歐斯塔伍‧托普所發明的雞尾酒。

　　　　●在上記配方中，若加入鮮奶油漂浮，就成為WHITE
　　　　RUSSIAN（白色俄羅斯）雞尾酒。另外，若以白蘭地取
　　　　代上記的伏特加，就成為DIRTY MOTHER（黯淡的母
　　　　親），而以杏仁利口酒取代上記的卡魯哇咖啡酒，則成為
　　　　GODMOTHER（教母）。

BLACK VELVET（黑色天鵝絨）

材　料　Stout啤酒⋯⋯⋯⋯⋯⋯⋯⋯⋯⋯⋯⋯⋯⋯⋯⋯⋯⋯⋯⋯1/2

香檳（或氣泡葡萄酒）⋯⋯⋯⋯⋯⋯⋯⋯⋯⋯⋯⋯⋯⋯⋯1/2

作　法　●將事先冰鎮過的材料依上記順序，緩緩地注入高腳杯（或平底杯）中，再輕輕地攪拌一下。

〔Memo〕●BLACK VELVET是黑色天鵝絨之意。

●同時將兩種材料注入酒杯的呈現效果相當不錯。由於氣泡很多，其技術難度相當高。

●各國在稱呼上都有差異。這款酒在啤酒產地的英國稱為BISMARK（比斯馬克）。

BLOODHOUND（警犬）

材　料　辣味琴酒⋯⋯⋯⋯⋯⋯⋯⋯⋯⋯⋯⋯⋯⋯⋯⋯⋯⋯⋯⋯30ml

辛辣苦艾酒⋯⋯⋯⋯⋯⋯⋯⋯⋯⋯⋯⋯⋯⋯⋯⋯⋯⋯⋯15ml

甜味苦艾酒⋯⋯⋯⋯⋯⋯⋯⋯⋯⋯⋯⋯⋯⋯⋯⋯⋯⋯⋯15ml

草莓⋯⋯⋯⋯⋯⋯⋯⋯⋯⋯⋯⋯⋯⋯⋯⋯⋯⋯⋯⋯⋯⋯2個

碎冰⋯⋯⋯⋯⋯⋯⋯⋯⋯⋯⋯⋯⋯⋯⋯⋯⋯⋯⋯⋯⋯2/3杯

作　法　●以果汁機攪打後，移入搖滾酒杯中。附上吸管。

〔Memo〕●BLOODHOUND是「警犬」之意。

●這款酒誕生於倫敦、果汁機尚未發明的1900年代初期。當時所使用的器具為調酒壺，須藉由強力的搖晃，讓草莓的風味轉移到酒中。

BLOODY BULL（血腥公牛）

材　料	伏特加	30ml
	蕃茄汁	45ml
	牛肉高湯	45ml
	檸檬汁	1 tsp

作　法　●搖勻之後，注入裝有冰塊的平底杯中。

〔Memo〕●從名稱便可以想像，這種酒混合了血腥瑪麗及公牛彈丸的
　　　　　風味。酒精濃度也恰到好處，充滿健康感覺的雞尾酒。可
　　　　　依喜好添加塔巴斯哥辣醬。

BLOODY MARY（血腥瑪麗）

材　料	伏特加	30～45ml
	蕃茄汁	適量

作　法　●將伏特加倒入裝有冰塊的玻璃杯中，再以2～3倍量的蕃茄
　　　　　汁加滿，輕輕攪拌。
　　　　　以切瓣的檸檬作裝飾，並附上攪拌棒。

〔Memo〕●亦可先在調酒杯中將蕃茄汁、伍斯特辣醬、塔巴斯哥辣
　　　　　醬、檸檬汁、鹽等等喜愛的配料攪拌過後，再與伏特加混
　　　　　合。
　　　　●根據Harry's ABC of mixing cocktails，這是1921年在巴
　　　　　黎的哈利酒吧，由比特‧佩提歐所創作的雞尾酒。由於此
　　　　　人後來成為紐約某家飯店的酒吧主管，所以這款酒也算是
　　　　　誕生於美國。
　　　　●若不放伏特加，則稱為VIRGIN MARY（處女瑪麗）。

B

BLUE CORAL REEF（藍色珊瑚礁）

材　料　辣味琴酒 ……………………………………………………2/3

　　　　綠色薄荷酒 …………………………………………………1/3

作　法　●搖勻之後，注入杯口以檸檬切片塗抹過的雞尾酒杯。將紅
　　　　櫻桃沈入杯底。

〔Memo〕●這是1950（昭和25）年5月3日在東京舉辦的第2屆全日本
　　　　飲料大賽之冠軍作品。作者為名古屋的鹿野彥司氏。

　　　　●原始作品的作法只以檸檬片將玻璃杯的杯口抹溼，為了讓
　　　　人聯想到白色珊瑚的沙灘，有些地方會利用細砂糖呈現出
　　　　凍雪（Snow Style）感覺。

BLUE HAWAII（藍色夏威夷）

材　料　白色蘭姆酒 ………………………………………………30ml

　　　　藍色柑香酒 ………………………………………………15ml

　　　　鳳梨汁 ……………………………………………………30ml

　　　　檸檬汁 ……………………………………………………15ml

作　法　●搖勻之後，注入填滿碎冰的玻璃杯中，以鳳梨等作裝飾，
　　　　附上吸管。

〔Memo〕

BLUE LAGOON（藍色礁湖）

材　料　伏特加⋯⋯⋯⋯⋯⋯⋯⋯⋯⋯⋯⋯⋯⋯⋯⋯⋯⋯30ml

　　　　藍色柑香酒⋯⋯⋯⋯⋯⋯⋯⋯⋯⋯⋯⋯⋯⋯⋯⋯10ml

　　　　檸檬汁⋯⋯⋯⋯⋯⋯⋯⋯⋯⋯⋯⋯⋯⋯⋯⋯⋯⋯20ml

作　法　●搖勻之後，注入裝有冰塊的香檳杯中。以柳橙、檸檬、紅櫻桃等作裝飾，附上吸管。

〔Memo〕●1960年，由巴黎哈利酒吧的安迪・麥克鴻（Andy MacElhone）所創作的作品。

BLUE MOON（藍月）

材　料　辣味琴酒⋯⋯⋯⋯⋯⋯⋯⋯⋯⋯⋯⋯⋯⋯⋯⋯⋯1/2

　　　　紫羅蘭利口酒⋯⋯⋯⋯⋯⋯⋯⋯⋯⋯⋯⋯⋯⋯⋯1/4

　　　　檸檬汁⋯⋯⋯⋯⋯⋯⋯⋯⋯⋯⋯⋯⋯⋯⋯⋯⋯⋯1/4

作　法　●搖勻之後，注入雞尾酒杯。

〔Memo〕●作者及誕生年份不詳，但從配方出現於1929（昭和4）年秋山德藏之著作『雞尾酒』看來，應該是誕生於當時4～5年以前的作品。

　　　　●使用新鮮檸檬汁的情況，若未以濾網瀝掉果肉，會使得雞尾酒的色澤變得混濁。

B

BOURBONELLA（波本尼拉）

材　料　波本威士忌 ··1/2
　　　　辛辣苦艾酒 ··1/4
　　　　橙色柑香酒 ··1/4
　　　　石榴糖漿 ··1抖

作　法　●攪拌之後，注入雞尾酒杯。

〔Memo〕

BRANDY EGGNOG（白蘭地蛋奶酒）

材　料　白蘭地 ··30ml
　　　　白色蘭姆酒 ··15ml
　　　　砂糖 ··2 tsp
　　　　蛋 ··1個
　　　　牛奶 ··適量

作　法　●將牛奶以外的材料充分搖勻，注入平底杯。加滿冰牛奶，
　　　　　輕輕攪拌。撒上荳蔻粉亦可。

〔Memo〕●Egg Nog就如同Fizz或Sour一樣，都是雞尾酒的類型。這
　　　　　裡以白蘭地為基酒，所以在名稱前面加上Brandy，稱為
　　　　　BRANDY EGGNOG。
　　　　●據說起源於美國南部的傳說，屬於聖誕節的必備飲料。

B

BRAVE BULL（猛牛）

材　料　龍舌蘭‧‧40ml

　　　　卡魯哇咖啡酒‧‧20ml

作　法　●注入裝有冰塊的搖滾酒杯中，輕輕攪拌。

〔Memo〕●這是黑色俄羅斯的龍舌蘭版。

BRONX（布朗克斯）

材　料　辣味琴酒‧‧‧1/2

　　　　辛辣苦艾酒‧‧‧1/6

　　　　甜味苦艾酒‧‧‧1/6

　　　　柳橙汁‧‧‧1/6

作　法　●搖勻之後，注入雞尾酒杯。

〔Memo〕●Bronx是紐約市的區域名稱。以布朗克斯動物園而聞名。

　　　　●在布朗克斯的配方中加入蛋黃，就成為BRONX GOLD
　　　　　（黃金布朗克斯）；若加入蛋白，則成為BRONX SILVER
　　　　　（銀白布朗克斯）。

B

BULL SHOT（公牛彈丸）

材 料 伏特加‧‧30ml

牛肉高湯‧‧60ml

作 法 ●搖勻之後，注入裝有冰塊的搖滾酒杯中。

〔Memo〕●據說，這款酒誕生於1953年，是美國底特律餐廳柯卡俱樂部的經營者克魯伯兄弟的作品。從材料的牛肉高湯看來，這款酒應該是餐廳裡的餐前酒。

●在東京、新宿的飯店酒吧裡，亦有以湯杯裝盛提供給客人的。此種方式源自北歐的Bull Shot Soup。

●除了上述的配方，亦有加入鹽、伍斯特辣醬、塔巴斯哥辣醬、胡椒等配料，經過調酒壺搖動混合後，倒入平底杯中，製成高球雞尾酒的型態。

C

CACAO FIZZ（可可費斯）

材 料 可可酒‧‧45ml

檸檬汁‧‧20ml

砂糖‧‧1 tsp

蘇打水‧‧‧適量

作 法 ●將蘇打水以外的材料搖勻之後，注入平底杯。加入冰塊，把冰涼的蘇打水加滿，輕輕攪拌。

〔Memo〕●除了可可酒，使用其他利口酒亦可調出美味的費斯。利口酒類的費斯與琴酒費斯的差異，在於前者因利口酒本身的甜味，必須減少1 tsp砂糖的用量。

C

CAFÉ ROYAL（皇家咖啡）

材　料　白蘭地……………………………………………………1 tsp
　　　　方糖………………………………………………………1個
　　　　熱咖啡……………………………………………………適量

作　法　●將咖啡注入咖啡杯中。在杯口架上盛著方糖的湯匙，把白
　　　　蘭地倒進湯匙裡。將吸滿白蘭地的方糖點火，適當地燃燒
　　　　片刻之後，再把整支湯匙浸入咖啡中，徐徐地攪拌。

〔Memo〕●若湯匙裡的方糖不易點燃，最好先以沸水等加溫湯匙。

CAJUN MARTINI（肯猶馬丁尼）

材　料　辣味琴酒………………………………………………………4/5
　　　　辛辣苦艾酒……………………………………………………1/5
　　　　墨西哥辣椒汁………………………………………………4～5滴

作　法　●攪拌之後，注入雞尾酒杯。放入橄欖作裝飾。

〔Memo〕●馬丁尼的變化相當多，其中又以這種馬丁尼最能品嚐到新
　　　　鮮感。以法裔加拿大人烹調出充滿美國南部獨特風味的私
　　　　房料理，就稱為肯猶料理。這款雞尾酒應該是餐前所喝的
　　　　開胃酒。墨西哥辣椒汁是以墨西哥出產的jalapeno辣椒製
　　　　成，辣味相當強烈。

C

CAMPARI & SODA（肯巴利蘇打）

材　料　肯巴利酒……………………………………………………30～45ml
　　　　　蘇打水………………………………………………………適量
作　法　●肯巴利酒注入裝有冰塊的玻璃杯中，再把冰涼的蘇打水加
　　　　　滿，輕輕攪拌。以柳橙片（或檸檬片）作裝飾。
〔Memo〕　●肯巴利酒與柑橘類的水果相當對味。柳橙片或檸檬片絕不
　　　　　可少。

CAMPARI ORANGE（肯巴利柳橙汁）

材　料　肯巴利酒……………………………………………………30～45ml
　　　　　柳橙汁………………………………………………………適量
作　法　●將肯巴利酒注入裝有冰塊的玻璃杯中，再把冰涼的柳橙汁
　　　　　加滿，攪拌均勻。以柳橙片（或檸檬片）作裝飾。
〔Memo〕　●在義大利的作法，一般都會添加少許的橙色柑香酒。亦稱
　　　　　為GARIBALDI（卡利巴迪）。

C

CHAMPAGNE BLUES（藍調香檳）

材　料　香檳（或氣泡葡萄酒）⋯⋯⋯⋯⋯⋯⋯⋯⋯⋯⋯⋯⋯⋯9/10
　　　　藍色柑香酒 ⋯⋯⋯⋯⋯⋯⋯⋯⋯⋯⋯⋯⋯⋯⋯⋯⋯⋯⋯1/10

作　法　●將藍色柑香酒倒入細長香檳杯中，轉動杯子，使杯內完全
　　　　溼潤。接著注滿香檳。

〔Memo〕●這款雞尾酒誕生於1980年代，以香檳為基酒。完成後，加
　　　　入少許磨碎的檸檬皮，可使味道顯得更犀利。

CHAMPAGNE COCKTAIL（香檳雞尾酒）

材　料　方糖⋯⋯⋯⋯⋯⋯⋯⋯⋯⋯⋯⋯⋯⋯⋯⋯⋯⋯⋯⋯⋯1個
　　　　藥草類苦味酒⋯⋯⋯⋯⋯⋯⋯⋯⋯⋯⋯⋯⋯⋯⋯⋯⋯⋯1抖
　　　　香檳（或氣泡葡萄酒）⋯⋯⋯⋯⋯⋯⋯⋯⋯⋯⋯⋯⋯⋯適量

作　法　●將方糖放入香檳杯裡，滴上苦精。放進一個冰塊，注滿冰
　　　　鎮過的香檳，再加入磨碎的檸檬皮。

〔Memo〕●若要呈現出現代感，最好使用細長香檳杯。方糖在香檳氣
　　　　泡中緩緩溶化、下沈的模樣相當優美。

CHERRY BLOSSOM（櫻花）

材　料　櫻桃白蘭地 ……………………………………………………1/2

白蘭地 ………………………………………………………1/2

橙色柑香酒…………………………………………………2抖

檸檬汁………………………………………………………2抖

石榴糖漿……………………………………………………2抖

作　法　●搖勻之後，注入雞尾酒杯。

〔Memo〕●這是誕生於日本的美麗雞尾酒。作者為橫濱『巴黎』酒吧
之擁有者尾多三郎氏。這款酒在Savoy Cocktail Book 書
中亦有記載調製法，屬於國際性的雞尾酒。

CHI-CHI（奇奇）

材　料　伏特加………………………………………………………30ml

鳳梨汁………………………………………………………80ml

椰奶…………………………………………………………45ml

作　法　●充分搖晃之後，倒入填滿碎冰的大型玻璃杯中。以鳳梨片
及紅櫻桃作裝飾，附上吸管。

〔Memo〕●其調製方式恰好與基酒為蘭姆酒的「椰林風情」相同。據
說誕生於美國的夏威夷。

●CHI-CHI的法語發音為「西西」，意思是裝模作樣。在英
文則有高雅、漂亮之意。

●若不放伏特加，則稱為VIRGIN CHI-CHI（無酒精奇
奇）。

C

CUBA LIBRE（自由古巴）

材　料　白色蘭姆酒···45ml
　　　　萊姆··1/2個
　　　　可樂··適量

作　法　●從玻璃杯上方擠入萊姆汁，再把萊姆放進杯中。加入冰
　　　　塊、注入蘭姆酒，再以2～3倍量的冰可樂加滿。附上攪拌
　　　　棒。

〔Memo〕●1902年，古巴在美國的援助下，從西班牙獨立。當時獨立
　　　　運動的口號就是「Viva Cuba Libre!（自由古巴萬歲）」。
　　　　這款雞尾酒的名稱源自於此。古巴特產的蘭姆酒、與美國
　　　　的可樂結合成絕妙的和諧風味。

D

DAIQUIRI（黛克瑞）

材　料　白色蘭姆酒···3/4
　　　　萊姆汁··1/4
　　　　砂糖···1 tsp

作　法　●搖勻之後，注入雞尾酒杯。

〔Memo〕●1902年，在古巴島東南方之黛克瑞礦山工作的美國人詹
　　　　寧・寇克斯為其命名。當時，古巴才從西班牙獨立不久，
　　　　黛克瑞礦山還留下許多美國駐派的礦山技師。每到週末，
　　　　這些技師都會到聖地牙哥市，飲用由古巴特產的蘭姆酒加
　　　　上萊姆汁及古巴砂糖所調製的雞尾酒。由於這種雞尾酒並
　　　　無名稱，所以寇克斯氏便以黛瑞克礦山為其命名。

D

DIRTY MOTHER（黯淡的母親）

材　料　白蘭地 ···40ml
　　　　卡魯哇咖啡酒 ··20ml

作　法　●注入裝有冰塊的搖滾酒杯中，輕輕攪拌。

〔Memo〕●以酒的印象來看，白蘭地與卡魯哇咖啡酒的組合似乎有點
　　　　　不平衡。然而，以木桶熟成而充滿香草風味的白蘭地，和
　　　　　卡魯哇咖啡酒在製造過程中所添加的香草風味，兩者相互
　　　　　烘托，卻也形成一款風味絕妙的雞尾酒。

DOG'S NOSE（狗鼻子）

材　料　辣味琴酒 ···45ml
　　　　啤酒 ···適量

作　法　●將琴酒倒入啤酒杯中，再注滿充分冰鎮的啤酒，輕輕攪
　　　　　拌。

〔Memo〕●DOG'S NOSE 就是狗鼻子之意。大概取自於把鼻子湊近
　　　　　裝滿啤酒的玻璃杯，努力找尋琴酒香氣的動作吧。
　　　　●表面上只是啤酒，但是啤酒的苦味和琴酒的辛辣融為一體
　　　　　的風味卻相當刺激。酒精濃度也很高，算是一款男性化的
　　　　　雞尾酒。

EL PRESIDENTE（總統）

材　料　白色蘭姆酒 ……………………………………………1/2

辛辣苦艾酒 ……………………………………………1/4

橙色柑香酒 ……………………………………………1/4

石榴糖漿 ………………………………………………1抖

作　法　●攪拌之後，注入雞尾酒杯。

〔Memo〕●EL PRESIDENTE 相當於英文的The President，也就是「總統」或「董事長」之意。墨西哥首都有一家同名的飯店，這款酒正是該飯店的招牌雞尾酒。在英國有些地方亦稱為PRESIDENT COCKTAIL（總統雞尾酒）。

EYE OPENER（大開眼界）

材　料　白色蘭姆酒 ……………………………………………1/2

茴香酒 …………………………………………………2抖

橙色柑香酒 ……………………………………………2抖

杏仁酒（Créme de Noyaux）…………………………2抖

砂糖 …………………………………………………1 tsp

蛋黃 ……………………………………………………1個

作　法　●充分搖晃之後，注入雞尾酒杯。

〔Memo〕●EYE OPENER具有「早上醒來的一杯」之意。

F

FLORIDA（佛羅里達）

材　料　辣味琴酒··15ml
　　　　柳橙汁··40ml
　　　　Kirschwasser（櫻桃白蘭地）·······················1 tsp
　　　　白色柑香酒···1 tsp
　　　　檸檬汁··1 tsp

作　法　●搖勻之後，注入裝有冰塊的搖滾酒杯。以柳橙作裝飾。

〔Memo〕●同名的雞尾酒，亦有以柳橙汁、檸檬汁、砂糖、藥草類苦
　　　　　味酒調配而成的無酒精雞尾酒。在美國禁酒令實施期間，
　　　　　這種調酒法相當流行。

FRENCH 75

材　料　辣味琴酒··45ml
　　　　檸檬汁··20ml
　　　　砂糖··1 tsp
　　　　香檳（或氣泡葡萄酒）···································適量

作　法　●將香檳以外的材料搖勻，注入卡林杯中。加入冰塊，注滿
　　　　　香檳之後，輕輕攪拌。

〔Memo〕●這款酒在第一次世界大戰期間，誕生於巴黎的昂里酒吧。
　　　　　FRENCH 75指的是法國製造的75㎜口徑大砲。

　　　　●若以波本威士忌取代辣味琴酒，就成為FRENCH 95；若
　　　　　以白蘭地取代，則變成FRENCH 125。

F

FRENCH CONNECTION（霹靂神探）

材　料　白蘭地……………………………………………45ml

　　　　杏仁利口酒…………………………………………15ml

作　法　●注入裝有冰塊的搖滾酒杯，攪勻。

〔Memo〕●這是GODFATHER、GODMOTHER的變化版本。因1971年的電影『FRENCH CONNECTION（霹靂神探）』所誕生的作品。

FROZEN BANANA DAIQUIRI（冰凍香蕉黛克瑞）

材　料　白色蘭姆酒…………………………………………30ml

　　　　白色柑香酒…………………………………………10ml

　　　　檸檬汁…………………………………………1 tsp

　　　　砂糖…………………………………………1 tsp

　　　　香蕉…………………………………………1/3根

　　　　碎冰…………………………………………1杯

作　法　●香蕉剝皮、切成薄片。以果汁機攪打後，移入大型香檳杯。以香蕉作裝飾，附上吸管。

〔Memo〕●亦可簡稱為BANAQUIRI（芭那克力）。

　　　　●香蕉容易變色，最好先淋上檸檬汁，再放入果汁機中攪打。

F

FROZEN BLUE MARGARITA（冰凍藍色瑪格麗特）

材　料　龍舌蘭酒⋯⋯⋯⋯⋯⋯⋯⋯⋯⋯⋯⋯⋯⋯⋯⋯⋯⋯⋯30ml
　　　　藍色柑香酒⋯⋯⋯⋯⋯⋯⋯⋯⋯⋯⋯⋯⋯⋯⋯⋯⋯⋯⋯15ml
　　　　檸檬汁⋯⋯⋯⋯⋯⋯⋯⋯⋯⋯⋯⋯⋯⋯⋯⋯⋯⋯⋯⋯⋯15ml
　　　　砂糖⋯⋯⋯⋯⋯⋯⋯⋯⋯⋯⋯⋯⋯⋯⋯⋯⋯⋯⋯⋯⋯1 tsp
　　　　碎冰⋯⋯⋯⋯⋯⋯⋯⋯⋯⋯⋯⋯⋯⋯⋯⋯⋯⋯⋯⋯⋯⋯1杯

作　法　●將葡萄酒杯的杯緣以鹽做成Snow Style（雪凍）效果。把
　　　　所有材料放進果汁機中攪打，再倒入杯中。以檸檬作裝
　　　　飾，附上吸管。

〔Memo〕●就造型而言，多加些碎冰，做出硬式質感會比較美觀。不
　　　　過就飲用的口感而言，軟式作法會更接近瑪格麗特的風
　　　　味。

FROZEN DAIQUIRI（冰凍黛克瑞）

材　料　白色蘭姆酒⋯⋯⋯⋯⋯⋯⋯⋯⋯⋯⋯⋯⋯⋯⋯⋯⋯⋯⋯40ml
　　　　萊姆汁⋯⋯⋯⋯⋯⋯⋯⋯⋯⋯⋯⋯⋯⋯⋯⋯⋯⋯⋯⋯⋯10ml
　　　　白色柑香酒⋯⋯⋯⋯⋯⋯⋯⋯⋯⋯⋯⋯⋯⋯⋯⋯⋯⋯1 tsp
　　　　砂糖⋯⋯⋯⋯⋯⋯⋯⋯⋯⋯⋯⋯⋯⋯⋯⋯⋯⋯⋯⋯1 tsp
　　　　碎冰⋯⋯⋯⋯⋯⋯⋯⋯⋯⋯⋯⋯⋯⋯⋯⋯⋯⋯⋯⋯⋯1杯

作　法　●以果汁機攪打後，移入大型香檳杯。以萊姆片（或檸檬
　　　　片）、薄荷葉作裝飾，附上吸管。

〔Memo〕●冰凍黛克瑞因受到作家海明威的喜愛而聞名。這款酒誕生
　　　　於哈瓦那的Slopy Joe's。原始版本不使用白色柑香酒，而
　　　　以黑櫻桃利口酒（Maraschino）替代。

F

FUZZY NAVEL（曖昧柳橙）

材　料　桃子蒸餾酒 ……………………………………………30ml
　　　　柳橙汁 …………………………………………………60ml

作　法　●注入裝有冰塊的搖滾酒杯，攪拌均勻。以柳橙作裝飾。

〔Memo〕●FUZZY含有輪廓模糊之意。主要為電腦用語。而
　　　　　NAVEL，是因為使用了柳橙汁，所以採用NAVEL
　　　　　ORANGE來命名。這款酒帶有分不清是桃子還是柳橙的
　　　　　曖昧風味。

G

GIBSON（吉普森）

材　料　辣味琴酒 ………………………………………………5/6
　　　　辛辣苦艾酒 ……………………………………………1/6

作　法　●攪拌之後，注入雞尾酒杯。以珍珠洋蔥作裝飾。

〔Memo〕●誕生於19世紀末的紐約，這是玩家俱樂部的調酒師查爾
　　　　　斯・柯諾利的作品。由於深受插畫家查爾斯・達那・吉普
　　　　　森的喜愛，所以將之命名為吉普森。

　　　　●一般而言，用珍珠洋蔥作裝飾的雞尾酒比飾有橄欖的雞尾
　　　　　酒更辛辣。由此推論，這種雞尾酒一定比馬丁尼更濃烈。
　　　　　這裡依照I.B.A.的雞尾酒譜，採用5:1的調配法。

G

GIMLET（琴萊特）

材　料 辣味琴酒 ⋯⋯⋯⋯⋯⋯⋯⋯⋯⋯⋯⋯⋯⋯⋯⋯⋯⋯⋯⋯⋯⋯3/4

　　　　 萊姆汁（甜味果汁飲料）⋯⋯⋯⋯⋯⋯⋯⋯⋯⋯⋯⋯⋯⋯1/4

作　法 ●搖勻之後，注入雞尾酒杯。

〔Memo〕●GIMLET是把19世紀英國東洋艦隊的日常飲料，經過正式
　　　　　包裝進化而來的雞尾酒。當時的英國海軍，會提供琴酒給
　　　　　執勤的將校軍官，對於船員則提供加水稀釋的萊姆酒。純
　　　　　琴酒的酒精濃度相當高。1890年，海軍軍醫T. O.
　　　　　Gimlette在健康的考量下，開始提倡以萊姆汁稀釋的琴
　　　　　酒。由於當時的東洋艦隊習慣在印度購買添加砂糖的萊姆
　　　　　汁，讓船員飲用，藉以補充維他命。因此，這種以萊姆汁
　　　　　稀釋的琴酒立刻被接受，並依提倡者之名命名為
　　　　　GIMLET。

GIN & BITTERS（琴苦酒）

材　料 普里茅斯琴酒（Plymouth Gin）⋯⋯⋯⋯⋯⋯⋯⋯⋯⋯⋯60ml

　　　　 安哥斯突拉苦酒味（Angostura Bitters）⋯⋯⋯⋯⋯⋯1抖

作　法 ●把苦味酒倒入搖滾酒杯中，使杯內壁完全浸溼。倒掉多餘
　　　　　的苦味酒，放入冰塊，注入琴酒。

〔Memo〕●這款酒的別名又稱為PINK GIN（粉紅琴酒）。因為琴酒在
　　　　　安哥斯突拉苦味酒的影響下，會產生淡淡的粉紅色。

　　　　　若以柳橙苦味酒代替安哥斯突拉苦味酒，就變成
　　　　　YELLOW GIN（橙黃琴酒）。可能的話，最好使用荷蘭製
　　　　　的柳橙苦味酒。此時，必須倒入不加冰的雪莉酒杯中調
　　　　　製。

　　　　●GIN & BITTERS為英國海軍每日提供艦上將官的餐前開胃
　　　　　酒。而船員們所喝的則是加水稀釋的蘭姆酒（Grog）。

G

GIN & IT（琴苦艾）

材　料　辣味琴酒 ……………………………………………………1/2

甜味苦艾酒 …………………………………………………1/2

作　法　●將琴酒倒入事先冰涼的雞尾酒杯，再注滿苦艾酒。

〔Memo〕●亦稱為GIN ITALIAN（義大利琴酒）。這是因為使用了義
大利苦艾酒（甜味苦艾酒的舊稱），所以在命名時，加上
ITALIAN的縮寫IT。

●在歐洲，大約自1850年左右，開始飲用這種雞尾酒。當
時，義大利的苦艾酒製造商Martini & Rossi就是利用它來
為自家生產的苦艾酒作宣傳。這就是馬丁尼的原形。

●這款雞酒尾由於誕生在製冰機發明以前的年代，所以調配
時不使用冰塊。

GIN & LIME（琴萊姆）

材　料　辣味琴酒 ………………………………………………40～45ml

萊姆汁（甜味果汁飲料）………………………………15～20ml

作　法　●注入裝有冰塊的搖滾酒杯中，輕輕攪拌。

亦可用萊姆（或檸檬）作裝飾。

〔Memo〕●這是GIMLET的原始版本。以搖晃方式調製的GIMLET，
雖然曾經風行一時，但是後來還是以這款簡略風格為固定
作法。

●日本從1960（昭和40）年代開始流行。

G

GIN & TONIC（琴湯尼）

材　料　辣味琴酒……………………………………………………45ml
　　　　通寧水……………………………………………………適量

作　法　●將琴酒倒入裝有冰塊的平底杯，加滿冰涼的通寧水，輕輕
　　　　攪拌。以萊姆（或檸檬）作裝飾。

〔Memo〕●這款酒與啤酒並列為「先來一杯」的飲品，在全世界大受
　　　　歡迎。然而，在琴酒、通寧水的品牌選擇、調配比例該如
　　　　何拿捏，以及該使用萊姆或檸檬，該以切片或切瓣作裝飾
　　　　等等方面，可以說像此酒這般深奧的雞尾酒實在少之又
　　　　少。最近，還出現添加了少量蘇打水的低甜度風格。可說
　　　　是能讓調酒師表現技術的雞尾酒之一。

GIN FIZZ（琴費斯）

材　料　辣味琴酒……………………………………………………45ml
　　　　檸檬汁……………………………………………………20ml
　　　　砂糖………………………………………………………2 tsp
　　　　蘇打水……………………………………………………適量

作　法　●將蘇打水以外的材料搖勻之後，倒入平底杯。加進冰塊，
　　　　再注滿蘇打水，輕輕攪拌。

〔Memo〕●FIZZ指的是液體含有二氧化碳所發出的氣泡聲。
　　　　●源自於1888年，來自紐奧良Imperial Cabinet Salon的亨
　　　　利・拉摩斯氏，在琴酒中加入檸檬汽水。
　　　　●日本的雞尾酒書籍所介紹的，大多加了檸檬或紅櫻桃作裝
　　　　飾，不過原始版本並無任何裝飾。

G

GIN RICKEY（琴瑞奇）

材　料　辣味琴酒……………………………………………45ml
　　　　萊姆 ……………………………………………1/2個
　　　　蘇打水…………………………………………適量

作　法　●從玻璃杯上方擠入萊姆汁，再把萊姆放入杯中。加入冰
　　　　　塊，注入琴酒，再加滿冰涼的蘇打水。附上攪拌棒。

〔Memo〕●由美國華盛頓市一家餐廳Shoemaker首次製作，並以第一
　　　　　位飲用者喬‧瑞奇的姓氏為其命名。

GODFATHER（教父）

材　料　蘇格蘭威士忌…………………………………………45ml
　　　　杏仁利口酒……………………………………………15ml

作　法　●注入裝有冰塊的搖滾酒杯中，輕輕攪拌。

〔Memo〕●因電影『教父』而誕生的雞尾酒。以充滿杏仁香氣的簡單
　　　　　雞尾酒廣受全世界的喜愛。隨著愛好者增加，也出現以白
　　　　　蘭地為基酒的FRENCH CONNECTION（霹靂警探）及
　　　　　各種變化版本。

GODMOTHER（教母）

材　料　伏特加……………………………………………………45ml
　　　　杏仁利口酒…………………………………………………15ml
作　法　●注入裝有冰塊的搖滾酒杯，輕輕攪拌。
〔Memo〕●為GODFATHER（教父）的變化版本。比起用蘇格蘭威
　　　　士忌為基酒的GODFATHER，更能夠展現杏仁的柔和甜
　　　　味。

GOLDEN CADILLAC（金黃凱迪拉克）

材　料　白色可可酒…………………………………………………1/3
　　　　葛里亞諾酒…………………………………………………1/3
　　　　鮮奶油………………………………………………………1/3
作　法　●搖勻之後，注入雞尾酒杯。
〔Memo〕●在酒吧，幾乎都會準備1瓶葛里亞諾酒。不過，實際上並
　　　　不如想像中運用在雞尾酒。大概是因為葛里亞諾酒的個性
　　　　太強烈吧。在所有的雞尾酒中，最能充分表現茴香、香草
　　　　以及藥草風味的就是這款雞尾酒。

G

GOLD RUSH（淘金熱）

| 材　料 | 阿瓜維特酒 | 30ml |
| | 多蘭布伊酒 | 20ml |

作　法　●注入裝有冰塊的搖滾酒杯中，輕輕攪拌。

〔Memo〕●這是三得利吉格酒吧的原創雞尾酒。在1986年的吉格雞尾酒大賽中，由大分的克里佛得俱樂部所調製的作品。

GRASSHOPPER（蚱蜢）

材　料	綠色薄荷酒	1/3
	白色可可酒	1/3
	鮮奶油	1/3

作　法　●搖勻之後，注入雞尾酒杯。

〔Memo〕●目前以上記方式搖勻，注入雞尾酒杯的調製法為一般作法，但偶爾亦有彩虹酒形式的3層作法。不使用利口酒杯，而以威士忌酒杯端出的Shooter Style亦可當作參考。

　　　　●Grasshopper為蚱蜢之意。

GREEN EYES（綠之眼）

材　料　金色蘭姆酒……………………………………………30ml

　　　　蜜德里（Midori）利口酒…………………………25ml

　　　　鳳梨汁………………………………………………45ml

　　　　椰奶…………………………………………………15ml

　　　　萊姆汁………………………………………………15ml

　　　　碎冰……………………………………………………1杯

作　法　●以果汁機攪打後，倒入高腳杯。以萊姆作裝飾，附上吸
　　　　管。

〔Memo〕●這是1983年全美雞尾酒調酒大賽長飲類、西部地區第1名
　　　　的雞尾酒。作者為加州普雷米耶餐廳的調酒師亞伯特・雷
　　　　培堤氏。這也是翌年洛杉機奧運的指定飲料。

GREENFIELDS（綠野）

材　料　綠茶利口酒……………………………………………1/2

　　　　伏特加…………………………………………………1/4

　　　　牛奶……………………………………………………1/4

作　法　●搖勻之後，注入雞尾酒杯。

〔Memo〕●以1960年上市的綠茶利口酒Hermes Green Liqueur為基
　　　　酒，所調製的三得利獨創雞尾酒。因The Brother Four的
　　　　暢銷金曲『Greenfields』而誕生。

H

HARVEY WALLBANGER（哈維撞牆）

材　料　伏特加……………………………………………30～45ml

　　　　柳橙汁……………………………………………………適量

　　　　葛里亞諾酒………………………………………1～2 tsp

作　法　●將伏特加和柳橙汁倒入裝有冰塊的卡林杯（或高腳杯）中，輕輕攪拌。讓葛里亞諾酒漂浮在上層。

〔Memo〕●在螺絲起子中添加以茴香、香草、藥草風味調製的葛里亞諾酒，算是具有成熟氣氛的螺絲起子。

HAWAIAN（夏威夷人）

材　料　辣味琴酒……………………………………………2/3

　　　　柳橙汁…………………………………………………1/3

　　　　橙色柑香酒…………………………………………1 tsp

作　法　●搖勻之後，注入雞尾酒杯。

〔Memo〕●在Mr. Boston的Cocktail Book中所介紹的調法是以鳳梨汁取代柳橙汁。有人認為這種調法更具有夏威夷風情，不妨以鳳梨汁來調配。

HIGH LIFE（上流生活）

材　料　伏特加·······························45ml

白色柑香酒·························10ml

鳳梨汁·····························10ml

蛋白······························1個份

作　法　●充分搖晃之後，注入香檳杯中。

〔Memo〕●這是非洲加納、阿克拉市Ambassador Hotel的古斯塔
夫・敏特氏所調製的作品。

●High Life含有上流階級之意。

HOLE IN ONE（一桿進洞）

材　料　威士忌·····························2/3

辛辣苦艾酒·························1/3

檸檬汁·····························2抖

柳橙汁·····························1抖

作　法　●搖勻之後，注入雞尾酒杯。

〔Memo〕●這是將辛辣曼哈頓稍微改良的雞尾酒。由於是一款美國的
雞尾酒，因此威士忌最好使用波本或美式調和威士忌。

H

HORSE'S NECK（馬頸）

材　料　白蘭地⋯⋯⋯⋯⋯⋯⋯⋯⋯⋯⋯⋯⋯⋯⋯⋯⋯⋯45ml
　　　　檸檬皮（削螺旋狀）⋯⋯⋯⋯⋯⋯⋯⋯⋯⋯⋯⋯⋯⋯1個份
　　　　薑汁汽水⋯⋯⋯⋯⋯⋯⋯⋯⋯⋯⋯⋯⋯⋯⋯⋯⋯⋯⋯適量

作　法　●將檸檬皮的一端掛在杯緣，使其餘部分捲曲地垂落在杯
　　　　內。加進冰塊，注入白蘭地，再加滿薑汁汽水。

〔Memo〕●馬頸的作法，以喜愛的蒸餾酒加上檸檬皮，再以薑汁汽水
　　　　稀釋為基本模式。在日本，幾乎都以白蘭地為基酒。其
　　　　實，若以白蘭地為基酒，最好採用「白蘭地馬頸」的稱
　　　　呼，把蒸餾酒的種類冠於名稱之前。
　　　　此外，無酒精的情況，則稱為PLAIN HORSE'S NECK。

HOT BUTTERED RUM（熱奶油蘭姆）

材　料　金色蘭姆酒⋯⋯⋯⋯⋯⋯⋯⋯⋯⋯⋯⋯⋯⋯⋯⋯⋯⋯45ml
　　　　方糖⋯⋯⋯⋯⋯⋯⋯⋯⋯⋯⋯⋯⋯⋯⋯⋯⋯⋯⋯⋯⋯1個
　　　　奶油（如方糖大小）⋯⋯⋯⋯⋯⋯⋯⋯⋯⋯⋯⋯⋯⋯⋯1塊
　　　　沸水⋯⋯⋯⋯⋯⋯⋯⋯⋯⋯⋯⋯⋯⋯⋯⋯⋯⋯⋯⋯⋯適量

作　法　●把方糖放入事先溫熱的平底杯中，以少量熱水溶化。注入
　　　　蘭姆酒，再加滿沸水，輕輕攪拌。讓奶油漂浮於表面，附
　　　　上長柄匙。

〔Memo〕●本來應該使用牙買加產的濃烈蘭姆酒，但是，日本目前是
　　　　清淡風格走向，所以還是用金色蘭姆酒較適合。

H

HOT WISKY TODDY（熱威士忌托德）

材　料　威士忌···45ml
　　　　方糖···1個
　　　　沸水···適量

作　法　●把方糖放入事先溫熱的平底杯中，以少量熱水溶化。注入
　　　　威士忌，再加滿沸水，輕輕攪拌。

〔Memo〕●所謂TODDY，是一種將方糖加入喜愛的蒸餾酒，再以水
　　　　或熱水稀釋的飲料。飲用Hot Toddy時，除了檸檬之外，
　　　　還可添加肉桂、丁香或荳蔻等香料來增添芳香的氣味。

HUNTER（獵人）

材　料　威士忌···2/3
　　　　櫻桃白蘭地···1/3

作　法　●攪拌之後，注入雞尾酒杯。

〔Memo〕●這款雞尾酒在日本算是相當受歡迎的威士忌雞尾酒，然而
　　　　在歐美的雞尾酒書籍中卻鮮少介紹。

I **IRISH COFFEE**（愛爾蘭咖啡）

材　料　愛爾蘭威士忌……………………………………………………30ml

紅砂糖（或咖啡冰糖）…………………………………………1 tsp

熱咖啡（泡濃一點）……………………………………………適量

鮮奶油……………………………………………………………適量

作　法　●把紅砂糖倒進葡萄酒杯，注入7分滿的咖啡。加入威士
忌，輕輕攪拌，再倒入輕微起泡的鮮奶油約3mm厚，使之
漂浮於表面。

〔Memo〕●這是愛爾蘭西海岸香農機場的餐廳主廚喬・喜來登氏的作
品。在飛機尚未從歐洲各大都市橫渡大西洋直達美國的年
代，每當飛機停靠在這座機場加油補給時，旅客們總愛喝
一杯愛爾蘭咖啡驅寒保暖，因而在全世界廣受喜愛。

ISLA DE PINOS（鳳梨島）

材　料　白色蘭姆酒……………………………………………………45ml

葡萄柚汁…………………………………………………………45ml

砂糖………………………………………………………………1 tsp

石榴糖漿…………………………………………………………1 tsp

作　法　●搖勻之後，注入放有冰塊的葡萄酒杯。

〔Memo〕●這款酒在1970年代後半期、熱帶雞尾酒盛行的時代傳入日
本。與邁泰等等雞尾酒不同，以葡萄柚的苦澀迎合現代人
的口味。

●這款雞尾酒的名稱為西班牙文。轉換成英文即為Isle of
Pine，也就是鳳梨島的意思。

K

KAHLUA & MILK（卡魯哇牛奶）

材　料　卡魯哇咖啡酒⋯⋯⋯⋯⋯⋯⋯⋯⋯⋯⋯⋯⋯⋯⋯⋯45ml
　　　　牛奶⋯⋯⋯⋯⋯⋯⋯⋯⋯⋯⋯⋯⋯⋯⋯⋯⋯⋯⋯⋯⋯⋯適量

作　法　●將卡魯哇咖啡酒注入裝有冰塊的平底杯中，再以2～3倍的
　　　　牛奶加滿，輕輕攪拌。

〔Memo〕●以咖啡利口酒聞名全世的卡魯哇咖啡酒，使用墨西哥高原
　　　　地區生產的阿拉比卡咖啡豆為原料，這是一種充滿濃郁香
　　　　草風味的利口酒。

　　　　●在日本，一般都以上記方式，採用牛奶稀釋的調製法。而
　　　　美式作法卻是以On the Rocks（冰鎮）的型態，再注入咖
　　　　啡酒1/3份量的鮮奶油，使其漂浮於表面。

KAMIKAZE（神風）

材　料　伏特加⋯⋯⋯⋯⋯⋯⋯⋯⋯⋯⋯⋯⋯⋯⋯⋯⋯⋯⋯1/3
　　　　白色柑香酒⋯⋯⋯⋯⋯⋯⋯⋯⋯⋯⋯⋯⋯⋯⋯⋯⋯1/3
　　　　新鮮萊姆汁⋯⋯⋯⋯⋯⋯⋯⋯⋯⋯⋯⋯⋯⋯⋯⋯⋯1/3

作　法　●搖勻之後，注入裝有冰塊的搖滾酒杯中。

〔Memo〕●這是射手（Shooter）類雞尾酒中最受歡迎的一款。

　　　　●KAMIKAZE（神風）是第二次世界大戰中，日本轟炸機
　　　　的總稱。

K

KING'S VALLEY（國王的山谷）

材　料	蘇格蘭威士忌	2/3
	白色柑香酒	1/6
	萊姆汁	1/6
	藍色柑香酒	1tsp

作　法　●搖勻之後，注入雞尾酒杯。

〔Memo〕●這是1986年所舉辦的第1屆蘇格蘭威士忌雞尾酒大賽的優
　　　　　勝作品。作者為東京銀座的TENDER BAR老闆上田和男
　　　　　氏。

　　　　●材料中並無綠色酒類，卻能夠調製出綠色的雞尾酒，因此
　　　　　相當受到注目。

KIR（基爾）

材　料	白葡萄酒	5/6
	黑醋栗利口酒	1/6

作　法　●將事先冰鎮的材料注入葡萄酒杯裡，輕輕攪拌。

〔Memo〕●來自餐飲界的基爾，於1980年代以後，在日本的酒吧中登
　　　　　場。不過，這款酒早在第二次世界大戰結束後的1945年，
　　　　　就已經誕生於法國的第戎市。作者為戰後的首位市長坎
　　　　　農·菲利克斯·基爾氏。這款雞尾酒在歐洲，從1960年代
　　　　　（動盪的六〇年代）至今，仍然非常流行。

　　　　●以葡萄酒為基酒的雞尾酒，至今仍享有世界第一的人氣，
　　　　　而且變化版本相當多。若將白葡萄酒替換成薄酒萊紅葡萄
　　　　　酒，就成為具有「樞機主教」之意的CARDINAL。

Ⓚ **KIR IMPÉRIAL**（基爾皇帝）

材　料　香檳（或氣泡葡萄酒）·······························4/5
　　　　木莓利口酒 ·····································1/5

作　法　●將事先冰鎮的材料注入細長香檳杯中，輕輕攪拌。

〔Memo〕●為下記KIR ROYAL的改版。為了展現在ROYAL（皇家）
　　　　之上的意味，因此以IMPÉRIAL（皇帝）來命名。

　　　　●也可以用法國羅亞爾地方的白葡萄酒MUSCADET來取代
　　　　香檳，就變成MARQUIS（馬基爾）。

KIR ROYAL（皇家基爾）

材　料　香檳（或氣泡葡萄酒）·······························4/5
　　　　黑醋栗利口酒 ·····································1/5

作　法　●將事先冰鎮的材料注入細長香檳杯中，輕輕攪拌。

〔Memo〕●皇家基爾是把基爾的白葡萄酒改為香檳所調製的雞尾酒。
　　　　若講究風味，可以使用香檳，若只是想隨性品嚐皇家基
　　　　爾，則可以使用各國的氣泡葡萄酒。

　　　　●作者是維也納International Hotel的福貝爾特・德弗爾夏
　　　　克。

K

KISS OF FIRE（火之吻）

材　料　伏特加 ··1/3

野莓琴酒 ··1/3

辛辣苦艾酒 ··1/3

檸檬汁 ···1 tsp

作　法　●搖勻之後，注入以砂糖做出凍雪效果的雞尾酒杯。

〔Memo〕●這是1953（昭和28）年，第5屆全日本飲料大賽的冠軍作品。作者是石岡賢司氏。

L

LONG ISLAND ICED TEA（長島冰茶）

材　料　辣味琴酒 ··15ml

伏特加 ···15ml

白色蘭姆酒 ··15ml

龍舌蘭酒 ··15ml

白色柑香酒 ··15ml

檸檬汁 ···30ml

可樂 ··40ml

作　法　●將材料注入填滿碎冰的高腳杯中，攪拌均勻。以檸檬及紅櫻桃作裝飾，附上吸管。

〔Memo〕●在1980年代初期、由美國紐約州長島區的羅伯特·巴特氏所創作。完全不使用紅茶，卻能調配出冰紅茶般的顏色，因而一躍成為人氣雞尾酒。

M MAI-TAI（邁泰）

材　料 白色蘭姆酒‥‥‥‥‥‥‥‥‥‥‥‥‥‥‥‥‥‥‥‥‥‥45ml

白色柑香酒‥‥‥‥‥‥‥‥‥‥‥‥‥‥‥‥‥‥‥‥1 tsp

鳳梨汁‥‥‥‥‥‥‥‥‥‥‥‥‥‥‥‥‥‥‥‥‥‥‥1 tsp

柳橙汁‥‥‥‥‥‥‥‥‥‥‥‥‥‥‥‥‥‥‥‥‥‥‥1 tsp

檸檬汁‥‥‥‥‥‥‥‥‥‥‥‥‥‥‥‥‥‥‥‥‥1/2 tsp

深色蘭姆酒‥‥‥‥‥‥‥‥‥‥‥‥‥‥‥‥‥‥‥‥2 tsp

作　法 ●先把深色蘭姆酒以外的材料搖勻、注入填滿碎冰的大型玻璃杯中，再將深色蘭姆酒倒入，使其漂浮於表面。
以鳳梨、柳橙、紅櫻桃作裝飾，附上吸管。

〔Memo〕 ●MAI-TAI是大溪地語「最好（The Best）」的意思。關於發源之說法相當多，不過美國偉克貿易商的老闆偉克‧J‧巴吉隆堅稱是他的創作。

MANHATTAN（曼哈頓）

材　料 波本威士忌（或加拿大威士忌）‥‥‥‥‥‥‥‥‥‥2/3

甜味苦艾酒‥‥‥‥‥‥‥‥‥‥‥‥‥‥‥‥‥‥‥‥1/3

藥草類苦酒味‥‥‥‥‥‥‥‥‥‥‥‥‥‥‥‥‥‥‥1抖

作　法 ●攪拌之後，注入雞尾酒杯。以紅櫻桃作裝飾。

〔Memo〕 ●關於這款雞尾酒的起源，最有力的說法是源自於已故英國首相邱吉爾之母。據說第19屆美國總統大選的後援會派對，在紐約的曼哈頓俱樂部舉辦時，邱吉爾的母親就在派對上公開了這款雞尾酒的酒譜。

●由於使用了甜味苦艾酒，曼哈頓的口感相當甘甜。對於偏愛辛辣的酒客，不妨推薦使用辛辣苦艾酒調配的DRY MANHATTAN（辣味曼哈頓）。這時候就不要用紅櫻桃作裝飾，必須改用橄欖。

M

MARGARITA（瑪格麗特）

材　料 龍舌蘭酒 ··1/2

白色柑香酒 ··1/4

檸檬汁（或萊姆汁）···1/4

作　法 ●搖勻之後，注入以鹽做出凍雪效果的雞尾酒杯。

〔Memo〕●關於這款雞尾酒的由來，一般說法是在1949年，由洛杉機
的調酒師約翰・德瑞沙所創作。雞尾酒的名稱是德瑞沙氏
在年輕時代的戀人芳名。據說他的戀人遭到流彈擊中，不
幸死亡。

●瑪格麗特是西班牙文的「雛菊」。

●瑪格麗特的原始酒譜為龍舌蘭45ml、萊姆汁30ml、檸檬
汁30ml、白色柑香酒7ml。將所有材料以軸式調酒機攪拌
後，注入以鹽做出凍雪效果的香檳杯中。

MARTINI（馬丁尼）

材　料 辣味琴酒 ··4/5

辛辣苦艾酒 ··1/5

作　法 ●攪拌之後，注入雞尾酒杯。以橄欖作裝飾。

〔Memo〕●沒有任何雞尾酒像馬丁尼一樣，擁有許多典故及傳說。被
稱為「雞尾酒之王」的味道核心，就隱藏在調製完成的辣
味琴酒及辛辣苦艾酒之中。

●整體而言，本身具有辛辣風格的馬丁尼，若還想調製出超
級辛辣的口感，必須先注入辛辣苦艾酒攪拌，倒掉，再注
入琴酒攪拌。這種作法稱為VERMOUTH RINSE（苦艾潤
絲）。

M

MATADOR（鬥牛士）

材　料　龍舌蘭酒···30ml

　　　　鳳梨汁···45ml

　　　　新鮮萊姆汁···15ml

作　法　●搖勻之後，注入裝有冰塊的搖滾酒杯中。亦可用鳳梨作裝
　　　　飾。

〔Memo〕●龍舌蘭酒加鳳梨汁所調配的口感相當溫和。MATADOR
　　　　的意思為鬥牛士。

MELONBALL（美倫鮑爾）

材　料　伏特加···30ml

　　　　蜜德里利口酒···60ml

　　　　柳橙汁（或鳳梨汁）···120ml

作　法　●注入裝有冰塊的大型玻璃杯中，輕輕攪拌。

〔Memo〕●這是三得利在美國推出蜜德里哈密瓜利口酒時，由美國三
　　　　得利國際公司所構想的宣傳雞尾酒。

　　　　●在日本的調製法大多使用柳橙汁，而在美國則普遍使用鳳
　　　　梨汁。另外，亦有人使用葡萄柚汁。

M **MIAMI**（邁阿密）

材　料　白色蘭姆酒 ··· 2/3

　　　　白色柑香酒 ··· 1/3

　　　　檸檬汁 ··· 1 tsp

作　法　●搖勻之後，注入雞尾酒杯。

〔Memo〕●可視為將蘭姆酒版「白色佳人」的X.Y.Z.微甜雞尾酒。為
　　　　　了與X.Y.Z.有所區別，有些酒吧推出的MIAMI不使用檸檬
　　　　　汁，而改以萊姆汁調配。

MILLION DOLLAR（百萬富翁）

材　料　辣味琴酒 ··· 45ml

　　　　甜味苦艾酒 ·· 15ml

　　　　鳳梨汁 ··· 15ml

　　　　石榴糖漿 ·· 1 tsp

　　　　蛋白 ··· 1個份

作　法　●充分搖晃之後，注入香檳杯中。以鳳梨作裝飾。

〔Memo〕●這是橫濱Grand Hotel的路易斯‧艾賓格氏所創作的作
　　　　　品。誕生於日本，後來成為世界知名的雞尾酒。

MIMOSA（含羞花）

材　料　香檳（或氣泡葡萄酒）⋯⋯⋯⋯⋯⋯⋯⋯⋯⋯⋯⋯⋯⋯1/2
　　　　　柳橙汁⋯⋯⋯⋯⋯⋯⋯⋯⋯⋯⋯⋯⋯⋯⋯⋯⋯⋯⋯⋯⋯1/2

作　法　●注入事先冰鎮的葡萄酒杯，輕輕攪拌。

〔Memo〕　●這款雞尾酒在法國，從以前至今一直以CHAMPAGNE A
　　　　　L'ORANGE之名而廣為人知。由於顏色就像初夏盛開的
　　　　　含羞花一樣，所以因此得名。

　　　　　●以平底杯盛裝含羞花，再加入冰塊，就變成BUCK'S FIZZ
　　　　　（巴克斯費斯）。倫敦的巴克斯俱樂部把CHAMPAGNE A
　　　　　L'ORANGE加進酒單時，將它冠上俱樂部的寶號來賣
　　　　　販。

MINT FRAPPÉ（薄荷芙萊蓓）

材　料　綠色薄荷酒⋯⋯⋯⋯⋯⋯⋯⋯⋯⋯⋯⋯⋯⋯⋯⋯⋯約30ml
　　　　　碎冰⋯⋯⋯⋯⋯⋯⋯⋯⋯⋯⋯⋯⋯⋯⋯⋯⋯⋯⋯⋯⋯1杯

作　法　●在玻璃杯中填滿碎冰，將綠色薄荷酒注入至7～8分滿，以
　　　　　薄荷葉作裝飾，附上吸管。

〔Memo〕　●所謂FRAPPÉ（芙萊蓓），其實是法文「加冰冷卻」的意
　　　　　思。每一種利口酒基本上都能夠製成芙萊蓓，而其中又以
　　　　　綠色薄荷酒及藍色柑香酒等色彩鮮豔的利口酒最常被選
　　　　　用。

　　　　　●原型是將碎冰塞滿杯子，在中央挖洞，注入利口酒，插上
　　　　　吸管飲用。這是美國堪薩斯市的彼得·斯洛巴帝氏的作
　　　　　品。

M

MINT JULEP（薄荷茱莉普）

材　料　波本威士忌⋯⋯⋯⋯⋯⋯⋯⋯⋯⋯⋯⋯⋯⋯⋯⋯⋯⋯60ml

　　　　砂糖⋯⋯⋯⋯⋯⋯⋯⋯⋯⋯⋯⋯⋯⋯⋯⋯⋯⋯⋯⋯⋯2 tsp

　　　　薄荷葉⋯⋯⋯⋯⋯⋯⋯⋯⋯⋯⋯⋯⋯⋯⋯⋯⋯⋯⋯⋯⋯3片

　　　　礦泉水⋯⋯⋯⋯⋯⋯⋯⋯⋯⋯⋯⋯⋯⋯⋯⋯⋯⋯⋯⋯30ml

作　法　●將波本威士忌以外的材料倒入玻璃杯中，一邊搗爛薄荷
　　　　葉，一邊溶化砂糖。裝滿碎冰，注入威士忌，充分攪拌至
　　　　玻璃杯表面結霜為止。放上薄荷葉及吸管作裝飾。

〔Memo〕●JULEP最早為美國南部農莊所流行的一種加了薄荷葉的飲
　　　　料。各種蒸餾酒都可使用，其中又以波本威士忌的配方最
　　　　受歡迎，並成為肯塔基賽馬的名產。Julep亦有口感美味
　　　　的飲料之意。

MOCKINGBIRD（反舌鳥）

材　料　龍舌蘭酒⋯⋯⋯⋯⋯⋯⋯⋯⋯⋯⋯⋯⋯⋯⋯⋯⋯⋯⋯⋯1/2

　　　　綠色薄荷酒⋯⋯⋯⋯⋯⋯⋯⋯⋯⋯⋯⋯⋯⋯⋯⋯⋯⋯⋯1/4

　　　　萊姆汁⋯⋯⋯⋯⋯⋯⋯⋯⋯⋯⋯⋯⋯⋯⋯⋯⋯⋯⋯⋯⋯1/4

作　法　●搖勻之後，注入雞尾酒杯。

〔Memo〕●Mockingbird是一種棲息於美國南部的墨西哥產鳥類，善
　　　　於模仿聲音。

M

MOSCOW MULE（莫斯科騾子）

材　料　伏特加···45ml

萊姆汁···15ml

薑汁汽水···適量

作　法　●注入裝有冰塊的平底杯中，輕輕攪拌。以萊姆作裝飾。

〔Memo〕●1946年，這是由好萊塢日落大道上的Cock'n' Bull酒吧老闆傑克・摩根的作品。以銅製馬克杯盛裝販賣的雞尾酒。這道酒譜後來被 Smirnoff Vodka總經銷Heublein公司的傑克・馬欽用來宣傳，因而聞名於世。原始配方使用的是薑汁啤酒，不過目前一般都以薑汁汽水來調配。

●MULE是騾子的意思。藉由騾子以後腳蹴踢的習性，來暗示這款雞尾酒的酒精濃度很高，後勁強烈。

N

NEGRONI（奈格羅尼）

材　料　辣味琴酒···30ml

肯巴利酒···30ml

甜味苦艾酒···30ml

作　法　●注入裝有冰塊的搖滾酒杯中，輕輕攪拌。

〔Memo〕●這是義大利翡冷翠的古老餐廳卡索尼為奈格羅尼伯爵特製的開胃酒，1962年由調酒師佛斯哥・史卡爾沙利氏所發表。

N

NEW YORK（紐約）

材　料　裸麥威士忌（或波本威士忌）…………………………3/4

　　　　萊姆汁 ……………………………………………………1/4

　　　　石榴糖漿 ………………………………………………1/2 tsp

　　　　砂糖………………………………………………………1 tsp

作　法　●搖勻之後，注入雞尾酒杯。撒上磨碎的柳橙皮。

〔Memo〕

NIKOLASCHIKA（尼可拉斯加）

材　料　白蘭地……………………………………………………1杯

　　　　檸檬片……………………………………………………1片

　　　　砂糖………………………………………………………1 tsp

作　法　●將白蘭地注入利口酒杯至9分滿，杯口以鋪滿砂糖的檸檬
　　　　　片覆蓋。

〔Memo〕　●誕生於德國漢堡。尼可拉斯加是尼可拉的暱稱。

　　　　　●這款酒所使用的白蘭地，可依喜好挑選日本產白蘭地、干
　　　　　　邑或雅邑。使用Calvados白蘭地亦別有風味。

OLD-FASHIONED（古典威士忌）

材　料 波本威士忌……………………………………………45ml

方糖………………………………………………………1個

藥草類苦味酒………………………………………………1抖

作　法 ●將方糖放進搖滾酒杯中，撒入數滴苦味酒。加進冰塊，注
入威士忌。以柳橙、檸檬皮及紅櫻桃作裝飾，附上攪拌
棒。

〔Memo〕●製作這款雞尾酒時，調酒師只須將材料倒入杯中即可，接
下來由客人自行攪拌，可依喜好來調整口味。

●誕生於19世紀中葉。為肯塔基州路易維爾市的潘得尼斯俱
樂部調酒師所創作，由於與復古風飲料「托德」相似，因
此以「古典」命名。威士忌方面，使用波本固然無可非
議，不過使用蘭姆酒或其他烈酒也相當有趣。

OLD PAL（老朋友）

材　料 威士忌……………………………………………………1/3

辛辣苦艾酒…………………………………………………1/3

肯巴利酒……………………………………………………1/3

作　法 ●攪拌之後，注入雞尾酒杯。

〔Memo〕●OLD PAL為老朋友之意。

●這是在美國還沒實施禁酒令以前就相當普遍的老式雞尾
酒。

OLYMPIC（奧林匹克）

材　料　白蘭地 ……………………………………………………1/3

　　　　　橙色柑香酒 …………………………………………1/3

　　　　　柳橙汁 ……………………………………………………1/3

作　法　●搖勻之後，注入雞尾酒杯。

〔Memo〕●1924年的奧運在巴黎舉辦時，由巴黎著名的麗池酒店吧台
總調酒師法蘭克‧維爾麥亞氏所創作的雞尾酒。

ORANGE BLOSSOM（柳橙花）

材　料　辣味琴酒 ……………………………………………………2/3

　　　　　柳橙汁 ……………………………………………………1/3

作　法　●搖勻之後，注入雞尾酒杯。

〔Memo〕●在禁酒令實施的年代，由匹茲堡市的比利‧馬羅伊氏所創
作。為了應付FBI的突擊檢查，能夠以柳橙汁矇混過去。
這款酒和螺絲起子一樣，都是以平底杯盛裝。ORANGE
BLOSSOM 是柳橙花的意思。花語為「純潔」。基於這個
緣故，在歐洲的婚宴中，都會準備這款雞尾酒待客。

P

PANACHÉ（帕納雪）

材　料　啤酒 …………………………………………………………1/2
　　　　透明碳酸飲料 …………………………………………………1/2

作　法　●將充分冰涼的材料注入高腳杯中。

〔Memo〕●PANACHÉ在法文中為「混合」的意思。

　　　　●在國國，通常是以檸檬汽水調配，不過法國的檸檬汽水和
　　　　　日本不同，是類似雪碧或七喜，帶有檸檬皮香氣的透明清
　　　　　涼飲料。順道一提，日本的檸檬汽水在法國的名稱是
　　　　　CITRON PRESSER。

PARADISE（樂園）

材　料　辣味琴酒 ………………………………………………………1/2
　　　　杏桃白蘭地 ……………………………………………………1/4
　　　　柳橙汁 …………………………………………………………1/4

作　法　●搖勻之後，注入雞尾酒杯。

〔Memo〕●這款雞尾酒正如其名，充滿樂園般酸酸甜甜的柔和滋味。

　　　　●名稱同樣是PARADISE的雞尾酒，在美國亦有以白色蘭姆
　　　　　酒及柳橙汁調配的作法。若從名稱考量，或許使用蘭姆酒
　　　　　的配方，更符合樂園的印象。

P **PARISIAN**（巴黎人）

材　料　辣味琴酒 ·· 1/2

　　　　辛辣苦艾酒 ·· 1/3

　　　　黑醋栗利口酒 ·· 1/6

作　法　●攪拌之後，注入雞尾酒杯。

〔Memo〕

PASTIS & WATER（茴香酒加水）

材　料　茴香酒 ·· 1/6

　　　　礦泉水 ·· 5/6

作　法　●將茴香酒注入裝有冰塊的平底杯中，再倒進5倍量的冰涼
　　　　礦泉水，攪拌均勻。

〔Memo〕●PASTIS（茴香酒）是使用茴香等藥草製成的利口酒總
　　　　稱。19世紀末，在法國大受歡迎的ABSINTHE（苦艾
　　　　酒），由於原料的苦艾及其他成份有毒，所以從20世紀初
　　　　期開始，受到禁用。後來，法國南部製造出一種風味與
　　　　ABSINTHE極為類似的酒，並以普羅旺斯方言的「相似
　　　　（se pastiser）」為其命名。目前市面上所販賣的茴香酒，
　　　　以RICARD、PASTIS 51、PERNORD等品牌較為知名。

P

PIÑA COLADA（椰林風情）

材　料　白色蘭姆酒…………………………………………………30ml
　　　　　鳳梨汁………………………………………………………80ml
　　　　　椰奶…………………………………………………………45ml

作　法　●充分搖晃之後，注入填滿碎冰的大型玻璃杯中。以鳳梨及
　　　　　紅櫻桃作裝飾，附上吸管。

〔Memo〕　●PIÑA COLADA為鳳梨山頂之意。
　　　　　●1963年，這款雞尾酒由波多黎各聖胡安市之巴拉基納酒吧
　　　　　的一位調酒師拉蒙・波爾塔斯・明格所構想出來的。不
　　　　　過，亦有人認為是在1945年由同一地方的Caribu Hilton
　　　　　Hotel所創作。

PINK LADY（紅粉佳人）

材　料　辣味琴酒…………………………………………………45ml
　　　　　石榴糖漿…………………………………………………20ml
　　　　　蛋白………………………………………………………1個份

作　法　●充分搖晃之後，注入香檳杯中。

〔Memo〕　●這是1912年誕生於倫敦的雞尾酒。同一年，一齣話劇「紅
　　　　　粉佳人」在倫敦上演，並造成大轟動。在閉幕的當天晚
　　　　　上，相關人員齊聚一堂舉行慶功宴，將這款雞尾酒獻給女
　　　　　主角海瑟・唐恩。不過，創作者的名字並未流傳下來。

P

POLAR SHORT CUT（極地捷徑）

材　料　金色蘭姆酒 ……………………………………………………1/4

　　　　白色柑香酒 ……………………………………………………1/4

　　　　櫻桃白蘭地 ……………………………………………………1/4

　　　　辛辣苦艾酒 ……………………………………………………1/4

作　法　●攪拌之後，注入雞尾酒杯。

〔Memo〕●這款雞尾酒的名稱具有「前往極地最短路徑」之意。1957
年，SAS（斯堪的那維亞航空）為紀念哥本哈根到東京的
北極航線開通，與Peter Heering聯合舉辦雞尾酒調酒比
賽，這款雞尾酒正是第1名的作品。作者為哥本哈根的調
酒師保羅・德夏爾氏。

POUSSE-CAFÉ（彩虹酒）

材　料　石榴糖漿 ………………………………………………………1/6

　　　　哈密瓜利口酒 …………………………………………………1/6

　　　　紫羅蘭利口酒 …………………………………………………1/6

　　　　白色薄荷酒 ……………………………………………………1/6

　　　　藍色柑香酒 ……………………………………………………1/6

　　　　白蘭地 …………………………………………………………1/6

作　法　●將材料依序重疊於利口酒杯中。

〔Memo〕●彩虹酒的製作訣竅就在於確實掌握酒的比重（由香精成分
及酒精濃度來判斷），並避免材料混合地層層重疊。上記
的酒譜採用三得利的產品。

　　　　●POUSSE-CAFÉ 為法文。POUSSE為「推開」，而CAFÉ則
是「咖啡」之意。簡單地說，也就是在咖啡之後所飲用的
飲料。

P PUSSYFOOT（潛行者）

材　料　蛋黃⋯⋯⋯⋯⋯⋯⋯⋯⋯⋯⋯⋯⋯⋯⋯⋯⋯⋯1個份
　　　　石榴糖漿⋯⋯⋯⋯⋯⋯⋯⋯⋯⋯⋯⋯⋯⋯⋯⋯⋯1 tsp
　　　　檸檬汁⋯⋯⋯⋯⋯⋯⋯⋯⋯⋯⋯⋯⋯⋯⋯⋯⋯⋯20ml
　　　　柳橙汁⋯⋯⋯⋯⋯⋯⋯⋯⋯⋯⋯⋯⋯⋯⋯⋯⋯⋯20ml
作　法　●搖勻之後，注入雞尾酒杯。
〔Memo〕●這是無酒精的雞尾酒。
　　　　●PUSSYFOOT 為美國禁酒運動家威廉・強森的綽號。由此
　　　　可知，這是為了禁酒主義者所調製的雞尾酒。

R RED BIRD（紅鳥）

材　料　伏特加⋯⋯⋯⋯⋯⋯⋯⋯⋯⋯⋯⋯⋯⋯⋯⋯⋯⋯30ml
　　　　蕃茄汁⋯⋯⋯⋯⋯⋯⋯⋯⋯⋯⋯⋯⋯⋯⋯⋯⋯⋯60ml
　　　　啤酒⋯⋯⋯⋯⋯⋯⋯⋯⋯⋯⋯⋯⋯⋯⋯⋯⋯⋯⋯60ml
作　法　●將冰涼的材料注入裝有冰塊的平底杯中，輕輕攪拌。
〔Memo〕●只要想像是血腥瑪麗加啤酒，就可以迅速記住。

R

RED EYE（紅眼）

材　料　啤酒 ………………………………………………………1/2
　　　　蕃茄汁 ……………………………………………………1/2

作　法　●將材料充分冰鎮後，先把果汁倒進平底杯，再注滿啤酒，
　　　　　輕輕攪拌。

〔Memo〕●RED EYE意指喝太多酒、眼睛充血的模樣。由於這款雞尾
　　　　　酒的風味非常適合醒酒，所以命名為紅眼。

RED VIKING（紅色維京）

材　料　阿瓜維特酒 …………………………………………25ml
　　　　黑櫻桃利口酒 ………………………………………20ml
　　　　萊姆汁 ………………………………………………20ml

作　法　●搖勻之後，注入裝有冰塊的搖滾酒杯。

〔Memo〕●這是丹麥非常盛行的雞尾酒。1958年，由哥本哈根特羅加
　　　　　地羅酒吧的調酒師賈斯頓・努阿魯氏所創作。同時也是比
　　　　　利時布魯塞爾所舉辦的EXPO雞尾酒大賽的第1名作品。

R **ROAD RUNNER**（路跑者）

材　料　伏特加 ··1/2

　　　　杏仁利口酒 ··1/4

　　　　椰奶 ···1/4

作　法　●搖勻之後，注入雞尾酒杯。

〔Memo〕●為美國棕櫚泉坎尼恩教堂俱樂部的艾爾‧阿爾提格氏所創
　　　　　作。

ROB ROY（羅伯羅伊）

材　料　蘇格蘭威士忌 ··3/4

　　　　甜味苦艾酒 ··1/4

　　　　藥草類苦味酒 ···1抖

作　法　●攪拌之後，注入雞尾酒杯。以紅櫻桃作裝飾。

〔Memo〕●這是將曼哈頓的威士忌換成蘇格蘭威士忌所調製的雞尾
　　　　　酒。為倫敦Savoy Hotel的哈里‧格拉德克氏的作品。
　　　　　這是為了每年11月底，在Savoy Hotel所舉辦的聖安德流
　　　　　斯祭派對所構想的雞尾酒。

　　　　●雞尾酒名稱，取自於蘇格蘭俠盜羅伯‧麥克雷格的小名。

R

RISSIAN（俄羅斯）

材　料　伏特加 ··1/3

　　　　辣味琴酒 ··1/3

　　　　可可酒 ··1/3

作　法　●搖勻之後，注入雞尾酒杯。

〔Memo〕●這款古典雞尾酒是黑色俄羅斯的原型。屬於純粹的餐後雞尾酒。

RUSTY NAIL（生鏽鐵釘）

材　料　蘇格蘭威士忌 ····································40ml

　　　　多蘭布伊酒 ··20ml

作　法　●注入裝有冰塊的搖滾酒杯，輕輕攪拌。

〔Memo〕●RUSTY NAIL是生鏽鐵釘的意思。俗語亦為「過時的飲料」之意。就這款雞尾酒的情況而言，似乎是顏色令人聯想到生鏽的鐵釘。

　　　　●將多蘭布伊酒換成杏仁利口酒，就成了GODFATHER（教父）。若是換成薑汁酒，則變成WHISKY MAC（威士忌麥克）。

S **SALTY DOG**（鹹狗）

材　料　伏特加···45ml
　　　　葡萄柚汁···適量

作　法　●在用鹽做出果凍效果的平底杯中放入冰塊，注入伏特加，
　　　　　再以2～3倍量的果汁加滿，輕輕攪拌。

〔Memo〕●這款雞尾酒誕生於1940年代的英國。將琴酒、葡萄柚汁加
　　　　　上少許食鹽搖勻，就是SALTY DOG的原型。這種調法在
　　　　　傳入美國之後，才改成以用鹽做出果凍效果的酒杯盛裝，
　　　　　直接加入伏特加及葡萄柚汁，再略攪拌的形態。從此以後
　　　　　逐漸在雞尾酒界盛行。

SAMBUCA CON MOSCA（聖布卡康摩斯卡）

材　料　聖布卡酒···1杯
　　　　烘焙咖啡豆···3顆

作　法　●在利口酒杯中注入聖布卡酒，把3顆烘培咖啡豆放在表面
　　　　　上，點火。
　　　　　燃燒20秒，待熄火後再飲用。

〔Memo〕●這款雞尾酒的名稱，在義大利文為「蒼蠅附著的聖布卡」
　　　　　之意。以蒼蠅來比喻漂浮在杯中的咖啡豆，因此命名。很
　　　　　適合做為義大利料理的餐後飲料。熄火之後，由於杯緣仍
　　　　　然很燙，最好稍待片刻，放涼之後再喝。

S

SCORPION（天蠍座）

材　料　白色蘭姆酒⋯⋯⋯⋯⋯⋯⋯⋯⋯⋯⋯⋯⋯⋯⋯⋯⋯45ml
　　　　　白蘭地⋯⋯⋯⋯⋯⋯⋯⋯⋯⋯⋯⋯⋯⋯⋯⋯⋯⋯⋯30ml
　　　　　柳橙汁⋯⋯⋯⋯⋯⋯⋯⋯⋯⋯⋯⋯⋯⋯⋯⋯⋯⋯⋯20ml
　　　　　檸檬汁⋯⋯⋯⋯⋯⋯⋯⋯⋯⋯⋯⋯⋯⋯⋯⋯⋯⋯⋯20ml
　　　　　萊姆汁（甜味果汁飲料）⋯⋯⋯⋯⋯⋯⋯⋯⋯⋯⋯15ml

作　法　●搖勻之後，注入填滿碎冰的大型玻璃杯中，以柳橙或檸檬
　　　　　作裝飾，附上吸管。

〔Memo〕●在夏威夷誕生、成長茁壯的雞尾酒。SCORPION為天蠍
　　　　　座之意。

SCOTCH KILT（蘇格蘭裙）

材　料　蘇格蘭威士忌⋯⋯⋯⋯⋯⋯⋯⋯⋯⋯⋯⋯⋯⋯⋯⋯2/3
　　　　　多蘭布伊酒⋯⋯⋯⋯⋯⋯⋯⋯⋯⋯⋯⋯⋯⋯⋯⋯⋯1/3
　　　　　柳橙苦酒味⋯⋯⋯⋯⋯⋯⋯⋯⋯⋯⋯⋯⋯⋯⋯⋯⋯2抖

作　法　●攪拌之後，注入雞尾酒杯。撒上磨碎的檸檬皮。

〔Memo〕●這款雞尾酒雖然是將生鏽鐵釘加進少許的柳橙苦酒味調製
　　　　　而成，不過，這裡的雞尾酒杯較為優雅，感覺也比較正
　　　　　式。
　　　　　●名稱源自於蘇格蘭人穿著的傳統格子裙（KILT）。

SCERWDRIVER（螺絲起子）

材　料 伏特加⋯⋯⋯⋯⋯⋯⋯⋯⋯⋯⋯⋯⋯⋯⋯⋯⋯⋯⋯⋯⋯⋯⋯⋯45ml
柳橙汁⋯⋯⋯⋯⋯⋯⋯⋯⋯⋯⋯⋯⋯⋯⋯⋯⋯⋯⋯⋯⋯⋯⋯⋯⋯適量

作　法 ●將伏特加注入裝有冰塊的平底杯中，再以2～3倍量的冰柳
橙汁加滿，輕輕攪拌。以柳橙片作裝飾。

〔Memo〕 ●SCREWDRIVER是螺絲起子的意思。據說在伊朗油田工
作的美國人，習慣以螺絲起子攪拌伏特加和柳橙汁，因而
得名。亦有其他說法，並非伊朗油田，而是德州油田。

●若在螺絲起子中加入少許葛里亞諾酒，就成為HARVEY
WALLBANGER（哈維撞牆）。

SEA BREEZE（海風）

材　料 伏特加⋯⋯⋯⋯⋯⋯⋯⋯⋯⋯⋯⋯⋯⋯⋯⋯⋯⋯⋯⋯⋯⋯⋯⋯45ml
葡萄柚汁⋯⋯⋯⋯⋯⋯⋯⋯⋯⋯⋯⋯⋯⋯⋯⋯⋯⋯⋯⋯⋯⋯⋯60ml
蔓越莓果汁⋯⋯⋯⋯⋯⋯⋯⋯⋯⋯⋯⋯⋯⋯⋯⋯⋯⋯⋯⋯⋯60ml

作　法 ●搖勻之後，注入填滿碎冰的大型玻璃杯。附上吸管。

〔Memo〕 ●這是1980年代起在美國西岸流行的一款雞尾酒。
Cranberry（蔓越莓）是產自北美洲的小型果實。色澤鮮
紅，就像丹頂鶴（Crane）頭部的顏色一樣，故取名為
Cranberry。

●雞尾酒名稱SEA BREEZE為海風之意。若不使用葡萄柚
汁，僅以伏特加和蔓越莓果汁來製作，就成為CAPE
CODDER（鱈魚角）雞尾酒。兩者皆為美國流行的雞尾
酒。

S SEX ON THE BEACH（性感海灘）

材　料　伏特加⋯⋯⋯⋯⋯⋯⋯⋯⋯⋯⋯⋯⋯⋯⋯⋯⋯⋯⋯15ml

蜜德里利口酒⋯⋯⋯⋯⋯⋯⋯⋯⋯⋯⋯⋯⋯⋯⋯⋯20ml

木莓利口酒⋯⋯⋯⋯⋯⋯⋯⋯⋯⋯⋯⋯⋯⋯⋯⋯⋯10ml

鳳梨汁⋯⋯⋯⋯⋯⋯⋯⋯⋯⋯⋯⋯⋯⋯⋯⋯⋯⋯⋯80ml

作　法　●注入裝有冰塊的平底杯中，輕輕攪拌。

〔Memo〕●這款酒自從在湯姆・克魯斯主演的『雞尾酒』中登場之後，才開始在日本有了名氣。翠綠的哈密瓜風味、覆盆子的木莓風味以及鳳梨汁的酸味，形成柔和而舒暢的口感。

SHANDY GAFF（香迪蓋夫）

材　料　啤酒⋯⋯⋯⋯⋯⋯⋯⋯⋯⋯⋯⋯⋯⋯⋯⋯⋯⋯⋯1/2

薑汁汽水⋯⋯⋯⋯⋯⋯⋯⋯⋯⋯⋯⋯⋯⋯⋯⋯⋯⋯1/2

作　法　●將冰鎮的材料依上記順序，緩緩地注入玻璃杯中。

〔Memo〕●SHANDY GAFF的語源不明。

●啤酒最好採用Stout類的深色啤酒較佳。使用Stout啤酒時，風味稍濃，相當具有英國風格。

SHERRY FLIP（雪莉芙利普）

材　料　辣味雪莉酒‧‧‧45ml

　　　　砂糖‧‧‧1 tsp

　　　　蛋黃‧‧1個份

作　法　●充分搖晃之後，注入酸酒杯中。

〔Memo〕●所謂FLIP（芙利普），指的是在酒中加進砂糖及蛋黃搖
　　　　　晃，以酸酒杯盛裝，再撒上荳蔻粉飲用的雞尾酒。與奶蛋
　　　　　酒有點類似，不過芙利普並不使用牛奶。

　　　　●除了雪莉芙利普之外，BRANDY FLIP（白蘭地芙利普）、
　　　　　PORT FLIP（波特芙利普）都是常見的芙利普。

SHIRLEY TEMPLE（秀蘭鄧波兒）

材　料　石榴糖漿‧‧‧1 tsp

　　　　薑汁汽水‧‧‧適量

作　法　●將石榴糖漿倒進裝有冰塊的平底杯中，注滿薑汁汽水，輕
　　　　　輕攪拌。撒上磨碎的檸檬皮。

〔Memo〕●這是無酒精的雞尾酒。

SHOYO JULING（照葉樹林）

材　料　綠茶利口酒···30～45ml

　　　　烏龍茶···適量

作　法　●注入裝有冰塊的平底杯中，輕輕攪拌。

〔Memo〕●所謂照葉樹林的酒名，指的是東南亞到日本西南部的廣大
　　　　　照葉樹林文化圈的二種產物，也就是材料中所使用的綠茶
　　　　　和烏龍茶。

SIDECAR（側車）

材　料　白蘭地···1/2

　　　　白色柑香酒···1/4

　　　　檸檬汁···1/4

作　法　●搖勻之後，注入雞尾酒杯。

〔Memo〕●巴黎的哈利紐約酒吧宣稱這是第一代老闆安迪·麥克鴻，
　　　　　在1931年所創作的雞尾酒。然而在1922年出版、Robert
　　　　　Vermeire的著作『Cocktails－How to Mix Them』中，
　　　　　正好就記載了SIDE CAR的配方，因此由麥克鴻創作的說
　　　　　法顯然值得存疑。

S

SINGAPORE SLING（新加坡司令）

材　料	辣味琴酒	45ml
	檸檬汁	20ml
	砂糖	1 1/2 tsp
	櫻桃白蘭地	15ml
	蘇打水	適量

作　法 ●將琴酒、檸檬汁、砂糖搖勻之後，倒入裝有冰塊的平底杯中，注滿蘇打水，輕輕攪拌。緩緩倒入櫻桃白蘭地。以檸檬、紅櫻桃作裝飾。

〔Memo〕●1951年，誕生於新加坡的萊佛士酒店。

　　　　●SLING的語源據說是有德語「Schlingen（喝下）」之意。

SKY DIVING（高空跳傘）

材　料	白色蘭姆酒	1/2
	藍色柑香酒	1/3
	萊姆汁（甜味果汁飲料）	1/6

作　法 ●搖勻之後，注入雞尾酒杯。

〔Memo〕●這是1967年ANBA大賽的冠軍作品。作者是大阪的渡辺義之氏。

S **SLOE TEQUILA**（野莓龍舌蘭）

材　料　龍舌蘭酒·····································30ml

野莓琴酒·······································15ml

檸檬汁···15ml

作　法　●充分搖晃之後，注入填滿碎冰的玻璃杯中，以小黃瓜條作
裝飾。附上吸管。

〔Memo〕

SPRITZER（史普利滋）

材　料　白葡萄酒·····································3/5

蘇打水··2/5

作　法　●注入裝有冰塊的玻璃杯中，輕輕攪拌。

〔Memo〕●1980年代，這款健康雞尾酒在美國大為盛行，口味清淡。
誕生地為莫札特的故鄉－奧利地的薩爾斯堡。SPRITZER
來自於德語「Spritzen（綻開）」之意。

S

SPUMONI（斯普摩尼）

材　料　肯巴利酒 ……………………………………………………30ml

　　　　　葡萄柚汁 ……………………………………………………45ml

　　　　　通寧水 ………………………………………………………60ml

作　法　●注入裝有冰塊的平底杯，輕輕攪拌。以葡萄柚作裝飾。

〔Memo〕　●這是誕生於義大利的雞尾酒。SPUMONI是義大利文

　　　　　「SPUMARE（起泡）」之意。

STINGER（嘲諷者）

材　料　白蘭地 …………………………………………………………3/4

　　　　　白色薄荷酒 ……………………………………………………1/4

作　法　●搖勻之後，注入雞尾酒杯。

〔Memo〕　●為紐約克羅尼餐廳的招牌雞尾酒。亦可用攪拌方式製作。

　　　　　●STINGER是針的意思。亦可引申為嘲諷者。

　　　　　●若把白色薄荷酒替換成綠色薄荷酒，就是EMERALD（綠

　　　　　寶石）雞尾酒；若再撒點紅辣椒粉，則變成DEVIL（惡魔）

　　　　　雞尾酒。

T **TANGO**（探戈）

材　料　辣味琴酒 ……………………………………………………2/5

　　　　辛辣苦艾酒 …………………………………………………1/5

　　　　甜味苦艾酒 …………………………………………………1/5

　　　　橙色柑香酒 …………………………………………………1/5

　　　　柳橙汁 ……………………………………………………2抖

作　法　●搖勻之後，注入雞尾酒杯。

〔Memo〕●這是來自倫敦希羅俱樂部的調酒師哈利・麥克鴻，在巴黎
　　　　　開設哈利・紐約酒吧之後所發表的作品。

TEQUILA SUNRISE（特吉拉日出）

材　料　龍舌蘭酒 …………………………………………………1/3

　　　　柳橙汁 ……………………………………………………2/3

　　　　石榴糖漿 ………………………………………………2 tsp

作　法　●將龍舌蘭酒和果汁注入裝有冰塊的細長香檳杯中，輕輕攪
　　　　　拌。接著再徐徐地注入石榴糖漿，使其沈至底部。以柳橙
　　　　　作裝飾。

〔Memo〕●誕生於墨西哥的雞尾酒。據說英國搖滾樂團——滾石合唱
　　　　　團在1972年的美國巡迴演出之際，首次喝到這種雞尾酒，
　　　　　並廣為宣傳。

T **TIZIANO**（提滋安諾）

材　料　Spumante酒（或氣泡葡萄酒）·················3/4
　　　　葡萄汁（紅）·································1/4

作　法　●把果汁倒入細長香檳杯中，注入冰涼的Spumante酒，輕輕攪拌。

〔Memo〕●若說BELLINI（貝里尼）是威尼斯哈里滋酒吧的傑作，那麼這就是翡冷翠哈里滋酒吧的名作。兩者皆是採用Spumante酒所調製的優雅作品。

　　　　●翡冷翠哈里滋酒吧的另一款Spumante雞尾酒是LEONARDO（李奧納多）。這是把完熟、色澤豔麗的草莓打成泥之後，再以Spumante酒稀釋的石榴色雞尾酒。

TOM & JERRY（湯姆與傑瑞）

材　料　白色蘭姆酒··································30ml
　　　　白蘭地····································15ml
　　　　砂糖·····································2 tsp
　　　　蛋·······································1個
　　　　沸水·····································適量

作　法　●將蛋黃和蛋白個別打發起泡。在蛋黃中加進砂糖，攪打至出現光澤，再與蛋白混合。
　　　　接著加入蘭姆酒和白蘭地攪拌均勻，注平底平底杯中。
　　　　加滿沸水，輕輕攪拌。

〔Memo〕●這是英美著名的聖誕飲料。據說誕生於19世紀初期的倫敦，屬於蘭姆酒加沸水的變化版本。

T **TOM COLLINS**（湯姆卡林斯）

材　料　辣味琴酒···60ml
　　　　檸檬汁··20ml
　　　　砂糖··2 tsp
　　　　蘇打水··適量

作　法　●將蘇打水以外的材料搖勻，注入卡林杯。注滿蘇打水，輕
　　　　　輕攪拌。以檸檬及紅櫻桃作裝飾。

〔Memo〕●這是19世紀初在倫敦從事領班工作的約翰・卡林斯所創
　　　　　作。最初使用的材料為荷蘭產的Geneva琴酒，並以自己
　　　　　的名字JOHN COLLINS（約翰卡林斯）命名。後來，因
　　　　　為逐漸改用英國產的老湯姆琴酒，所以才改為TOM
　　　　　COLLINS。今日，TOM COLLINS一般都以倫敦辣味琴
　　　　　酒來調製。

V **VALENCIA**（瓦倫西亞）

材　料　杏子白蘭地··40ml
　　　　柳橙汁··20ml
　　　　柳橙苦精··1/2 tsp

作　法　●搖勻之後，注入裝有冰塊的搖滾酒杯。以柳橙作裝飾。

〔Memo〕●這道酒譜採用隨性的On the Rocks（冰鎮）風格，在正統
　　　　　酒吧中，亦可見到製成Straight Up（純飲）風格倒入雞
　　　　　尾酒杯的調製法。

V VERMOUTH & CASSIS（苦艾黑醋栗）

材 料 辛辣苦艾酒‥‥‥‥‥‥‥‥‥‥‥‥‥‥‥‥‥‥‥‥60ml

黑醋栗利口酒‥‥‥‥‥‥‥‥‥‥‥‥‥‥‥‥‥‥‥15ml

蘇打水‥‥‥‥‥‥‥‥‥‥‥‥‥‥‥‥‥‥‥‥‥‥‥適量

作 法 ●注入裝有冰塊的水杯中，輕輕攪拌。以檸檬作裝飾。

〔Memo〕●這款雞尾酒在法國相當受歡迎。亦稱為POMPIER（龐皮耶）。POMPIER是消防隊員的意思，此外，亦具有大量飲酒之意。

W WHISKY & SODA（威士忌蘇打）

材 料 威士忌‥‥‥‥‥‥‥‥‥‥‥‥‥‥‥‥‥‥‥‥‥45ml

蘇打水‥‥‥‥‥‥‥‥‥‥‥‥‥‥‥‥‥‥‥‥‥‥‥適量

作 法 ●將威士忌倒入裝有冰塊的玻璃杯中，注滿蘇打水，輕輕攪拌。

〔Memo〕●HIGHBALL（高球）的稱呼比威士忌蘇打更普遍。這裡所舉出的調法僅供基本參考，必須依照所使用的威士忌種類，來斟酌蘇打的稀釋比例。若堅持與攙水調法的比例相同，未免單調了點。威士忌蘇打，應該依照自己的主張來飲用、調配才對。

WHISKY FLOAT（漂浮威士忌）

材　料　威士忌 ··45ml
　　　　礦泉水 ··酒杯7分滿

作　法　●把礦泉水倒進裝有冰塊的平底杯中。注入威士忌，使其漂
　　　　　浮在上面。

〔Memo〕●這是利用酒精比重調配的飲用法。威士忌以口感濃郁的麥
　　　　　芽威士忌等較受現代人的喜愛。

WHISKY MAC（威士忌麥克）

材　料　蘇格蘭威士忌 ···40ml
　　　　薑汁酒 ··20ml

作　法　●注入裝有冰塊的搖滾酒杯中，輕輕攪拌。

〔Memo〕●這是19世紀，駐紮於印度的英國陸軍上校麥當勞所構想的
　　　　　雞尾酒。在威士忌方面，建議使用帶有煙燻風味的艾雷島
　　　　　麥芽威士忌。英式作法大多先在調酒杯中攪拌混合，再注
　　　　　入玻璃杯中，不加冰塊。

W **WHISKY MIST**（威士忌密斯特）

材　料　威士忌……………………………………………………60ml
　　　　碎冰………………………………………………………1杯

作　法　●在搖滾酒杯中填滿碎冰，注入威士忌。把磨碎的檸檬皮放
　　　　　入杯子中央，附上吸管。

〔Memo〕●MIST為「霧」或「被霧籠罩」之意。名稱的由來是玻璃
　　　　　杯表面結滿的白色水霧。

　　　　●就霧的印象而言，使用蘇格蘭威士忌固然不錯，但建議利
　　　　　用蘊含華麗香氣的波本威士忌來製作。

　　　　●不只是威士忌，砵酒或馬拉加葡萄酒都能調製出別具風情
　　　　　的密斯特。

WHISKY SOUR（威士忌酸酒）

材　料　波本威士忌………………………………………………45ml
　　　　檸檬汁……………………………………………………20ml
　　　　砂糖………………………………………………………1 tsp

作　法　●搖勻之後，注入酸酒杯，以柳橙及紅櫻桃作裝飾。

〔Memo〕●SOUR是酸的意思。所以得減少砂糖的用量。

　　　　●製作BOURNBON SOUR（波本酸酒）時，所使用的波本
　　　　　威士忌最好避開純飲的硬質品牌，選擇較溫和的柔軟品
　　　　　牌，口感會更美味。

W **WHITE LADY**（白色佳人）

材　料　辣味琴酒 ···1/2

　　　　白色柑香酒 ···1/4

　　　　檸檬汁 ···1/4

作　法　●搖勻之後，注入雞尾酒杯。

〔Memo〕●原始版本可回溯至1919年的倫敦希羅俱樂部。調酒師哈
　　　　　利‧麥克鴻利用白色薄荷酒創造出白色佳人。麥克鴻後來
　　　　　前往巴黎，成為哈利‧紐約酒吧的老闆，並在1929年將白
　　　　　色佳人的基酒改為辣味琴酒，從此大受歡迎。

　　　　　●將辣味琴酒改為白色蘭姆酒，就變成X.Y.Z.雞尾酒。

WHITE RUSSIAN（白色俄羅斯）

材　料　伏特加 ···40ml

　　　　卡魯哇咖啡酒 ··20ml

　　　　鮮奶油 ···20ml

作　法　●將伏特加及卡魯哇咖啡酒注入裝有冰塊的搖滾酒杯，輕輕
　　　　　攪拌。使鮮奶油漂浮於表面。

〔Memo〕●這是利用黑色俄羅斯加上鮮奶油漂浮所製成的雞尾酒。

Y **YOKOHAMA**（橫濱）

材　料 辣味琴酒 ···1/3

柳橙汁 ···1/3

伏特加 ···1/6

石榴糖漿 ···1/6

茴香酒 ···1抖

作　法 ●搖勻之後，注入雞尾酒杯。

〔Memo〕 ●在昭和初期的日本雞尾酒書籍中亦有介紹，但是作者不詳。雞尾酒名雖然是日本地名，不過誕生地很可能是在極東航線的船上酒吧。

YUKIGUNI（雪國）

材　料 伏特加 ···1/2

白色柑香酒 ···1/4

萊姆汁 ···1/4

作　法 ●搖勻之後，注入以砂糖做出凍雪效果的雞尾酒杯，再以綠櫻桃作裝飾。

〔Memo〕 ●這是1958年，由壽屋（現在的三得利）主辦的雞尾酒大賽之冠軍作品。作者為山形縣的井山計一氏。

Y **YOSHINO**（吉野）

材　料　伏特加……………………………………………………60ml

Kirschwasser（櫻桃白蘭地） 　　　1 tsp

綠茶利口酒……………………………………………1 tsp

作　法　●搖勻之後，注入雞尾酒杯，將泡水去鹽的鹽漬櫻花沈入玻璃杯底部。

〔Memo〕　●這是東京銀座MORI BAR的老闆兼調酒師毛利隆雄氏，在1982年發表的作品。

INDEX

〈A〉

〈B〉

〈C〉

〈G〉

〈H〉

〈P〉

〈Q〉

〈Y〉

〈Z〉

〈2劃〉

〈3劃〉

〈4劃〉

〈5劃〉

〈6劃〉

〈7劃〉

主要參考圖書一覽

The Bartender's Bible ·················Gary Regan, New York, 1991

The Blender Cocktail Book···········James Mcquade, Marilyn Harvey, New York, 1984

The Complete Book of Drinks·····················Anthony Dias Blue, New York, 1993

Guide to Cognac & Other Brandies·················Nicholas Faith, London, 1992

Grossman's Guide to Wine, Spirits and Beers········Harold J. Grossman, New York, 1977

Harry's ABC of Mixing Cocktails·····························Paris, 1989

Mr. Boston Official Bartender's and Party Guide
·················Mr. Boston Distiller Corp, New York, 1994

The New International Guide to Drinks ····················London, 1989

The New York Bartender's Guide·············Sally Ann Berk, New York, 1994

The Penguin Book of Spirits and Liqueures
·····················Pamela Vandyke Price, London, 1979

The Savoy Cocktail Book·····················The Savoy Hotel Ltd., London, 1988

Tropical Bar Book ·····················Charles Schumann, New York, 1989

ウイスキー入門·····················福西英三, 保育社カラーブックス, 1992

上田和男のカクテルノート ·····················上田和男, 柴田書店, 1989

改訂新イタリアワイン·····················塩田正志, 柴田書店, 1990

カクテル・コレクション·····················オキ・シロー, ナツメ社, 1988

カクテルズ ·····················福西英三, ナツメ社, 1994

カリフォルニアワイン·····················田辺由美, 柴田書店, 1988

酒の科学·····················吉澤淑, 朝倉書店, 1995

酒場の時代 ·····················常磐新平, サントリー博物館文庫, 1981

酒場の文化史 ·····················海野弘, サントリー博物館文庫, 1983

ザ・サントリー・カクテル・ブック ·····················TBS ブリタニカ刊, 1990

ザ・ベスト・カクテル ·····················花崎一夫監修, 永岡書店, 1989

新ドイツワイン·····················伊藤眞人, 柴田書店, 1984

新版NBA Official Cocktail Book ·····················NBA編, 柴田書店, 1994

新フランスワイン ……………………………アレクシス・リシーヌ著, 山本博譯, 柴田書店, 1985

世界のウイスキー……………マイケル・ジャクソン著, 山本博, 福西英三譯, 鎌倉書房, 1989

世界の名酒事典 ………………………………………………………講談社刊, 1994

全洋酒事情事典………………………………………………………時事通信社, 1994

バーテンダーズ・マニュアル ……………………サントリー・スクール編, 柴田書店, 1987

福西英三の超カクテル講座 ……………………………………福西英三, 雄鶏社, 1994

フルーツカットと盛り合わせのテクニック……………天野秀二他, 柴田書店, 1992

ミネラルウォーター・ガイドブック………………………………早川光, 新潮社, 1994

ワイン教本 ………………サントリーソムリエスクール編, 1992改訂版＜非賣品＞

ワインを聴く………………………………………………伊藤眞人, 学習研究社, 1990

●監修者

福西英三（FUKUNISHI EIZO）

1930年出生於日本北海道旭川。一邊經營酒吧，一邊
擔任調酒師協會編輯局長。之後又擔任SUNTORY
SCHOOL專任講師。在該校執教鞭逾24年，最後於
1993年以校長一職退休。現為ESPOA本部特別顧
問。

主要著作有

「カクテルズ」（ナツメ出版）

「福西英三の超カクテル講座」（雄鷄社）

「リキュール・ブック」（柴田書店）等。

譯有「シューマン　バー・ブック」（河出書房新社）
等書。

●著者

花崎一夫（HANAZAKI KAZUO）

1949年出生於日本東京都。明治大學文學部文學科畢
業。現任SUNTORY SCHOOL講師。著有

「ザ・ベスト・カクテル」（監修・永岡書店）

「もっとワインが好きになる」（小学館）等書。

山﨑正信（YANAZAKI MASANOBU）

1958年出生於日本高知縣。於法政大學在學期間即接
觸飲食業，SUNTORY SCHOOL畢業之後則任調酒
師一職。1991年起擔任SUNTORY SCHOOL講師至
今。

SHINPAN THE BARTENDER'S MANUAL

© EIZO FUKUNISHI / KAZUO HANAZAKI / MASANOBU YAMAZAKI 2003
Originally published in Japan in 2003 by SHIBATA SHOTEN CO.,LTD.
Chinese translation rights arranged through TOHAN CORPORATION, TOKYO.

THE BARTENDER'S MANUAL

調酒師養成聖典

2004年8月1日初版第一刷發行

2018年10月11日初版第九刷發行

著者・福西英三、花崎一夫、山﨑正信

譯者・鄭涵壬、黃瓊仙、許倩珮

發行人・齋木祥行

發行所・台灣東販股份有限公司

〈地址〉台北市南京東路4段130號2F-1

〈電話〉(02)2577-8878　　〈傳真〉(02)2577-8896

〈網址〉http://www.tohan.com.tw

郵撥帳號・1405049-4

法律顧問・蕭雄淋律師

總經銷・聯合發行股份有限公司

〈電話〉(02)2917-8022

Printed in Taiwan

購買本書者，如遇缺頁或裝訂錯誤，請寄回調換（海外地區除外）。

TOHAN